Numerical Computation of Electric and Magnetic Fields

Second Edition

Charles W. Steele

역자소개

창연 **신흥교** (滄淵 辛興教)

- 한양대학교 학사, 석사, 공학박사(전기기기 해석)
- 한양대학교 조교, 강사
- 대한전기학회 전기기기 및 에너지변환시스템 부문회 회장
- 대한전기학회 부회장, 감사
- 현 경상대학교 공과대학 전기공학과 교수

전기기기에서의 유한요소법 2

전계와 자계의 수치 계산

제 2판

Charles W.Steele 저 | 신흥교 역

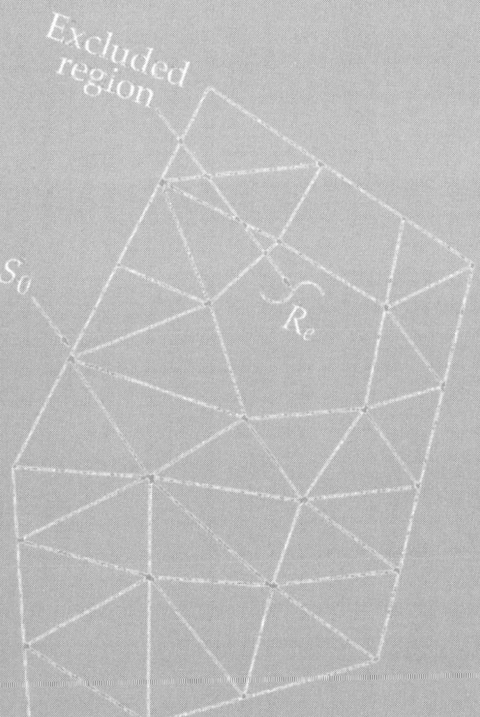

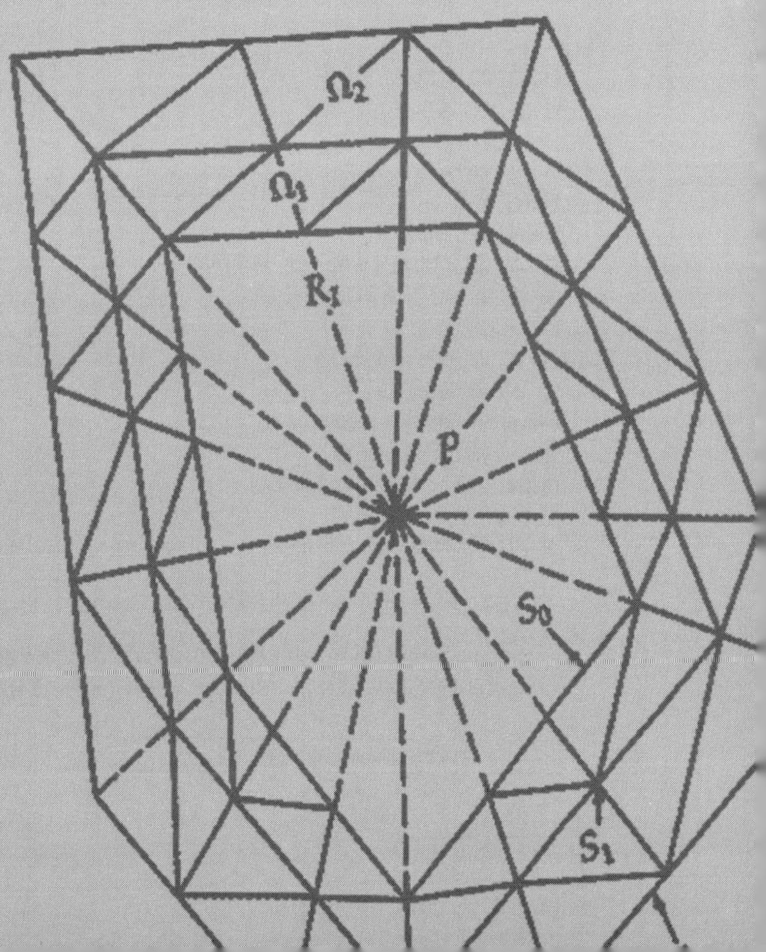

도서출판 홍릉

전기기기에서의 유한요소법 2

전계와 자계의 수치 계산

인 쇄: 2022년 6월 3일 초판 1쇄
발 행: 2022년 6월 10일 초판 1쇄

역 자: 신흥교
발행인: 송 준
발행처: 도서출판 홍릉
주 소: 01093 서울시 강북구 인수봉로 50길 10
등 록: 1976년 10월 21일 제5-66호

전 화: 02-999-2274~5
팩 스: 02-905-6729
e-mail: hongpub@hongpub.co.kr
http://www.hongpub.co.kr
ISBN: 979-11-5600-041-9(93560)

정 가: 29,000원

낙장 및 파본은 구입처나 본사에서 교환하여 드립니다.

Translator's Preface

편미분 방정식의 수치해법인 유한요소법이 항공역학에 적용된 이래 지금은 공학의 전 분야에 걸쳐 거의 만능인 해석 도구로 자리매김하였다. 전기공학에서도 마찬가지로 전기기기의 해석에 유한요소법이 필수 도구로 사용되고 있다. 그런데 지금의 전기기기의 특성 해석에 관련된 상당수의 연구자들이 유한요소법 이론의 이해는 도외시하고, 소프트웨어 패키지의 사용법에만 익숙해 있다는 문제점이 있다. 더욱이, 전자장 이론에 대한 이해가 부족하여 유한요소 해석 결과에 대한 전자기적 및 물리적 의미의 이해에 어려움을 겪는 연구자도 상당히 많다고 느끼고 있다.

이러한 유한요소법을 이용한 전기기기의 해석에 대하여 다룬 우리 말로 된 저서가 고 임달호 교수님의 집필에 의해 "전기계의 유한요소법"이란 제명으로 35년 전인 1985년에 출판되었다. 하지만 그 저서는 관련 수학 이론이 너무 어렵게 표현된 듯하여 지금 수학하는 연구자들이 읽고 내용을 이해하기에는 어렵거나 불편하다고 느끼는 것 같아 읽어서 비교적 쉽게 이해할 수 있는 우리 말로 된 전기기기에서의 유한요소법 응용에 관한 내용을 다룬 교재의 필요성을 절감하고 있었다.

그러던 중 이탈리아 Padova 대학의 N. Bianchi 교수가 2005년에 출판한 저서 "유한 요소를 사용한 전기기기 해석(Electrical Machine Analysis Using Finite Elements)"을 약 5년 전에 발견하였다. 이에 이 저서를 본 역자가 재직하고 있는 경상대학교에서 전기기기 해석 전공의 대학원생용 교재로 수년간 사용하며 내용을 검토한 바 있다. 이 저서는 유한요소법과 전자장 이론에 관한 내용은 최소한의 기본적인 사항만을 비교적 간략하게 다루고, 유한요소법을 적용한 전기기기의 해석을 위주로 설명하고 있다. 더구나 이 저서는 출판된 지 이미 15년 정도가 되었는데도 불구하고, 내부 (내장, 매립, 매입) 영구자석 동기전동기(Interior Permanent Magnet Synchronous Motor, IPMSM), 자기저항형 (릴럭턴스) 동기전동기(Reluctance Synchronous Motor, RSM), 표면 장착 영구자석 전동기(Surface-Mounted Permanent Magnet Motor, SMPMM), 스위치드 릴럭턴스 전동기(Switched Reluctance Motor, SRM) 등 요즈음 많이 연구되고 응용되고 있는 전기기기 모델들을 다양하게 다루고 있다. 이에 이 저서가 전기공학과 대학원의 초급 유한요소법 응용 교재 또는 전기공학과 학부 고학년의 전자장 수치해석 교재로 적당하다고 생각되어 차제에 번역서의 출판을 마음먹게 되었다.

그런데 이 저서는 유한요소법에 의한 전기기기의 해석을 다루고는 있지만, 해석 결과의 기기 특성 검토에만 너무 치중되어 있고 전기기기의 해석에 있어서 필수적으로 포함되어야 하는 비선형 자기 특성, 영구자석의 처리, 와류의 계산, 시변 문제의 모델링 등과 같은 전자기적 특성의 처리 방법에 대한 설명은 모두 참고문헌으로 미루고 있다. 이로 인해 번역을 완료한 후 유한요소법에 의한 전기기기 및 전자장 해석에 관한 전반적인 이해를 위해서는 이 저서만으로는 상당히 부족함을 크게 느꼈다.

한편, MAGSOFT사의 유명한 전자장 수치해석 소프트웨어인 FLUX2D의 개발에 크게 기여한 미국 Rensselaer Polytechnic Institute: RPI)의 S. J. Salon 교수가 1995년에 출간한 "전기기계의 유한요소 해석(Finite Element Analysis of Electrical Machines)"도 Bianchi 교수의 저서가 출간되기 전 수년간 대학원생용 교재로 사용하였지만 실제 전기기계 모델에 적용한 예가 상당히 부족하다고 느껴 번역서의 출판은 생각하지 않고 있었다. 하지만 이 저서는 유한요소법 이론은 Galerkin 법 만을 매우 간략하게 소개하고, 비선형 자기 특성, 영구자석의 처리, 손실, 저항, 인덕턴스 및 힘과 토크의 계산, 시간 영역 모델링, 공극 요소 기법, 그리고 축대칭 문제 등 자계형 에너지 변환 장치에서 필수적으로 다루어야 하는 내용을 간략하면서도 쉽게 설명하고 있다. 따라서 Bianchi 교수의 저서를 접한 후 이 두 저서가 전기기기의 유한요소 해석이라는 같은 주제에 대해 서로 부족한 점을 보완할 수 있다고 느꼈다. 물론, 동기기 및 유도기의 해석에 관한 내용은 두 저서의 내용이 중복되는 것처럼 보인다. 하지만 Bianchi 교수는 주로 해석 결과로부터 유추되는 기계 특성을 검토하고 있는 반면, Salon 교수는 이들 기계의 해석에 유한요소법을 적용하는 기법에 대한 설명을 주로 하고 있어 실제로 내용이 중복되는 부분은 거의 없다고 해도 과언이 아니다.

이에 본 역자는 두 교수의 저서를 하나의 시리즈 번역서로 묶어 Bianchi 교수의 저서를 "전기기기에서의 유한요소법: I 기기 특성 해석", Salon 교수의 저서를 "전기기기에서의 유한요소법: II 자기 특성 해석"이라는 제명으로 2권의 책으로 2020년에 출간하여 일반 대학원 및 산업체 종사자를 위한 융합과학 대학원의 "FEM 응용론"과 "전기기기 해석 특론"의 교재로 사용하였다. 강의를 진행하면서 느낀 소감은 이 2권의 교재가 전기공학 또는 전기기기 전공 학생들이 유한요소법 응용에 관련된 내용을 습득을 위해서는 괜찮아 보이지만, 유한요소법을 적용한 전기기기나 전자장 해석을 위한 알고리즘의 개발이나 프로그램 작성을 원하는 연구자들에게는 유한요소법 이론에 대한 이해가 우선되어야 하는데 이에 대한 내용이 상당히 부족하다고 생각되었다.

그리고, 프랑스 Pierre et Marie Curie University(Paris VI)의 Brigitte Lucquin과 Olivier Pironneau 교수가 1998년에 출간한 "과학계산 입문(Introduction to Scientific Computation)"은 유한요소법의 수학적 기초 내용을 비교적 간단하게 잘 설명하고 있을 뿐만 아니라, 유한요소법 적용에서 가장 중요하다고 생각될 수 있는 matrix solver를 위한 알고리즘의 상세한 설명과 함께 이로부터 프로그램을 작성하는 기법도 다루고 있다. 그리고 이 프로그램을 이용하는 무료 소프트웨어 패키지인 FreeFEM 또는 Gfem에 의한 해석 예도 보여주고 있다. 더구나, 이 저서는 유한요소법의 기본 이론과 함께 비대칭 해석 알고리즘과 시간 영역에 대한 차분 근사 알고리즘을 상당히 상세하게 설명하고 있으며, 경계적분법과 병렬 계산에 관한 알고리즘도 소개하고 있다. 특히, FreeFEM과 Gfem에서 사용하는 matrix solver 프로그램의 원천 코드(source code)를 알고리즘의 해설과 더불어 제공하고 있어 유한요소법을 이용한 장 문제 해석을 위한 알고리즘의 개발이나 프로그램의 작성에 크게 도움이 될 수 있는 저서라고 생각되었다. 다만, 이 저서는 전기공학 전공자 만을 위한 책이 아니고 일반 이공학 전공자들을 위한 책이라고 할 수 있어 전자장 해석을 위한 유한요소법의 응용이라는 관점에서는 조금 미흡하다는 느낌이 들었다. 또한, Control Data Corporation(CDC)의 수석 기술 고문이었던 Charles W. Steele가 1987과 1997년에 각각 초판과 2판으로 출판한 "전계와 자계의 수치 계산(Numerical Computation of Electric and Magnetic Fields)"은 전자장 해석에의 응용에 초점을 맞추어 유한요소법 이론을 잘 설명하고 있다, 다만, 이 저서에서는 알고리즘의 수학적 설명을 위주로 하고, 실제 응용 가능한 프로그래밍에 관한 내용은 다루지 않고 있다. 하지만 그러한 부분은 Lucquin 교수의 저서에서 충분히 도움을 받을 수 있어 Lucquin 교수의 저서에서 미흡하다고 생각되는 전자장 해석에의 응용 부분에 대한 매우 좋은 보완 자료라고 생각된다.

이에 따라 본 역자는 이미 출간한 2권의 역서와 지금 소개하고 있는 2권의 번역서를 시리즈로 묶어 "전기기기에서의 유한요소법"으로 출간하기로 하였다. 그런데 이미 출간한 2권과 Steele의 저서는 모두 그 내용이 전기공학 또는 전기기기 전공자를 위한 것이지만, Lucquin 교수의 저서는 이학 또는 공학 전공자를 위한 내용으로 구성되어 있어, "전기기기에서의 유한요소법"이라는 제목이 이 시리즈의 주제목으로는 적절하지 않다고 판단하여, 이 번역서 시리즈의 부제로 "전기기기에서의 유한요소법"을 사용하고, 각 권의 제목은 원서의 제목을 그대로 사용하기로 하였다. 또한 여기에서 소개하는 내용을 습득하기 위해서는 유한요소법 이론의 이해가 먼저 필요하며, 이를 이용한 전자장 해석 기법을 습득한 후, 전기기기 특성 해석에 적용하는 순서가 적절하다고 생각되어, 각 권의 제목을 Lucquin 교수의 저서를 "전기기기에서의 유한요소법 1 공학 계산 입문", Steele의 저서를 "전기기기에서의 유한요소법 2 전계와 자계의 수치 계산", Salon 교수의 저서를 "전기기기에서의 유한요소법 3 전기기기의 유한요소 해석", 그리고 Bianchi 교수의 저서를 "전기기기에서의 유한요소법 4 유한요소를 사용한 전기기기 해석"으로 하여 "전기기기에서의 유한요소법" 번역서 시리즈를 마무리짓기로 하였다. 이 번역서 시리즈의 1, 2권은 전자장 수치해석, 그리고 3, 4권은 전기기기 해석이나 FEM응용론의 교재로 활용하면 좋을 것으로 생각된다.

원서에 포함된 오류나 부정확한 표현은 적절하게 수정하여 번역하였다. 또한 원저자의 서술 의도를 그대로 살리고자 가능한 한 의역은 피하고 직역하려고 노력하였다. 문맥이 매끄럽지 못하거나 내용 속에 포함되었을지도 모를 잘못되었거나 부정확한 번역은 전적으로 본 역자의 부족한 능력 탓이다. 혹시 그런 부분이 있더라도 독자 여러분들의 너그러운 이해를 바라며, 아낌없는 지도를 부탁드린다.

그리고 이 역서는 당초 국한문 혼용으로 집필하여 출판하고자 하였다. 우리는 지금 한글 전용의 시대에 살고 있기는 하다. 하지만, 본 역자의 사견으로는, 우리말 단어의 70% 정도가 한자어에서 유래되었는데도 불구하고, 한자를 아예 배우지 않고 사용하지 않음으로 인해 한자를 모르는 일반인들이 일상 생활에서 사용하는 말에서 조차 단어의 의미를 잘 몰라 많이들 어려워하고 있다는 점을 절실히 느끼고 있다. 비근한 예가 될지는 모르겠지만, 상대방의 아들을 높여 부르는 '영식(令息)'이라는 단어가 '대통령의 자식(자녀)'을 뜻하는 것으로 이해하고 있는 젊은이들이 많은 것 같아, 이러다간 상대방의 딸을 높여 부르는 '영애(令愛)' 마저도 '대통령의 아이(자녀)'의 줄임 말로 인식하게 되지 않을까 심히 걱정된다. 특히, 전공 용어의 경우에는 한자의 의미를 생각하지 않으면 용어 자체를 이해하지 못하여 내용의 파악이 불가능하게 될 수도 있어, 한자의 사용이 반드시 필요하다고 생각한다. 하지만 국한문 혼용으로 작성된 원고를 학생들에게 읽어보도록 한 결과, 이해는 차치하고 한자를 몰라 읽을 수 없어 매우 난감해 함을 보고 하는 수 없이, 한글로 다시 작성하고 중요한 전공 용어와 의미의 이해를 위해 필요하다고 생각되는 단어는 괄호 속에 한자를 병기한 형태로 원고를 다시 만들었다.

이 역서가 전기기기 해석, 설계 및 제어를 다루는 학생, 연구자 및 산업체 종사자들에게 다소나마 도움이 되는 좋은 참고 자료가 되기를 바란다.

끝으로, 이 교재가 학부생을 위한 기초 또는 필수 교재가 아니어서 출판 부수가 많지 않을 것임에도 불구하고 흔쾌히 출판을 결정해 주신 도서출판 홍릉에게 깊은 감사를 드린다.

2022년 2월

역자 창연 신 흥 교

Dedication

To
CANDACE

Contents

Steele's Preface

이 책의 초판이 1987년에 출판되었기 때문에, Introduction에서 논의되는 바와 같이, 수치 장 계산(numerical field computation)의 상태에 있어서 몇 가지 중요한 변화가 생겼다. 이러한 변화가 이 2판의 출판에 대한 동기를 주었다.

초판에서와 같이, 이 2판의 목적은 장 계산의 초심자에게 실제 장 계산을 실행하기 위해 필요로 하는 정보를 주는 것이다. 다시, 표현의 명확함이 고도의 정교함이나 기술 수준보다는 더 강조되어 주어진다. 또 다시, 장 계산의 기본 개념이 보통으로 사용되는 알고리즘과 함께 소개된다.

몇몇 사람들이 이 2판을 위한 매우 귀중한 정보를 주었다. 이들에게 감사하고 싶다: 적응 망 생성(adaptive mesh generation)에 관한 조언에 대해 이탈리아 제노아 대학교(University of Genoa, Italy)의 Giorgio Molinari 교수; 과도 와전류 계산에 관한 조언에 대해 영국 벡터 필드사(Vector Fields, Ltd., England)의 C. R. I. Emson 박사와 맥닐-슈벤들러사(MacNeal-Schwendler Corp.)의 John Brauer 박사; 그리고 그들의 적응 망 생성기(adaptive mesh generator)에 관한 정보에 대해 앤소프트사(Ansoft Corp.)의 Zoltan Cendes 박사.

다시, 내 아내 Candace의 이 2판에 대한 지원에 사의를 표하고 싶다. 다시, 그녀의 지원 없이는 이 책을 쓸 수 없었다.

CHARLES W. STEELE

Steele's Preface to the First Edition

10년 이상, 장 계산에 대한 수치적인 접근은 점진적으로 더 큰 중요성을 갖게 되었다. 장 계산의 해석적인 방법은, 기껏해야, 계산되어야 하는 장의 매우 다양한 구성(configuration)에 순응할 수 없다. 한편, 수치 해법(numerical method)은 해석적 방법으로는 되지 않는 많은 실제적인 구성에 순응할 수 있다. 고속 digital 계산기의 출현과 함께, 수치 장 계산이 결국 실제적으로 되었다.

하지만, 장 계산의 수치법을 이행하기 위해서는, 해석적 방법에 통상적으로 사용되는 것과는 전혀 다른 알고리즘, 수치법, 그리고 수학적 도구가 필요하다. 많은 이러한 알고리즘은, 사실, 지난 20년 동안에 이 주제에 대하여 출판된 많은 수의 논문에서 소개되었다. 수치 장 계산에 있어서 이미 경험이 있는 사람들에게는, 이 논문들이, 그들 자신의 원래 작업에 덧붙여, 실제 수치 장 계산을 실행하기 위해 필요한 지식을 주기에 충분하다.

그러나 수치 장 계산에 있어서 초심자는 이 논문에서 허용하는 것보다 필요한 배경 정보의 더 정돈된 표현이 필요하다. 이 책의 목적은 바로 필요한 정보의 이러한 정돈된 표현을 제공하는 것이다. 표현의 명확함이 고도의 정교함이나 기술 수준에 이르는 것보다는 더 강조되어 주어진다. 이 책을 읽는 이가 그러면 최근의 논문을 읽고 이해하는 것이 가능할 것이며 그것에 의해서 그들이 열망하는 정교함의 수준을 이루는 것이 나의 바람이다.

특히, 이 책은 두 가지 다른 범주로 정보 표현의 목적을 가진다:

1. 장(field)의 계산을 위해 성공적으로 사용된 어떤 알고리즘.
2. 독자들이 그들 자신의 알고리즘을 전개하는데 도움을 줄 배경 정보.

달리 표현하면, 이 책의 의도는 이러한 장 계산에서 사용되는 알고리즘을 전개하거나 선택하는데 도움을 주는 것이다. 이러한 알고리즘은 그러면 컴퓨터 프로그램(computer program)에서 사용되며, 이 컴퓨터 프로그램은 장(field)을 계산하기 위하여 고속 digital 컴퓨터에서 가동될 수 있다.

이 컴퓨터 프로그램을 작성하기 위하여, 프로그래머(programmer)는 이 책에서 논의되는 알고리즘을 넘어선 다수의 다른 분야의 지식을 요구한다. 이 영역은 컴퓨터 프로그래밍(computer programming), 계 방정식(system of equations)의 수치

해법, 절점의 자동 배치법, 그리고 유한요소와 컴퓨터 그래픽스(computer graphics)(계산된 장을 나타내기 위한)를 포함한다. 이 중요한 논제는 기술 잡지뿐만 아니라 다른 책들에서 논의된다.

임의의 수치 장 계산은 필연적으로 수학, 수치 해석, 그리고 전자기 이론의 본질적 혼합인 논리(logic)에 의지한다. 이 책은 바로 그러한 혼합이다. 독자가 전자기 이론, vector 해석, 그리고 선형대수학(linear algebra)에 대한 약간의 우선적인 지식을 가지고 있다고 가정한다.

이 책은 일반적으로 유전율, 투자율, 그리고 도전율이 변화하는 매질에서의 정적(static), 그리고 준-정적(quasi-static) 장 문제를 망라한다. 안테나(antenna), 산란(scatter), 자유공간에서의 방사(복사, radiation), 그리고 도파관 모드(waveguide mode) 같은 동적 문제(dynamic problem)는 다루지 않는다. 이런 항목은 그것들 자체의 책에서의 논제이다.

여기서는 장(field)의 관측자(observer)와 전체 영역(entire domain)을 통한 매질 둘 다 단일 기준 좌표계(single frame of reference)에 대해 고정되어 있는 문제만 고려한다. 즉, 매질의 일부가 매질의 나머지에 대해 움직이는 (그리고 장(field)이 둘 다에서 계산되는) 문제는 고려하지 않는다–예를 들어, 전동기(motor) 또는 발전기(generator)의 움직이는 회전자(rotor)와 고정자(stator) 둘 다에서 계산되어지는 장(field)에서의 문제. 그런 문제는 그것 자체로 중요한 연구이다.

이 책의 목적은 표준 술어(standard nomenclature)를 가능한 한 많이 사용하는 것이었다. 전계와 자계(electric and magnetic fields)에 관련된 모든 식은 국제 단위계(SI system of units)의 사용에 기초가 두어졌다. 사용된 기호(symbol)는, 대개, 미국 표준 협회(United States of America Standards Institutes, USASI)에 의해 출판된 것과 같은, 양(quantity), 단위(unit), 그리고 그 기호에 대한 국제 권고(international recommendation)로부터 취해졌다.

이 책에 대한 기여로 많은 사람들에게서 깊이 은혜를 입고 있다. 5장의 접근법에 관한 영국 러드포드 연구소(Rutherford Laboratories, United Kingdom)의 Charles Trowbridge씨와의 토론을 고맙게 여긴다. 마니토바 대학교(University of Manitoba)의 Alvin Wexler 박사는 7장에서 그의 자료로 나의 어떤 표현과 관련된 귀중한 제안을 해 주었다. 덧붙여, Trowbridge씨와 Wexler 박사는 나의 완성된 원고에 대한 기술적 검토를 빈틈없이 해주었다. 암펙스사(Ampex Corporation)의 Dennis Lindholm 박사는 원고의 대부분을 검토하였으며 많은 귀중한 제안을 해주었다. 캘리포니아 팔로 알토(Palo Alto, California)의 Bernie Jones 부인은 원고의 많은 부분의 타이핑(typing)의 뛰어난 작업(excellent job)을 하였다.

마지막으로, 그리고 가장 중요하게, 내 아내 Candace에게 사의를 표하고 싶다. 그녀는 4번의 연차 휴가(annual vacation)와 셀 수 없을 정도로 많은 주말(countless weekends)에 걸쳐 이 책에 대한 나의 작업을 친절하게 참아주었다. 그녀의 무한한 지원과 격려 없이는 이 책을 쓸 수 없었다.

이 책에 관하여 저자와 의견을 교환하고 싶으면, 출판사에 연락을 보낼 수 있으며, 그러면 그것을 저자에게 보낼 것이다.

CHARLES W. STEELE

1 Introduction

지난 30년 동안, 대부분의 장(場, 계(界), field)의 대부분의 실제 계산이 지금은 컴퓨터에서 이루어진다는 점에서, 컴퓨터가 전계(電界, 전(기)장(電(氣)場))와 자계(磁界, 자(기)장(磁(氣)場))(electric and magnetic field)의 계산에 대변혁을 일으켰다. 이것은, 공학(工學, engineering)과 이학(理學, 과학(科學), science)에서 나타나는, 대부분은 아닐지라도, 많은 실제 문제가 해석적(解析的)으로는 풀어질 수 없으며, 수치(數値) 풀이(numerical solution)를 위해 컴퓨터가 실제로 필요하기 때문이다.

그 결과, 전계와 자계의 수치계산학(數値計算學)(science of numerical computation electric and magnetic fields)이라는 새로운 학문이 나타났다. 이 학문은 필연적으로 전자이론(電磁理論, electromagnetic theory), 수학 및 수치해석(數値解析, numerical analysis)의 혼합이다. 사실, 수치 계산의 각 *문제*(each *problem*)는 이 세 가지 분야의 본질적인 혼합이다. 이제, 이 학문은 이 책의 초판(初版, first edition)이 출판되었을 때의 상태를 넘어서 충분히 진보되었다.

이 책은 몇 가지 목표를 갖고 있다. 그 첫 번째 목표는 독자가 어떤 장 문제(場問題, field problem)를 수치적으로 풀기 위해 필요한 정보를 나타내는 것이다. 이 표현은 그러면 전자이론, 수치해석 및 수학의 혼합이다.

이 책의 두 번째 목표는 어떤 독자이든지 책 전체를 읽을 필요는 없도록 만드는 것이다(물론, 그 또는 그녀가 *원하는*(*want*) 경우는 제외하고). 그것이 가장 중요하고 일반적으로 사용되는 기호(記號, symbol)의 용어(用語) 풀이(glossary)가 포함된 이유이다. 더구나, 뒤의 장(章)이 앞의 장(章)으로부터의 지원을 요구한다는 점에서, 이전의 자료에 대한 적절한 참고문헌이 마련되었다.

이 책의 세 번째 목표는 이 학문이 초판이 출판된 이래 이루어진 진보에서 유래한다. 이 목표는, 아래에서 논의되는 바와 같이, 사용하게 된 몇 가지 새롭고도 중요한 알고리즘(algorithm)을 나타내는 것이다.

어떤 장 계산(場 計算, field computation)이든 필연적으로 장 자신의 성질의 고려에서 출발한다. 따라서, 2장에서는 이 책에서 고려될 장 문제의 물리적 기초를 제공하기 위해 필요한 정도까지 전자이론을 개관(概觀)한다.

3장에서는 장 문제의 정의(定義, definition)를 위한 통합된 취급법을 제공한다. 이 장(章)은 출발에서 문제의 명백한 정의를 갖는 것의 중요성에 대한 배경이 될 예정이다.

수치 장 계산의 대부분에서, 해(解, solution)를 세우는 유한-차원 선형 공간(有限次元 線形 空間, finite-dimensional linear space)의 요소(要素, element)로서 생각하는 것이 가장 좋을 수 있다. 4장에서는, 어느 정도 상세하게, 이 선형 공간의 구성(構成, construction)을 논의한다.

장 계산에서 사용하는 대부분의 알고리즘이 사영법(射影法, projection method)이기 때문에, 5장에서는 사용하는 사영법의 통합된 취급법을 제공한다.

2장, 3장, 4장 및 5장은 뒤에서의 장에서 표현되는 자료에 대한 지원을 제공한다.

6장과 7장에서는 가장 일반적으로 사용되는 수치 계산의 방법인 유한요소법(有限要素法, finite element method)을 논의한다.

8장에서는 망 생성(網 生成, mesh generation)을 논의한다. 이 논제는 항상 계산의 정밀도가 엄밀하게 좌우되며 보통 매우 지겨운 주의를 요구했던 유한요소 장 계산의 양상이었다. 논의되는 자동(自動, automatic) 및 적응(適應, adaptation) 망 생성에서의 새로운 전개가 실제로 유한요소 장 계산의 구성에 있어서 중요한 단계로 나타난다.

9장에서는 장 계산의 적분방정식법(積分方程式法, integral equation method)을 논의한다.

10장에서는 정(靜) 포텐셜 문제(static potential problem)의 수치 풀이(numerical solution)을 논의한다.

11장에서는 와(전)류(渦(電)流) 문제(eddy current problem)의 수치 풀이에서 사용되었던 특정한 알고리즘을 나타내고 논의한다. 이 2판에서 새로이, 이것은 시간 영역(時間 領域, time-domain) 또는 과도(過渡, transient) 와류 계산의 논의를 포함한다.

2 Field Properties

2.1 *INTRODUCTION*

이 장(章)은 이후의 장에서 나타내어지는 계산 방법과 알고리즘(algorithm)을 위한 기초를 제공하는 전자이론(電磁理論, electromagnetic theory)에서의 방정식을 전개하고 나타낸다.

매질(媒質, media)에서의 불균일성(不均一性, nonuniformity)과 불연속성(不連續性, discontinuity)(투자율(透磁率, permeability), 유전율(誘電率(permittivity) 및 도전율(導電率, conductivity))은 실제 장 계산(場 計算, field computation)에서의 주된 문제이다. 이것은 계산이 해석적(解析的)으로(analytically) 이루어지든 수치적(數値的)으로(numerically) 이루어지든 참(진(眞), true)이다. 수치 계산의 경우에는, 이 불균일성이 과학자의 숙련, 끈기와 인내, 그리고 또한 사용하는 컴퓨터의 용량(容量, capacity)(고속 기억 용량과 계산 속도 및 시간의 점에서)에 부담을 줄 수 있다. 이 문제에 대처(對處)하기 위하여, 불균일성을 다루기 위한 여러가지 방법이 수치 장 계산에 대해 출판된 논문에서 나타내어졌다.

이 장은 이 논문의 통합이라는 접근을 취한다. 이러한 불균일성의 문제를 다루기 위하여, 이 장에서는 여러가지 접근과 이론적 정식화(定式化, formulation)를 나타낸다. 중요한 것은 실제 수치 알고리즘을 위한 기초가 되는 정식화를 전개하는 것이다. 장의 거동에 관한 좋은 감각(感覺)(good feel)은 성공적인 장 계산을 위한 필수 요소이기 때문에, 과학자가 장의 거동에 대한 물리적(物理的)인 "감각"(physical "feel")을 일으키기 위한 전개 방법도 중요하다.

중요한 것은 정적(靜的, static), 준-정적(準-靜的, quasi-static), 그리고 동적(動的, dynamic) 장 거동 사이의 차이에 대한 주의 깊은 표현이다. 이 차이는 실제 수치 장 계산에 있어서 극히 중요하다. 정적 장 계산은 준-정적 장 계산보다 더 간단하며, 준-정적 장 계산은 동적 장 계산보다 더 간단하다. 그리고 장 계산의 경우, *항상* 가장 간단한 허용되는 접근 방법을 사용하는 것이 가장 좋다.

2.2 *MAXWELL'S EQUATIONS IN THE DYNAMIC, QUASI-STATIC, AND STATIC CASES*

2.2.1 *Dynamic Case*

이 책에서 논의되는 방법 또는 알고리즘은 주로 맥스웰 방정식(Maxwell's equation)에 기초를 둔다. 이 방정식은, 완전히 동적인 경우(dynamic case), 다음과 같다:

$$\nabla \times \mathbf{H} = \mathbf{J} + \frac{\partial \mathbf{D}}{\partial t} \tag{2.2.1-1}$$

$$\nabla \times \mathbf{E} = -\frac{\partial \mathbf{B}}{\partial t} \tag{2.2.1-2}$$

$$\nabla \cdot \mathbf{B} = 0 \tag{2.2.1-3}$$

$$\nabla \cdot \mathbf{D} = \rho \tag{2.2.1-4}$$

이 방정식에서 **H**와 **E**는 자계(磁界, 자(기)장(磁(氣)場), magnetic field)와 전계(電界, 전(기)장(電(氣)場), electric field), **J**는 전도 전류밀도(傳導 電流密度, conduction current density), 그리고 ρ는 전하밀도(電荷密度, electric charge density)이다. 그 위에, **B**는 자속밀도(磁束密度, magnetic flux density) 그리고 **D**는 변위(變位, displacement), 또는 전속(電束, electric flux), 밀도(密度, density)이다.

적분형(積分形, integral form)은 4개의 Maxwell 방정식으로부터 유도될 수 있다. 스토크스의 정리(定理)(Stokes' theorem)를 이용하여, 식 (2.2.1-1)과 (2.2.1-2)로부터

$$\oint_C \mathbf{H} \cdot d\mathbf{l} = I + \frac{\partial \Psi}{\partial t} \tag{2.2.1-5}$$

$$\oint_C \mathbf{E} \cdot d\mathbf{l} = -\frac{\partial \Phi}{\partial t} \tag{2.2.1-6}$$

을 도출한다. 이 방정식에서의 적분은 폐곡선(閉曲線, closed contour) C를 일주(一周)하는 선적분(線積分, line integral)이다. 바꾸어 말하면, 그들은 경로(徑路, path) C를 일주하는 **H**와 **E**의 *회전(回轉, circulation)*을 준다. 기호 Ψ와 Φ는 경로 C를 관통(貫通)하는 *전속(電束, electric flux)*과 *자속(磁束, magnetic flux)*을 나타내며, I는 경로 C를 통하여 흐르는 전도전류(傳導電流, conduction current)이다. 발산 정리(發散 定理, divergence theorem)를 사용하여, 식 (2.2.1-3)과 (2.2.1-4)로부터

$$\oint_S \mathbf{B} \cdot d\mathbf{S} = 0 \tag{2.2.1-7}$$

$$\oint_S \mathbf{D} \cdot d\mathbf{S} = Q \tag{2.2.1-8}$$

을 도출한다. 여기서 Q는 면(面, surface) S 내부의 전하이다. 식 (2.2.1-7)과 (2.2.1-8)

에서 적분은 폐곡면(閉曲面, closed surface) S를 통한 벡터 **B**와 **D**의 *유출(流出, outflow)*을 준다.

이 방정식들은, 이러한 완전히 동적인 형태에서, 방사 장(放射 場, radiated field), 즉 안테나(antenna)에 의해 방사되고 수신(受信)되는 장, 도파관(導波管, waveguide)에서 방사되는 장, 그리고 속도 변조관(速度 變調管, 클라이스트론, klystron)과 자전관(磁電管, 마그네트론, magnetron) 같은 전자 장치(電子 裝置, electronic device)에서의 장의 계산을 위해 필요하게 된다. 많은 다른 응용의 경우에는, 이 방정식의 더 간단한 근사형(近似形, approximate version)이 적당하다.

2.2.2 *Quasi-Static Case*

준-정적인 경우는 완전히 동적인 경우와 변위전류(變位電流, displacement current)가 무시되는 것만 다르다*. 즉, 준-정적인 경우에는,

$$\nabla \times \mathbf{H} = \mathbf{J} \tag{2.2.2-1}$$

$$\oint_C \mathbf{H} \cdot d\mathbf{l} = I \tag{2.2.2-2}$$

이며 식 (2.2.1-2), (2.2.1-3), (2.2.1-4), (2.2.1-6), (2.2.1-7), 그리고 (2.2.1-8)은 그대로 유지된다. 벡터의 회전(回轉, curl, rotation)의 발산은 0이기 때문에, 식 (2.2.2-1)로부터 준-정적인 경우에는

$$\nabla \cdot \mathbf{J} = 0 \tag{2.2.2-3}$$

임을 본다.

준-정적 근사는 많은 도전 매질(導電 媒質, conducting media) 내에서의 시변장(時變場, time-varying field)을 위해 사용된다. 이것은, 양도체(良導體, good conductor)의 경우, 보통 관련되는 주파수에서 (바로 X-선(線)(X-ray) 주파수까지) 전도전류가 변위전류보다 훨씬 더 크기 때문이다. 이것의 좋은 예는 "와(전)류(渦(電)流, eddy current)" 문제라고도 불리는 철심(鐵心, iron core) 내에서의 시변(時變, time-varying) 자계의 계산이다. 이것은 전동기(電動機, electric motor), 발전기(發電機, generator), 자기 기록(磁氣 記錄) 헤드(magnetic recording head), 그리고 원통(圓筒) 코일(솔레노이드) 작동기(作動機)(solenoid actuator)등에서 실제 응용을 가진다.

---

* 변위 전류는

$$\sigma \gg \omega\varepsilon$$

일 때 무시될 수 있다. 여기서 σ, ω 및 ε은 도전율, 각주파수(角周波數, radian frequency) 및 유전율(誘電率, permittivity)이다.

2.2.3 Static Case

정적인 경우에는, 전기 변위전류 *그리고* 시변 자속밀도가 모두 무시된다. 이 경우에는, 그러면, 식 (2.2.1-2)는

$$\nabla \times \mathbf{E} = 0 \tag{2.2.3-1}$$

이 되며 식 (2.2.1-6)은

$$\oint_C \mathbf{E} \cdot d\mathbf{l} = 0 \tag{2.2.3-2}$$

가 된다. 이 식에 덧붙여, 식 (2.2.1-3), (2.2.1-4), (2.2.1-7), (2.2.1-8), (2.2.2-1), 그리고 (2.2.2-2)는 그대로 유지된다.

정적 장 계산은, 뒤에서 볼 바와 같이, 그것이 동적 및 준-정적 계산과 비교하여 상대적으로 간단하기 때문에, 어디든지 물리적인 현실성의 결정을 용인하는 곳에서 이루어진다. 예로서, 자석(磁石, magnet)의 자계 내에서의 많은 계산은 정적 계산이다.

2.3 POLARIZATION AND MAGNETIZATION

2.3.1 Polarization

그림 2-1은 거리(距離, distance) d로 분리된 2개의 점전하(點電荷, point charge) $-Q$와 $+Q$(같은 크기와 반대 부호)로 구성된 전기 쌍극자(電氣 雙極子, electric dipole)를 보인다. 크기 d이며, 음(陰, 부(負), negative) 전하로부터 떠나 양(陽, 정(正), positive) 전하로 향하는 방향인 벡터 $\mathbf{d}$가 있다. 이 쌍극자는

$$\mathbf{p} = Q\mathbf{d} \tag{2.3.1-1}$$

로 주어지는 *전기 쌍극자 모멘트(electric dipole moment)* $\mathbf{p}$를 가진다

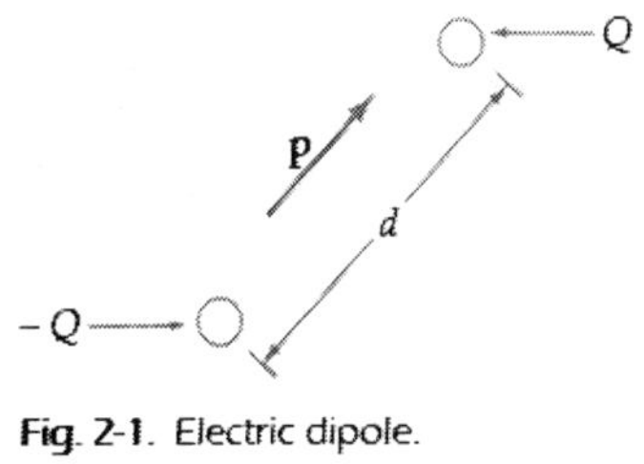

Fig. 2-1. Electric dipole.

중성(中性, neutral)인 (즉, 0의 총 전하(total charge)를 가지는) 전하계(電荷系, system of charges)(말하자면, 분자(分子, molecule))가 있다고 가정한다. 계 내의 모든 양전하의 합(合, sum)은 모든 음전하의 합과 크기가 같기 때문에, 그러면 분자는 많은 수의 위에서 설명된 것과 같은 기본 전기 쌍극자로 구성된 것으로 고려될 수 있다. 이 분자는 이 기본 전기 쌍극자의 모멘트의 벡터 합과 같은 전기 쌍극자 모멘트를 가진다. 작은 체적(體積, volume) V 내에 각각의 쌍극자 모멘트가 $\mathbf{p}_m$인 M개의 분자가 있다고 가정한다. 그 다음

$$\mathbf{P} = \frac{1}{V}\sum_{m=1}^{M} \mathbf{p}_m \tag{2.3.1-2}$$

와 같이 주어지는 *분극밀도(分極密度, polarization density)* 또는 *분극(polarization)*을 정의(定義)한다. 이 분극의 정의(definition)의 실제 값은, 균일한 유전 매질을 가진 작은 영역(領域, region) 내에서는, **P**의 값이 작은 체적 V의 선택에는 매우 거의 무관하다는 사실이 있다. 따라서, 정의된 것과 같은, **P**는 *거시적(巨視的) 인(macroscopic)* 규모(規模, scale)에서 의미(意味, meaning)를 가진다. **P**는 *진공(眞空, vacuum) 내에서 작용하는* 많은 수의 극소(極小) 분자 쌍극자 모멘트(infinitesimal molecular dipole moment)의 결과인 것으로 생각될 수 있음에 주목하라.

임의의 매질 내에서의 변위밀도 **D**는

$$\mathbf{D} = \varepsilon_0\mathbf{E} + \mathbf{P} \tag{2.3.1-3}$$

와 같이 주어진다. 여기서 ε_0는 자유공간(自由空間, free space)의 유전율(誘電率, permittivity)이다. 물질이 선형(線形, linear)이라면, 그러면

$$\mathbf{P} = \underline{\overline{\chi_e}}\varepsilon_0\mathbf{E} \tag{2.3.1-4}$$

이다. 여기서 $\underline{\overline{\chi_e}}$는 무차원(無次元, dimensionless)인 전기 분극율(電氣 分極率) 텐서(electric susceptibility tensor)이다. 물질이 선형*이며 등방성(等方性, isotropic)*이라면,

$$\mathbf{P} = \chi_e\varepsilon_0\mathbf{E} \tag{2.3.1-5}$$

이다. 여기서 χ_e는 무차원 스칼라(scalar)인 전기 분극율이다. 선형 물질의 경우 식 (2.3.1-3)과 (2.3.1-4)로부터

$$\mathbf{D} = \varepsilon_0(1 + \underline{\overline{\chi_e}})\mathbf{E} \tag{2.3.1-6}$$

이다. 선형이며 등방성 매질의 경우 식 (2.3.1-3)과 (2.3.1-5)로부터

$$\mathbf{D} = \varepsilon_0(1+\chi_e)\mathbf{E} = \varepsilon_0\varepsilon_r\mathbf{E} = \varepsilon\mathbf{E} \tag{2.3.1-7}$$

이다. 여기서

$$\varepsilon = \varepsilon_0(1+\chi_e) \tag{2.3.1-8}$$

은 스칼라 유전율이며, ε_r은 비유전율(比誘電率, relative permittivity)이다.

2.3.2 *Magnetization*

자화(磁化, magnetization) **M**은 분극을 정의한 것과 대체로 똑같이 정의된다. 분자(또는 원자(原子, atom))는 궤도(軌道, orbit)에 있는 전자(電子, electron)와 전자의 스핀(spin)에서 유래(由來)하는 자기 쌍극자(磁氣 雙極子) 모멘트(magnetic dipole moment) **m**을 가진다.

이 자기 쌍극자 모멘트 **m**은, 그림 2-2에 보여진 바와 같이, 어떤 원형(圓形) 루프(circular loop)에 흐르는 어떤 전류 I에 의해 생성된 것으로 대체(代替)할 수 있다. 그러므로, 임의의 수의 분자로부터 유래하는 총(總, total) 쌍극자 모멘트는 등가적(等價的)으로, *진공 내에서 동작하는(operating)*, 많은 수의 그림 2-2에 보여진 것과 같은 형태의 등가 전류 루프(equivalent current loop)에 의해 생성되었다고 할 수 있다. 자기 쌍극자 모멘트 **m**은 또한, 그림 2-1에 보여진 전기 쌍극자와 비슷하게, 어떤 거리만큼 분리(分離)된, 같은 크기이며 서로 다른 극성(極性, polarity)인, 2개의 가상 점자하(假想 點磁荷, fictitious magnetic point charge)에 의해 생성되었다고도 할 수 있다. 그러므로, 임의의 수의 분자로부터 유래하는 총 쌍극자 모멘트는, 등가적으로, *진공 내에서* 작용하는(acting) 자하밀도(磁荷密度, magnetic charge density)에 의해 생성되었다고 할 수 있다.

작은 체적 V 내에 N개의 분자의 모임이 있다면, 그러면, 거시적인 규모에서,

$$\mathbf{M} = \frac{1}{V}\sum_{n=1}^{N}\mathbf{m}_i \tag{2.3.2-1}$$

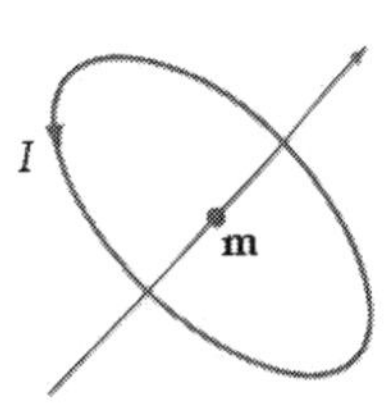

Fig. 2-2. Magnetic dipole.

과 같이 주어지는 *자화밀도(磁化密度, magnetization density)* 또는 *자화(magnetization)* 가 있다. 여기서 $\mathbf{m}_i$는 체적 V 내에 있는 i번째 분자의 자기 쌍극자 모멘트이다.

자속밀도 **B**는

$$\mathbf{B} = \mu_0(\mathbf{H} + \mathbf{M}) \tag{2.3.2-2}$$

와 같이 주어진다. 물질이 선형이라면, 그러면

$$\mathbf{M} = \underline{\overline{\chi}}\mathbf{H} \tag{2.3.2-3}$$

이다. 여기서 $\underline{\overline{\chi}}$는 무차원인 자기 분극율(磁氣 分極率) 텐서(magnetic susceptibility tensor)이다. 물질이 선형*이며 등방성(等方性, isotropic)*이라면,

$$\mathbf{M} = \chi\mathbf{H} \tag{2.3.2-4}$$

이다. 여기서 χ는 무차원 스칼라(scalar)인 자기 분극율이다. 선형 물질의 경우 식 (2.3.2-2)와 (2.3.2-3)으로부터

$$\mathbf{B} = \mu_0(1 + \underline{\overline{\chi}})\mathbf{H} \tag{2.3.2-5}$$

이다. 선형*이며* 등방성 매질의 경우 식 (2.3.2-2)와 (2.3.2-4)로부터

$$\mathbf{B} = \mu_0(1 + \chi)\mathbf{H} = \mu_0\mu_r\mathbf{H} = \mu\mathbf{H} \tag{2.3.2-6}$$

이다. 여기서 μ는 투자율(透磁率, permeability)이며, μ_r은 비투자율(比透磁率, relative permeability)이다.

2.4 *LAWS FOR STATIC FIELDS IN UNBOUNDED REGIONS*

2.4.1 *Coulomb's Law*

쿨롱의 법칙(Coulomb's law)은 2개의 점전하 Q_1과 Q_2 사이의 힘 F가

$$F = \frac{Q_1 Q_2}{4\pi\varepsilon_0 r^2} \tag{2.4.1-1}$$

임을 나타낸다. 여기서 r은 두 전하 사이의 거리이다. 한 개의 전하에 의해 단위 정(양) 점전하(單位 正(陽) 點電荷, unit positive point charge)에 가해지는 힘으로써 정전계(靜電界, 정전(기)장(靜電(氣)場), electrostatic field)(정적(靜的)인 경우의 전계)를 정의하면, 식 (2.4.1-1)로부터

$$\mathbf{E} = \frac{Q\mathbf{a}_r}{4\pi\varepsilon_0 r^2} \tag{2.4.1-2}$$

를 가진다. 전하 Q가 위치하는 점(點, point)은 *원천점(源泉點, source point)*이라 불리며, 계(界, 장(場), field)가 취해지는 점은 *장 점(場點, field point)*이라 불린다. 이 용어(用語, term)는 이 책의 나머지 부분을 통하여 빈번하게 사용한다. 그러면 r은 원천점과 장 점 사이의 거리이며, $\mathbf{a}_r$은 원천점*으로부터* 장 점으로 *향하는* 방향(方向, direction)의 단위(單位) 벡터(unit vector)이다.

이제 단위 정(양)전하(單位 正(陽)電荷, unit positive charge)를 무한원점(無限遠點, infinity)으로부터 장 점으로 가져오기 위해 요구되는 에너지(energy)로써 정전위(靜電位, electrostatic potential) ϕ_e를 정의한다. 그러면 점 P에서의 ϕ_e는

$$\phi_e = \int_{\infty}^{P} \mathbf{F} \cdot d\mathbf{l} = \int_{\infty}^{P} \mathbf{E} \cdot d\mathbf{l} \tag{2.4.1-3}$$

으로 주어진다. 식 (2.4.1-3)으로부터

$$\phi_e = -\int_{P}^{\infty} \mathbf{E} \cdot d\mathbf{l} \tag{2.4.1-4}$$

이기 때문에, 그러면 이 식으로부터

$$\mathbf{E} = -\nabla\phi_e \tag{2.4.1-5}$$

가 된다.

식 (2.4.1-2)를 식 (2.4.1-4)에 대입(代入)하면, 단일 점전하(single point charge) Q에 관한 정전위장(계)(靜電位場(界), electrostatic potential field)은

$$\phi_e = \frac{Q}{\varepsilon_0 4\pi r} \tag{2.4.1-6}$$

과 같이 주어진다.

자유공간의 환경에서 임의의 수(數)의 점전하로부터 기인하는 정전계와 정전위는 식 (2.4.1-2)와 (2.4.1-6)에 의해 주어지는 단일전하 장(單一電荷 場, single-charge field)을 합함으로써 얻어질 수 있다. 그러한 합(合, summation)의 극한(極限, limit)을 나타내는 적분을 사용함으로써, 식 (2.4.1-2)와 (2.4.1-6)으로부터 전하밀도에 의한 장에 대한 대응되는 방정식을 유도할 수 있다. 그림 2-3에 있는 형태를 고려한다. 이 그림에서는 구(球, sphere) S의 안에 둘러싸인 전하밀도 ρ의 전하운(電荷雲, charge cloud)이 있다. 전하가 없는 S의 외부는 자유공간일 뿐이다. 이 영역은, 자

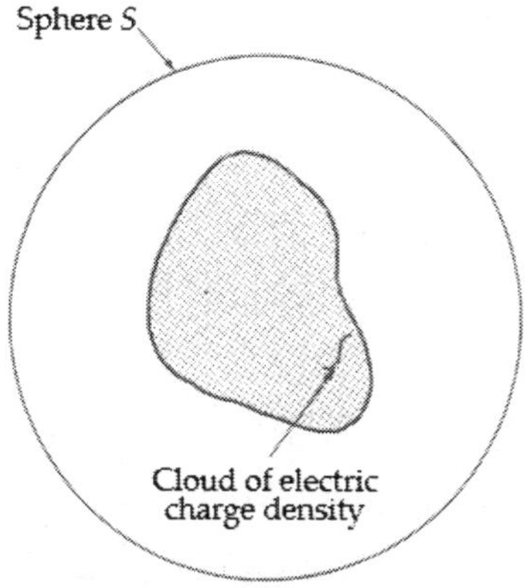

Fig. 2-3. Cloud of electric charge density.

유공간 환경 이외의 곳에는 전하밀도와 어쩌면 도체만 있는, 유전체를 포함하지 않는 것으로 가정된다. 식 (2.4.1-2)와 (2.4.1-6)에서 출발하여, 그림 2-3의 임의의 점 P(S의 내부 또는 외부 양쪽 모두)에서의 정전계 $\mathbf{E}$와 정전위 ϕ_e는

$$\mathbf{E} = \int_V \frac{\rho \mathbf{a}_r}{\varepsilon_0 4\pi r^2} dv \tag{2.4.1-7}$$

과

$$\phi_e = \frac{1}{\varepsilon_0} \int_V \frac{\rho}{4\pi r} dv \tag{2.4.1-8}$$

로 주어진다. 여기서 V는 구 S에 의해 둘러싸이는 체적이며, r은 장점 $\mathbf{r}_f$와 원천점 $\mathbf{r}_s$(ρ가 취해지는) 사이의 거리이다.

2.4.2 *Biot-Savart's Law*

비오-사바르의 법칙(Biot-Savart's law)은 Coulomb의 법칙이 정전계와 관련되는 것과 대체로 똑같이 정자계(靜磁界, 정자(기)장(靜磁(氣)場, static magnetic field)와 관련된다. 즉, 그것은 Coulomb의 법칙이 정전계를 기본 원천(elementary source)에 대한 합으로써 나타내는 것과 대체로 똑같이 정자계를 기본원천의 합으로써 나타낸다. 더 명확히 말하면, Biot-Savart의 법칙은 정자계를 기본 전류원(電流源, current source)의 합으로써 나타낸다. 오늘날의 표기(表記, notation)로는, 그것은

$$\mathbf{H}_{bs} = \int \frac{I d\mathbf{l} \times \mathbf{a}_r}{4\pi r^2} \tag{2.4.2-1}$$

과 같이 주어진다(Ref. 1, p. 221). 이 방정식에서, $d\mathbf{l}$은 무한소(無限小) 벡터(infinitesimal vector)이며 I는 그 길이에 있는 전류이다: 즉, $Id\mathbf{l}$은 무한소 *전류 요소(電流要素, current element)*이다. 단위 반경 벡터 $\mathbf{a}_r$은 원천점(I가 위치하는)*으로부터* 장점($\mathbf{H}$가 취해지는)으로 향한다. 식 (2.4.2-1)은 자유공간 환경(자성(磁性) 물질(자성체(磁性體), permeable material)과 영구자석(永久磁石, permanent magnet)이 없는)을 전제(前提)로 하며, 적분은 모든 공간(空間, space)에 대해 취해진다.

환경이 체적 전류밀도 $\mathbf{J}$를 포함한다고 가정한다. 또한 그 환경이 모든 곳이 자유공간인 매질이라고 가정한다. 식 (2.4.2-1)에서 전류 요소 $Id\mathbf{l}$은 원하는 대로 작게 취해질 수 있기 때문에, 이 방정식으로부터 이 환경에서의 정자계를 주는 표현을 유도(誘導)할 수 있다. 이 방정식은

$$\mathbf{H}_{bs} = \int \frac{\mathbf{J} \times \mathbf{a}_r}{4\pi r^2} dv \tag{2.4.2-2}$$

이다. 여기서 적분은 모든 공간에 대한 체적 적분이다.

일정한 벡터 조작(操作)(vector manipulation)에 의해, 식 (2.4.2-2)는 일정한 응용을 위해 더 편리한 형태로 정리될 수 있다. 다음을 가진다.

$$\frac{\mathbf{a}_r}{r^2} = -\nabla\left(\frac{1}{r}\right) = \nabla_s\left(\frac{1}{r}\right) \tag{2.4.2-3}$$

식 (2.4.2-3)에서, 기호 ∇는 *장 점*에 관한 미분(微分, differentiation)에 의한 구배(勾配, 경도(傾度), gradient)를 의미하는 한편, ∇_s는 *원천점*에 관한 미분에 의한 구배를 의미한다. $\mathbf{J}$가 원천점에서 취해지기 때문에,

$$\nabla \times \left(\frac{\mathbf{J}}{r}\right) = \mathbf{J} \times \nabla\left(\frac{1}{r}\right) \tag{2.4.2-4}$$

를 가진다. 식 (2.4.2-3)과 (2.3.2-4)로부터,

$$\mathbf{J} \times \left(\frac{\mathbf{a}_r}{r^2}\right) = -\mathbf{J} \times \nabla\left(\frac{1}{r}\right) = -\nabla \times \left(\frac{\mathbf{J}}{r}\right) \tag{2.4.2-5}$$

를 가진다. 식 (2.4.2-2)와 (2.4.2-5)로부터,

$$\mathbf{H}_{bs} = -\frac{1}{4\pi} \nabla \times \int \frac{\mathbf{J}}{r} dv \tag{2.4.2-6}$$

을 가진다. 식 (2.4.2-6)으로부터, $\mathbf{H}_{bs}$는 벡터의 회전(回轉, curl, rot, rotation)이다; 그리고 결과로서,

$$\nabla \cdot \mathbf{H}_{bs} = 0 \tag{2.4.2-7}$$

이 된다.

2.5 INTEGRAL REPRESENTATIONS FOR QUASI-STATIC FIELDS USING THE HELMHOLTZ'S THEOREM

이 절(節)은, 준-정적 근사를 사용하여, **B**, **H**, **D** 및 **E** 장(場, 계(界), field)에 대한 적분 표현(積分 表現, integral representation)을 전개하기 위하여 헬름홀츠의 정리(Helmholtz's theorem)를 사용한다. 이 적분 표현은 외부 문제(外部 問題, exterior problem)에서 특히 유용하다.

2.5.1 Helmholtz's Theorem

Appendix A는 2-차원과 3-차원 문제 모두를 위한 헬름홀츠의 정리를 유도(誘導)한다. 이 유도는 다음에 적용한다:

1. 유계 영역(有界 領域, bounded region)
2. 모든 공간을 포함하는 유계되지 않은 영역(unbounded region)
3. 일정한 유계 영역이 제외된 유계되지 않은 영역.

장(field)과, 사실, *모든 장*은 위에서 언급된 유계 영역의 경계(境界, boundary)에 걸쳐 0으로 간다고 가정된다. 유계되지 않은 영역–역시 위에서 언급된–에서는 모든 원천(源泉, source)과 도전적(導電的, conductive), 자기적(磁氣的, permeable) 및 유전적(誘電的, dielectric) 물질이 어떤 폐곡면(閉曲面, closed surface), 말하자면, 구(球, sphere), 안에 있는 어떤 유계 영역 내부로 제한된다고 가정한다. 이와 같은 면(面, surface)의 바깥에는 자유공간만 있다. 따라서, 자화장(磁化場, magnetization field) **M**과 분극장(分極場, polarization field) **P**는 이 면(surface) 외부에서는 0이다.

Appendix A는 벡터 장(vector field) **F**가 모든 영역(entire region)에 대해 취한 그것의 회전(回轉, rotation, curl, rot)과 발산(發散, divergence, div)으로 표현될 수 있음을 보인다. 즉,

$$\mathbf{F} = \nabla \times \mathbf{C} - \nabla \phi \tag{2.5.1-1}$$

이다. 여기서 3-차원 영역(three-dimensional region)의 경우,

$$\mathbf{C} = \int_V G_3(\mathbf{r}_f, \mathbf{r}_s) \nabla_s \times \mathbf{F}\, dv \tag{2.5.1-2}$$

와

$$\phi = \int_V G_3(\mathbf{r}_f, \mathbf{r}_s)\boldsymbol{\nabla}_s \cdot \mathbf{F}\, dv \tag{2.5.1-3}$$

이다. 식 (2.5.1-2)와 (2.5.1-3)에서, V는 영역의 체적(體積, volume)이다(유계되지 않은 영역의 경우에는 무한대(無限大, infinite)).

$G_3(\mathbf{r}_f, \mathbf{r}_s)$는 *3-차원 자유공간에 대한 그린 함수(Green's function)*(Ref. 3, p. 50을 보라)라 불리며

$$G_3(\mathbf{r}_f, \mathbf{r}_s) = \frac{1}{4\pi|\mathbf{r}_f - \mathbf{r}_s|} \tag{2.5.1-4}$$

로 주어진다. 여기서 $\mathbf{r}_f$는 장점(장 ϕ 또는 **C**가 취해지는 점)에 대한 반경(半徑) 벡터(radius vector)이며 $\mathbf{r}_s$는 원천점에 대한 반경 벡터이다. 2-차원 영역의 경우에는, 식 (2.5.1-2)와 (2.5.1-3)에서 G_3를

$$G_2(\mathbf{r}_f, \mathbf{r}_s) = -\frac{1}{2\pi}\ln|\mathbf{r}_f - \mathbf{r}_s| \tag{2.5.1-5}$$

와 같이 주어지는 *2-차원 자유공간에 대한 그린 함수* G_2(Ref. 3, p. 50을 보라)로 대체(代替)한다. 이 방정식은 그러면

$$\mathbf{C} = \int_A G_2(\mathbf{r}_f, \mathbf{r}_s)\boldsymbol{\nabla}_s \times \mathbf{F}\, dv \tag{2.5.1-6}$$

과

$$\phi = \int_A G_2(\mathbf{r}_f, \mathbf{r}_s)\boldsymbol{\nabla}_s \cdot \mathbf{F}\, dv \tag{2.5.1-7}$$

이 된다. 식 (2.5.1-6)과 (2.5.1-7)에서, A는 2-차원 장의 단면적(斷面積, cross-sectional area)이다.

Helmholtz의 정리의 값은 Maxwell 방정식으로부터 즉시 얻을 수 있도록 공식화(公式化)하기를 원하는 장의 회전과 발산이다. 그러므로, 이 정리는 원하는 적분 표현을 전개하는 것을 쉽게 만든다. 정리는 또한 이 장의 각각이 무발산 성분(無發散 成分, divergence-free component)과 무회전 성분(無回轉 成分, curl-free component)의 2가지의 유일(唯一)하게(uniquely) 정의된 성분의 합(合)으로 쪼개질 수 있음을 보인다.

독자(讀者)들의 시간 뿐만 아니라 지면(紙面, space)도 절약(節約)하기 위하여, 적분 표현은 3-차원 영역 아래에서만 유도된다. 식 (2.5.1-2)에서 (2.5.1-7)은 G_3를 G_2로 대체하고 체적 V에 대하여 적분하는 대신 단면적 A에 대하여 적분함으로써 3-차원 적분 표현을 간단히 2차원 표현으로 수정할 수 있음을 보인다. 간편(簡便)을 위하여, 이 절(節)의 나머지에서 보이는 식에서 인수(引數, 독립 변수(獨立 變數), argument) ($\mathbf{r}_f$, $\mathbf{r}_s$)는 삭제(削除)하였다.

2.5.2 *Integral Expressions for B Field and Definition of Magnetic Vector Potential, A*

식 (2.3.2-1)의 회전을 취하고 그것을 식 (2.2.2-1)과 결합하면, 준-정적인 경우,

$$\nabla_s \times \mathbf{B} = \mu_0(\mathbf{J} + \nabla_s \times \mathbf{M}) \tag{2.5.2-1}$$

이 생긴다. 식 (2.5.1-1), (2.5.1-2), 그리고 (2.5.1-3)에서 **F**가 **B**로 치환(置換)되고 이 식이 식 (2.2.1-3)(**B**의 발산이 0이라는)과 (2.5.2-1)과 결합될 때, 결과는

$$\mathbf{B} = \mu_0 \nabla \times \int_V G_3(\mathbf{J} + \nabla_s \times \mathbf{M})\, dv \tag{2.5.2-2}$$

이다. 이 식은 준-정적 *자기 벡터 포텐셜*(quasi-static *magnetic vector potential*) **A**의 정의(定義, definition)를 연상시킨다:

$$\mathbf{A} = \mu_0 \int_V G_3(\mathbf{J} + \nabla_s \times \mathbf{M})\, dv \tag{2.5.2-3}$$

식 (2.5.2-2)와 (2.5.2-3)으로부터,

$$\mathbf{B} = \nabla \times \mathbf{A} \tag{2.5.2-4}$$

를 가지며 Appendix B는

$$\nabla \cdot \mathbf{A} = 0 \tag{2.5.2-5}$$

를 보인다.

어떤 계산에서 유용한 식 (2.5.2-3)의 3가지 다른 형태가 있다. 첫째로,

$$\mathbf{J}_e = \nabla \times \mathbf{M} \tag{2.5.2-6}$$

에 의해 *등가 전류밀도(等價 電流密度, equivalent current density)* $\mathbf{J}_e$를 정의할 수 있다. 이것과 식 (2.5.2-3)을 결합하면

$$\mathbf{A} = \mu_0 \int_V G_3(\mathbf{J} + \mathbf{J}_e)\, dv \tag{2.5.2-7}$$

이 생긴다.

덧붙여, Appendix B에서 보여준 바와 같이,

$$\mathbf{A} = \mu_0 \int_V [G_3\mathbf{J} - \mathbf{M} \times \boldsymbol{\nabla}_s G_3]\, dv \tag{2.5.2-8}$$

이며, 마지막으로, 식 (2.4.2-3)을 사용하여,

$$\mathbf{A} = \mu_0 \int_V \left[G_3\mathbf{J} - \mathbf{M} \times \frac{\mathbf{a}_r}{r} G_3\right] dv \tag{2.5.2-9}$$

이다.

2.5.3 *Integral Expressions for* **H**

식 (2.2.1-3)과 (2.3.2-2)로부터

$$\boldsymbol{\nabla}_s \cdot \mathbf{M} = -\boldsymbol{\nabla}_s \cdot \mathbf{H} \tag{2.5.3-1}$$

을 가진다. 식 (2.5.1-1), (2.5.1-2), 그리고 (2.5.1-3)에서 **F**가 **H**로 치환(置換)되고, 식 (2.2.2-1)과 (2.5.3-1)이 사용될 때,

$$\mathbf{H} = \boldsymbol{\nabla} \times \int_V G_3\mathbf{J}\, dv + \boldsymbol{\nabla} \int_V G_3 \boldsymbol{\nabla}_s \cdot \mathbf{M}\, dv \tag{2.5.3-2}$$

를 가진다.

식 (2.5.3-2)의 우변(右邊)의 첫째 항은 0의 발산(zero divergence)을 가지며 식의 우변의 둘째 항은 0의 회전(zero curl)을 가짐에 유의하라. 그 자신의 이름인 자계의 다른 성분으로써 이 항을 생각하면 여러 가지 문제에서 편리하게 된다. 그러면

$$\mathbf{H}_a = \boldsymbol{\nabla} \times \int_V G_3\mathbf{J}\, dv \tag{2.5.3-3}$$

과

$$\mathbf{H}_d = \boldsymbol{\nabla} \int_V G_3 \boldsymbol{\nabla}_s \cdot \mathbf{M}\, dv \tag{2.5.3-4}$$

로

$$\mathbf{H} = \mathbf{H}_a + \mathbf{H}_d \tag{2.5.3-5}$$

가 된다. 식 (2.5.3-3), (2.5.3-4), 그리고 (2.5.3-5)에서, $\mathbf{H}_a$는 *인가* 자계(*印加* 磁界, *applied* magnetic field)라 불리며 $\mathbf{H}_d$는 *감자* 자계(*減磁* 磁界, *demagnetizing* magnetic field)라 불린다.

식 (2.4.2-6), (2.5.1-4), 그리고 (2.5.3-3)은 Biot-Savart의 법칙과 같은 표현으로 주어짐을 보인다(자성 물질이 없는 환경의 경우). 이것은 예기(豫期)된 것이다. $\mathbf{H}_a$가 매질의 투자율에 무관하다는 것이 일정한 자계 계산을 편리하게 한다.

$\mathbf{H}_d$가 무회전(無回轉, curl free)이기 때문에, 그것은 *축소(縮小) 자기 스칼라 포텐셜(reduced magnetic scalar potential)* ϕ_m의 항으로

$$\mathbf{H}_d = -\nabla\phi_m \tag{2.5.3-6}$$

과 같이 표현된다. 식 (2.5.3-4)와 (2.5.3-6)으로부터,

$$\phi_m = -\int_V G_3 \nabla_s \cdot \mathbf{M}\, dv \tag{2.5.3-7}$$

을 가진다. $\mathbf{J}$가 0인 영역에서는, $\mathbf{H}$는 무회전(curl-free)이다; 그리고 그러면 $\mathbf{H}$는

$$\mathbf{H} = -\nabla\psi_m \tag{2.5.3-8}$$

과 같이, *총(總) 자기 스칼라 포텐셜(total magnetic scalar potential)* ψ_m의 구배(勾配, 경도(傾度), gradient)로써 표현될 수 있다.

다시, 일정한 계산에서 유용한 식 (2.5.3-7)에 있는 적분에 대한 다른 형태가 있다.

$$\nabla \cdot \mathbf{M} = \rho_m \tag{2.5.3-9}$$

라고 말할 수 있다. 여기서 ρ_m은 *등가 자하밀도(等價 磁荷密度, equivalent magnetic charge density)*라 불리며, 그러면 식 (2.5.3-7)과 (2.5.3-9)로부터,

$$\phi_m = -\int_V G_3 \rho_m\, dv \tag{2.5.3-10}$$

을 가진다. 덧붙여, 식 (2.5.3-7)을 더 편리한 형태로 하기 위해 일정한 벡터 조작(vector manipulation)이 수행될 수 있다. 벡터 항등식(恒等式)(vector identity)에 의

해, 이 식은

$$\phi_m = \int_V \mathbf{M} \cdot \nabla_s G_3 \, dv - \int_V \nabla_s \cdot (G_3 \mathbf{M}) \, dv \tag{2.5.3-11}$$

이 된다. 식 (2.5.3-11)에서 두 번째 적분에 발산정리를 적용하면

$$\phi_m = \int_V \mathbf{M} \cdot \nabla_s G_3 \, dv - \int_S (G_3 \mathbf{M}) \cdot d\mathbf{a}$$

가 생기며 S 위에서 $\mathbf{M} = 0$이기 때문에

$$\phi_m = \int_V \mathbf{M} \cdot \nabla_s G_3 \, dv \tag{2.5.3-12}$$

를 가진다.

2.5.4 Integral Expressions for E

식 (2.4.1-3)의 발산을 취하고 그것을 식 (2.2.1-4)와 결합하면

$$\nabla \cdot \mathbf{E} = \frac{1}{\varepsilon_0}(\rho - \nabla \cdot \mathbf{P}) \tag{2.5.4-1}$$

이 생긴다. 식 (2.2.1-2)와 (2.5.2-4)를 결합하면

$$\nabla \times \left(\mathbf{E} + \frac{\partial \mathbf{A}}{\partial t} \right) = 0 \tag{2.5.4-2}$$

가 생긴다. 식 (2.5.1-1), (2.5.1-2) 및 (2.5.1-3)에서 $\mathbf{F}$가 표현 $\mathbf{E} + \partial \mathbf{A}/\partial t$로 치환(置換)되고, 식 (2.5.2-5), (2.5.4-1) 및 (2.5.4-2)가 사용될 때,

$$\mathbf{E} + \frac{\partial \mathbf{A}}{\partial t} = \frac{1}{\varepsilon_0} \nabla \int_V G_3 (\nabla \cdot \mathbf{P} - \rho) \, dv \tag{2.5.4-3}$$

을 가진다.

자계의 경우처럼, 전계 $\mathbf{E}$를 *인가* 전계 $\mathbf{E}_a$와 감극(減極, 소극(消極), depolarizing) 전계 $\mathbf{E}_d$, 즉

$$\mathbf{E} = \mathbf{E}_a + \mathbf{E}_d \tag{2.5.4-4}$$

$$\nabla \cdot \mathbf{E}_a = 0 \tag{2.5.4-5}$$

$$\nabla \times \mathbf{E}_d = 0 \tag{2.5.4-6}$$

으로 나누는 것이 편리하다. 식 (2.5.4-3)에서 (2.5.4-6)으로부터,

$$\mathbf{E}_a = -\frac{\partial \mathbf{A}}{\partial t} \tag{2.5.4-7}$$

$$\mathbf{E}_d = \frac{1}{\varepsilon_0}\nabla \int_V G_3(\nabla \cdot \mathbf{P} - \rho)\, dv \tag{2.5.4-8}$$

을 가진다.

자계의 경우처럼,

$$\mathbf{E}_d = -\nabla \phi_e \tag{2.5.4-9}$$

에 의해 *축소(縮小) 전기 스칼라 포텐셜(reduced electric scalar potential)* ϕ_e를 정의한다. 식 (2.5.4-8)과 (2.5.4-9)로부터, 그러면

$$\phi_e = \frac{1}{\varepsilon_0}\int_V G_3(\rho - \nabla \cdot \mathbf{P})\, dv \tag{2.5.4-10}$$

이다. 다시, 자계의 변화를 포함하지 않는 영역 내에서는, **E**의 회전이 0이며,

$$\mathbf{E} = -\nabla \psi_e \tag{2.5.4-11}$$

에 의해 *총 전기 스칼라 포텐셜(total electric scalar potential)* ψ_e를 정의할 수 있다.

식 (2.5.4.10)의 다른 유용한 형태가 있다. 첫째로,

$$\rho_e = -\nabla \cdot \mathbf{P} \tag{2.5.4-12}$$

에 의해 등가 전하밀도(等價 電荷密度, equivalent electric charge density) ρ_e를 정의할 수 있어 식 (2.5.4-10)은

$$\phi_e = \frac{1}{\varepsilon_0}\int_V G_3(\rho + \rho_e)\, dv \tag{2.5.4-13}$$

이 된다. 또한, 식 (2.5.3-12)가 유도된 것과 대체로 같은 방식으로,

$$\psi_e = \frac{1}{\varepsilon_0}\int_V [G_3\rho + \mathbf{P} \cdot \nabla G_3]\, dv \tag{2.5.4-14}$$

와

$$\phi_e = \frac{1}{\varepsilon_0}\int_V G_3\left(\rho + \mathbf{P}\cdot\frac{\mathbf{a}_r}{r}\right) dv \qquad (2.5.4\text{-}15)$$

가 얻어진다.

예측되는 바와 같이, 식 (2.5.4-13)에서 ρ_e가 0으로 갈 때, 그러면 ϕ_e는 식 (2.4.1-8)(Coulomb의 법칙에 의해 유도된)로 줄어듦에 유의하라. 더욱이, 식 (2.5.4-13)으로부터, ϕ_e는 간단히 ρ와 ρ_e의 공간 배치(空間 配置, spatial configuration)로부터의 결과로서 고려될 수 있음에 유의하라. 비슷하게, 식 (2.5.2-7)과 (2.5.4-7)로부터, $\mathbf{E}_a$는 간단히 $\mathbf{J}$와 $\mathbf{J}_e$의 공간 배치로부터의 결과로서 고려될 수 있다.

2.5.5 Integral Expressions for D

식 (2.3.1-3)의 회전을 취하고 그것을 식 (2.5.4-2)와 결합하면

$$\nabla\times\left(\mathbf{D} + \varepsilon_0\frac{\partial\mathbf{A}}{\partial t}\right) = \nabla\times\mathbf{P} \qquad (2.5.5\text{-}1)$$

이 생긴다. 식 (2.5.1-1), (2.5.1-2) 및 (2.5.1-3)에서 $\mathbf{F}$가 표현

$$\mathbf{D} + \varepsilon_0\frac{\partial\mathbf{A}}{\partial t}$$

로 치환(置換)되고, 식 (2.2.1-4), (2.5.2-5) 및 (2.5.5-1)이 사용될 때,

$$\mathbf{D} + \varepsilon_0\frac{\partial\mathbf{A}}{\partial t} = \nabla\times\int_V G_3\nabla_s\times\mathbf{P}\,dv - \nabla\int_V G_3\rho\,dv \qquad (2.5.5\text{-}2)$$

를 가진다.

때때로

$$\mathbf{J}_m = \nabla\times\mathbf{P} \qquad (2.5.5\text{-}3)$$

으로 주어지는 가상(假想, fictitious) "자기 전류밀도(磁氣 電流密度, magnetic current density)" $\mathbf{J}_m$을 정의하는 것이 편리하며, 그러면 식 (2.5.5-2)는

$$\mathbf{D} + \varepsilon_0\frac{\partial\mathbf{A}}{\partial t} = \nabla\times\int_V G_3\mathbf{J}_m\,dv - \nabla\int_V G_3\rho\,dv \qquad (2.5.5\text{-}4)$$

가 된다. 본 바와 같이, 자유공간 환경에서는, 등가 전류밀도 $\mathbf{J}_e$가, 실제 자기적 환경(real permeable environment)에서 $\mathbf{M}$의 회전이 할 것과 같은 방식으로, $\mathbf{B}$의 회전

에 기여할 것이다. 덧붙여, 등가 자기 전류밀도 $\mathbf{J}_m$은 실제 유전 매질에서 **P**의 회전이 하는 것과 같은 방식으로 **D**의 회전에 기여한다. Appendix B, Part 2에서, **M**을 **P**로 치환하면, 식 (2.5.5-2)로부터,

$$\mathbf{D} + \varepsilon_0 \frac{\partial \mathbf{A}}{\partial t} = -\nabla \times \int_V \mathbf{P} \times \nabla_s G_3 \, dv - \nabla \int_V G_3 \rho \, dv \tag{2.5.5-5}$$

를 얻으며 마지막으로, 식 (2.4.2-3)을 이용하여,

$$\mathbf{D} + \varepsilon_0 \frac{\partial \mathbf{A}}{\partial t} = -\nabla \times \int_V \mathbf{P} G_3 \times \frac{\mathbf{a}_r}{r} dv - \nabla \int_V G_3 \rho \, dv \tag{2.5.5-6}$$

이 된다.

2.6 *EQUIVALENT CONFIGURATIONS*

식 (2.3.1-5)는 유전 물질이 있는 (그리고 전기 분극율 χ_e가 양(陽)인) 임의의 점에서는, 분극 장(分極 場, polarization field) **P**가 존재할 수 있음을 보인다. 비슷하게, 자성 물질이 있는 (그리고 자기 분극율 χ_m이 양(陽)인) 임의의 점에서는, 자화 장(磁化 場, magnetization field) **M**이 존재할 수 있다. 앞 절(節)에서 본 바와 같이, **M**과 **P**가 0이 아닌 발산과 회전을 가지는 범위까지, **B**, **H**, **E**, 그리고 **D**장(場)에 영향을 미친다. 또한 앞 절에서 본 바와 같이, **M**과 **P**의 회전과 발산은 *등가 전기와 자기 전류밀도 및 전하밀도*에 의해 나타내어질 수 있다. 이 *등가* 전하와 전류 배치의 어떤 것은, *실제* 전하와 전류 배치와 함께, 실제 전하와 전류가 유전 및 자성 물질이 나타나게 되는 어디든 함께 작용하는 실제 배치에서 얻어질 것과 같은 장을 자유공간 매질에 생성하도록 작용할 수 있음을 아래에서 본다.

2.5.4절에서 Helmholtz의 정리로부터, 그것이 인가되는 배치 내에서, 장은 그것의 회전과 발산에 의해 유일(唯一)하게 정의됨을 본다. 그러므로, 등가 장(等價 場, equivalent field)을 일으키기 위해 해야 하는 모든 것은 등가 장과 실제 장이 같은 발산과 같은 회전을 갖도록 하는 등가 전류와/또는 등가 전하의 모양(模樣, pattern)을 고안(考案)하는 것이다.

B장의 경우에는, 식 (2.5.2-1)로부터 식 (2.5.2-6)으로 주어지는 $\mathbf{J}_e$와 함께 전류밀도 $\mathbf{J}+\mathbf{J}_e$가, 자유공간에, 실제 장에서와 같은 회전을 가지며 그러므로 실제 장과 같은 등가 장을 생성할 것임을 본다(실제와 등가 장은 모두 0의 발산을 가진다).

H장의 경우에는, 식 (2.5.3-3)과 (2.5.3-10)으로부터 전류밀도 **J**와 식 (2.5.3-9)로 주어지는 등가 자하밀도 ρ_m이 실제 장과 같은 발산과 회전을 갖는 등가 장을 생성

할 것임을 본다. 그러므로, 이 등가 장은 영역의 어디에서건 실제 장과 같을 것이다.

위에서 전류밀도 $\mathbf{J}+\mathbf{J}_e$는, 자유공간에서, 실제 매질에서의 **B**장과 등가인 **B**장을 생성할 것임이 보여졌다. 그러면, 식 (2.5.2-4)와 (2.5.4-7)로 이 **B**장이 실제 매질에서의 **E**장과 같은 회전을 갖는 자유공간에서의 등가 **E**장을 일으킬 것임을 본다. 식 (2.5.4-1)과 (2.5.4-12)로부터,

$$\nabla \cdot \mathbf{E} = \frac{1}{\varepsilon_0}(\rho + \rho_e) \tag{2.6-1}$$

을 가진다. 이 식은 $\rho+\rho_e$의 전하밀도가 자유공간에 옳은 발산을 가지는 등가 **E**장을 일으킬 것임을 보인다. 그러면 $\rho+\rho_e$의 전하밀도와 $\mathbf{J}+\mathbf{J}_e$의 전류밀도가, 자유공간에, 실제 매질에서의 **E**장과 같은 등가 **E**장을 생성할 것임을 본다.

식 (2.3.1-3)과 (2.5.5-3)으로부터,

$$\nabla \times \mathbf{D} = \varepsilon_0 \nabla \times \mathbf{E} + \mathbf{J}_m \tag{2.6-2}$$

를 가진다. 자유공간에서, 전류밀도 $\mathbf{J}+\mathbf{J}_e$가 실제 자성 물질에서와 같은 **B**장과 **E**의 회전을 가져옴을 보았다. 더구나, 자유공간에서, 등가 자기 전류밀도 $\mathbf{J}_m$은 **P**의 회전이 실제 유전 매질에서 하는 것과 같은 방식으로 **D**의 회전에 기여한다. 그러면, 식 (2.5.5-1)로부터, 자유공간에서, 전류밀도 $\mathbf{J}+\mathbf{J}_e+\mathbf{J}_m$은 실제 자기 *및* 유전 매질에서 일어날 것과 같은 **D**의 회전을 생성할 것임을 본다. 식 (2.2.1-4)로부터, **D**의 발산은 전하밀도 ρ와 같다. 이 사실로부터, 자유공간에서, 전류밀도 $\mathbf{J}+\mathbf{J}_e+\mathbf{J}_m$과 전하밀도 ρ는 실제 자성 및 유전 매질에서와 같은 **D**장을 생성할 것이다.

2.7 STEADY-STATE DYNAMIC PROBLEMS AND PHASOR FIELD REPRESENTATIONS

2.7.1 Steady-State Dynamic Problems

이 책에서는, *정상상태 동적 문제(定常狀態 動的 問題, steady-state dynamic problem)*(또는, 약(略)하여, *정상상태 문제(steady-state problem)*)를 모든 장(場, field)이, 영역(領域, region) 내의 모든 점에서, 같은 주파수(周波數, frequency)로, 시간에 따라 정현적(正弦的)으로(sinusoidally) 변화하는 문제로써 정의한다. 분명하게, 매질은 정상상태 동적 문제의 경우에는 선형(線形, linear)이어야 한다. 그렇지 않으면, 어떤 장은 매질 내의 어떤 점에서, 비정현(非正弦) 시간 변화, nonsinusoidal time variation)을 가질 것이다. 예로서, 안테나(antenna), 도파관(導波管, waveguide) 및 공

진기(共振器, resonator)로부터의, 그리고 와(전)류(渦(電)流, eddy current)의 영향 아래에서, 자기 철심(磁氣 鐵心, magnetic core) 내에서의 장의 계산은 정상상태 문제이다.

2.7.2 *Phasor Field Representations*

모든 장(場)이 정상상태 문제에서는 같은 주파수로 정현적으로 변화한다는 사실은 이 장(field)의 정식화(定式化, formulation)와 표현에서 굉장한 단순화(單純化, simplification)를 가능하게 한다. 예를 들어, 영역 내에 있는 어떤 점에서 자계의 x 성분(成分, component) H_x를 고려한다. 그것은

$$H_x = H_{x0}\cos(\omega t + \theta) \tag{2.7.2-1}$$

로 주어진다. 이 식에서, ω는 초(秒)당 호도(弧度)(radians per second)로 나타낸 (각)주파수((角)周波數, (angular) frequency), t는 초(秒, second)로 나타낸 시간, θ는 이 점에서의 H_x의 위상각(位相角, phase angle), 그리고 H_{x0}는 단순히 이 점에서의 H_x의 크기(magnitude)이다. 이 식으로부터,

$$H_x = \mathcal{R}e\left[H_{x0}e^{j(\omega t+\theta)}\right] \tag{2.7.2-2}$$

를 가진다. 이 식에서, 함수(函數, function) $\mathcal{R}e$는 그 인수(引數, argument)의 실수부(實數部, real part)를 산출한다. H_x의 페이저(phasor) 표현 $\hat{H}_x$는

$$\hat{H}_x = H_{x0}e^{j\theta} \tag{2.7.2-3}$$

으로 주어져, 식 (2.7.2-2)와 (2.7.2-3)으로

$$H_x = \mathcal{R}e\left[\hat{H}_x e^{j\omega t}\right] \tag{2.7.2-4}$$

가 된다. $\hat{H}_x$는 공간 좌표(空間 座標, spatial coordinates) *만의* (그리고 시간은 아닌) 함수인 *복소수(複素數, complex number)*임에 유의하라. 식 (2.7.2-4)는 장과 그것의 페이저 표현 사이의 일반적인 관계를 예증(例證)한다. H_x는 $\hat{H}_x$의 *선형* 함수(*線形*函數, *linear* function)임에 유의하라. 더욱이, 임의의 $\hat{H}_x$는 오직 하나의 H_x에 대응하기 때문에, $\hat{H}_x$는 H_x의 선형 함수가 된다. 식 (2.7.2-4)는 벡터 장(vector field)으로 확장될 수 있다; 예를 들어,

$$\mathbf{H} = \mathcal{R}e[\hat{\mathbf{H}}e^{j\omega t}] \tag{2.7.2-5}$$

이다. 여기서 $\hat{\mathbf{H}}$는 $\mathbf{H}$의 페이저 표현이다.

식 (2.7.2-5)를 사용하여, 장 방정식(場 方程式, field equation)에 대한 페이저 등가(phasor equivalent)를 전개할 수 있다. 예를 들어, 식 (2.2.1-1)로부터,

$$\mathcal{R}e\left[\nabla \times \hat{\mathbf{H}}e^{j\omega t}\right] = \mathcal{R}e\left[\hat{\mathbf{J}}e^{j\omega t}\right] + \frac{\partial}{\partial t}\mathcal{R}e\left[\hat{\mathbf{D}}e^{j\omega t}\right] \tag{2.7.2-6}$$

을 가진다. 그리고

$$\frac{\partial}{\partial t}\mathcal{R}e\left[\hat{\mathbf{D}}e^{j\omega t}\right] = \mathcal{R}e\left[j\omega\hat{\mathbf{D}}e^{j\omega t}\right] \tag{2.7.2-7}$$

이다. 식 (2.7.2-6)과 (2.7.2-7)로부터,

$$\nabla \times \hat{\mathbf{H}} = \hat{\mathbf{J}} + j\omega\hat{\mathbf{D}} \tag{2.7.2-8}$$

을 가진다. 모든 방 방정식의 페이저 등가가, 비슷한 접근 방법을 사용하여, 쉽게 얻어질 수 있음이 분명하다.

2.8 *CONTINUITY CONDITIONS OF FIELD AT A MEDIUM DISCONTINUITY*

여기의 배치에서는, 종종 매질의 유전율, 투자율, 또는 도전율이 불연속적으로 바뀌는 표면(表面, surface) 또는 계면(界面, interface)과 마주친다. 이 불연속은 장(場)과 장을 계산하기 위해 사용하는 방정식 및 알고리즘에 심대(甚大)한 영향을 미친다. 계산 과정에서 미리 이 영향을 잘 이해하는 것이 필수적이다.

전계, 자계, 전기 및 자기 스칼라 포텐셜, 그리고 자기 벡터 포텐셜에 관한 연속 방정식(連續 方程式, continuity equation)이 아래에서 논의된다. 각 벡터 장은 하첨자(下添字) t로 나타낸 계면에 접하는(tangential) 성분(成分, component)과 하첨자 n으로 나타낸 계면에 수직(垂直, normal)인 성분으로 분해된다. 유전율, 투자율, 그리고 도전율은 모두 등방성(等方性, isotropic)이라고 가정된다. 즉, **D**와 **J**는 **E**와 같은 방향을 가지며, **B**는 **H**와 같은 방향을 가진다. 계면의 한 쪽에 있는 모든 장과 매질 매개변수(媒介變數)(media parameter)는 하첨자 1을 가지며, 계면의 다른 쪽에 있는 것은 하첨자 2를 가진다.

2.8.1 *Continuity of Electric Field*

식 (2.2.1-2)로부터, 전계의 회전이 유한(有限)이기(finite) 때문에,

$$E_{t1} = E_{t2} \tag{2.8.1-1}$$

을 볼 수 있다. $\mathbf{J}^t$를 *총(總, total)* 전류밀도, 즉 전도 전류밀도와 변위 전류밀도의 합(合, sum)

$$\mathbf{J}^t = \mathbf{J} + \frac{\partial \mathbf{D}}{\partial t} \tag{2.8.1-2}$$

라 하자. 매질이 도전율과 유전율에서 등방성이기 때문에, 식 (2.8.1-2)로부터,

$$\mathbf{J}^t = \sigma \mathbf{E} + \varepsilon \frac{\partial \mathbf{E}}{\partial t} \tag{2.8.1-3}$$

을 가진다. 여기서 σ는 도전율이다. 식 (2.8.1-3)의 페이저 등가(2.7.2절을 보라)는

$$\hat{\mathbf{J}}^t = (\sigma + j\omega\varepsilon)\hat{\mathbf{E}} \tag{2.8.1-4}$$

이다. 식 (2.8.1-2)와 (2.2.1-1)로부터,

$$\nabla \times \mathbf{H} = \mathbf{J}^t \tag{2.8.1-5}$$

를 가진다. 식 (2.8.1-5)의 발산을 취하면

$$\nabla \cdot \mathbf{J}^t = 0 \tag{2.8.1-6}$$

을 주며, 이로부터

$$J_{n1}^t = J_{n2}^t \tag{2.8.1-7}$$

이 된다. 연속 방정식은 식 (2.8.1-4)와 (2.8.1-7)을 결합함으로써 얻어진다:

$$(\sigma_1 + j\omega\varepsilon_1)\hat{E}_{n1} = (\sigma_2 + j\omega\varepsilon_2)\hat{E}_{n2} \tag{2.8.1-8}$$

실제 응용에서는, 연속 방정식 (2.8.1-8)은 거의 항상 간단하게 될 수 있다. 이것은 모든 양도체(良導體, good copper), 철(鐵, iron), 알루미늄(aluminum)의 경우, 모든 타당한 투자율과 X-선까지의 모든 주파수에서

$$\sigma \gg \omega\varepsilon \tag{2.8.1-9}$$

이기 때문이다. 식 (2.8.1-9)에서 표현된 부등식(不等式, inequality)을 사용하여, 도전율의 특별한 경우에 대힌 더 간단안 연속 방정식을 유도할 수 있다. σ_1과 σ_2중 하나가 0이 아니라면, 식 (2.8.1-8)로부터,

$$\sigma_1 \hat{E}_{n1} = \sigma_2 \hat{E}_{n2} \tag{2.8.1-10}$$

을 가진다. σ_1과 σ_2가 모두 0이라면,

$$\varepsilon_1 \widehat{E}_{n1} = \varepsilon_2 \widehat{E}_{n2} \tag{2.8.1-11}$$

을 가진다.

$\mathbf{E}_1$과 $\mathbf{E}_2$가 선형으로 분극되었다면(linearly polarized), 그러면 $\mathbf{E}_1$과 $\mathbf{E}_2$가 계면(界面, interface surface)과 이루는 입사각(入射角, angle of incidence)을 정의할 수 있다. $\mathbf{E}_1$이 선형으로 분극되었다는 것은 $\widehat{E}_{n1}$과 $\widehat{E}_{t1}$이 동상(同相, in phase)이며, $\widehat{E}_{n2}$와 $\widehat{E}_{t2}$가 동상일 것을 요구한다. 하지만 이것의 반드시 참(진(眞), true)은 아니다. 그러므로, 일반적으로, 동적 정상상태의 경우(dynamic steady-state case)에 있는 전계는 타원적(楕圓的)으로(ellipticcally) 분극되며, 입사각이 정의될 수 없다.

정적(靜的, static)인 경우에는, 계면에 자유전하(自由電荷, free charge)가 없는 것으로 가정하면, 식 (2.2.1-4)로부터,

$$\nabla \cdot \mathbf{D} = 0$$

을 가지며 이로부터

$$D_{n1} = D_{n2} \tag{2.8.1-12}$$

와

$$\varepsilon_1 E_{n1} = \varepsilon_2 E_{n2} \tag{2.8.1-13}$$

을 가진다. 입사각 θ는 장(場)이 계면에 대한 법선(法線, normal)과 이루는 각도로 정의된다. 이로부터

$$E_n = E \cos\theta \tag{2.8.1-14}$$

와

$$E_t = E \sin\theta \tag{2.8.1-15}$$

를 가지며 이 식으로부터

$$\tan\theta = \frac{E_t}{E_n} \tag{2.8.1-16}$$

을 가진다. 식 (2.8.1-1)과 (2.8.1-13)으로부터,

$$\varepsilon_1 \frac{E_{n1}}{E_{t1}} = \varepsilon_2 \frac{E_{n2}}{E_{t2}}$$

그리고 식 (2.8.1-16)과 함께,

$$\frac{\varepsilon_1}{\tan\theta_1} = \frac{\varepsilon_2}{\tan\theta_2} \quad (2.8.1\text{-}17)$$

을 가진다. 여기서 θ_1과 θ_2는 전계가 계면의 매질 #1쪽에 있을 때와 매질 #2쪽에 있을 때의 입사각이다.

2.8.2 Continuity of Magnetic Field

식 (2.2.1-1)로부터, 자계의 회전은 유한하여,

$$H_{t1} = H_{t2} \quad (2.8.2\text{-}1)$$

의 결과가 된다. 식 (2.2.1-3)으로부터, 자속밀도 **B**의 발산은 유한하여,

$$B_{n1} = \mu_1 H_{n1} = \mu_2 H_{n2} = B_{n2} \quad (2.8.2\text{-}2)$$

의 결과가 된다.

다시, 정적인 경우에는, 입사각 θ는 자계가 계면에 대한 법선(法線, normal)과 이루는 각도로 정의되어,

$$H_n = H\cos\theta \quad (2.8.2\text{-}3)$$

과

$$H_t = H\sin\theta \quad (2.8.2\text{-}4)$$

이며 이 식으로부터

$$\tan\theta = \frac{H_t}{H_n} \quad (2.8.2\text{-}5)$$

가 된다. 식 (2.8.2-1)과 (2.8.2-2)로부터,

$$\mu_1 \frac{H_{n1}}{H_{t1}} = \mu_2 \frac{H_{n2}}{H_{t2}}$$

그리고 식 (2.8.2-5)와 함께

$$\frac{\mu_1}{\tan\theta_1} = \frac{\mu_2}{\tan\theta_2} \tag{2.8.2-6}$$

을 가진다. 여기서 θ_1과 θ_2는 자계가 계면의 매질 #1쪽에 있을 때와 매질 #2쪽에 있을 때의 입사각이다.

2.8.3 Continuity of Magnetic Vector Potential and Scalar Potential

식 (2.5.2-4)와 (2.5.2-5)로부터, 자기 벡터 포텐셜 **A**의 회전과 발산은 모두 어디에서든 유한함을 본다. 이로부터 **A**는 어떤 계면에서도 연속임을 본다.

식 (2.5.3-6)과 (2.5.4-9)로부터, 자기 스칼라 포텐셜 ϕ_m과 전기 스칼라 포텐셜 ϕ_e의 구배(勾配, gradient)는 어디에서든 유한함을 본다. 그러므로, 이 스칼라 포텐셜들은 임의의 계면을 통하여 연속이다.

REFERENCES

1. Elliot, Robert S., *Electromagnetics,* New York: McGraw-Hill Book Company, 1966.
2. Plonsey, Robert and Collin, Robert E., *Electromagnetic Fields,* New York: McGraw-Hill Book Company, 1961.
3. Stakgold, Ivar, *Boundary Value Problems of Mathematical Physics,* Vol. II, New York: The Macmillan Company, 1967.

3 Problem Definition

3.1 INTRODUCTION

장을 계산하는 작업에서 매우 중요한 부분은 문제를 정의하는 것이다. 사실, 과제의 성공과 실패는 문제가 정의된 솜씨에 좌우된다고 해도 된다.

실제적인 필요성의 입장에서, 수치적(數値的)으로(numerically) 푸는 장 문제는 실제의(actual) 물리적인 장 문제와는 어떤 점에서 다르다. 즉, 경계, 경계조건, 매질, 기타등등으로 나타낸 실제 장이 존재하는 물리적 형태(physical configuration)는 푸는 장 문제에 대하여 가정한 경계, 경계조건, 매질, 기타등등과는 어느 정도 다르다. 이 책에서는 실제 물리적인 형태에서의 실제 장 문제를 *실(實, real)* 장 문제라 부른디. 근사 형태(近似 形態, approximate configuration)를 가지고, 수치적으로 푸는 장 문제를 *근사(近似, approximate)* 장 문제라 부른다. 이 책은 거의 완전히 근사 장 문제에 관심을 가진다. 사실, 장 문제에 대한 어떠한 언급도 달리 설명하지 않는 한 근사 장 문제라고 가정할 수 있다.

이 책의 남은 부분을 통하여, *완전해(完全解, exact solution)*와 *근사 수치해(近似數値解, approximate numerical solution)*라는 용어가 사용된다. 이 용어는 변함없이 *근사* 장 문제에 대한 완전해와 근사 수치해를 의미한다. 근사 장 문제가 실(real) 장 문제와 충분히 비슷하다면, 그리고 근사 수치해가 근사 장 문제의 완전해를 충분히 잘 근사화한다면, 그러면 수치해가 실 장 문제에 있어서의 실제 장을 충분히 잘 근사화할 것이라고 가정한다.

장에 중대한 영향을 미치는 장이 갖고 있는 물리적 형태의 여러 가지 성질이 있다. 이 성질은 이 장(章)의 나머지 부분에서 논의된다. 일반적으로, 이러한 서로 다른 성질들에 대한 상대적인 중요성(relative importance)을 지정하는 것은 가능하지 않다. 논의될 것에 대한 체계화된 순서(natural order)는 없으며, 그러한 순서를 부여하기 위한 어떤 시도도 하지 않는다. 이 책에서 논의되는 많은 논제의 경우, 논의에 대한 체계적이고 논리적인 순서–즉, 체계화된 기점(起點, starting point), 논제의 논점(論點, point)이 만들어진 논리적인 순서(logical order), 세계화된 종점(ending point)–가 있다. 문제의 정의에 대해서는 그렇지 않다.

장 문제는 다음과 같은 목적을 만나도록 정의된다:

1. 장의 실제 물리적 환경에 가능한 한 가깝게 복제(複製)한다(계산되는 장의 정밀도(精密度, accuracy)를 증진(增進)하기 위해).
2. 유일해(唯一解, unique solution)를 가진다(결정론적(決定論的)인 문제를 위해).
3. 풀어질 수 있는 한 가지 또는 더 많은 실제적인 알고리즘을 가진다.
4. 허용되는 인적 자원(人的 資源, manpower), 시간, 컴퓨터 설비(設備), 그리고 재원(財源, fund)의 제약(制約, constraint) 내에서 수치적으로 해결할 수 있다.

실제로, 위의 모든 목적에 꼭 맞는 문제의 정의를 찾는 것은 종종 어렵거나 불가능하다. 그래서, 아래에서 주어지는 한 가지 또는 더 많은 물리적 성질의 경우, 실재(實在, reality)의 정밀한 모델링(modeling)과 실제 계산의 한계(限界, limitation) 사이에 절충(折衷)이 되게 할 수 있다.

종종 주어진 문제에 대해 여러 가지 문제의 정의를 고려하는데 상당한 시간을 소비한다. 이 방식으로, 계산 정밀도와 실제 계산 사이의 최적 절충(最適 折衷, optimal compromise)에 도달하는 것을 합리적으로 바랄 수 있다.

3.2 *FIELD PROBLEM DOMAINS, SOURCE PROBLEM DOMAINS, INTERIOR PROBLEMS, AND EXTERIOR PROBLEMS*

약간의 문제에서는, 모든 공간(즉, 우주(宇宙, universe))을 포함하며 전(全) 공간을 통한 전계 또는 자계를 고려한다. 하지만 대부분의 문제의 경우에는, 어떤 영역과, 이 영역 내에 있는 장은 문제에서 고려되지 않는다. 문제의 정의에 있어서, 처음에 우주의 어떤 부분(部分, portion)이 포함되고 어떤 부분이 고려되지 않는지를 아는 것이 중요하다. 이를 간단하게 하기 위하여, 장을 계산하는 공간의 부분을 *장 문제의 영역(領域)(domain of the field problem)* 또는 장 *문제 영역(場 問題 領域, field problem domain)*이라고 부른다. 전 우주를 포함하지 않는 임의의 장 문제 영역은 *경계(境界, boundary)*에 의하여 유계(有界)된다(bounded). 그러한 문제는 *유계 영역 문제(有界 領域 問題, bounded domain problem)*라고 말한다. 그림 3-1은 일정한 문제 영역(certain problem domain)의 예를 보인다.

그림 3-1 (a)는 *내부* 문제(*內部* 問題, *interior* problem)의 장 문제 영역을 보인다. 장 문제 영역은 경계로 둘러싸여 있다. 이 경계 외부의 모든 공간은 장 문제 영역으로 고려되지 않는다. 그림 3-1 (b)는 *외부* 문제(*外部* 問題, *exterior* problem)의 장 문제 영역을 보인다. 여기에서는, 장 문제 영역이 모든 방향으로 무한원(無限遠, 무한대(無限大), infinity)으로 확장된다. 보여진 경우에서는, 장 문제 영역으로 둘러싸여진 2개의 영역(region)이 배제(排除)된다. 뒤의 장(章)에서 보는 바와 같이, 내부 문제의 경우에 사용하는 알고리즘은 보통 외부 문제의 경우에 사용하는 알고리

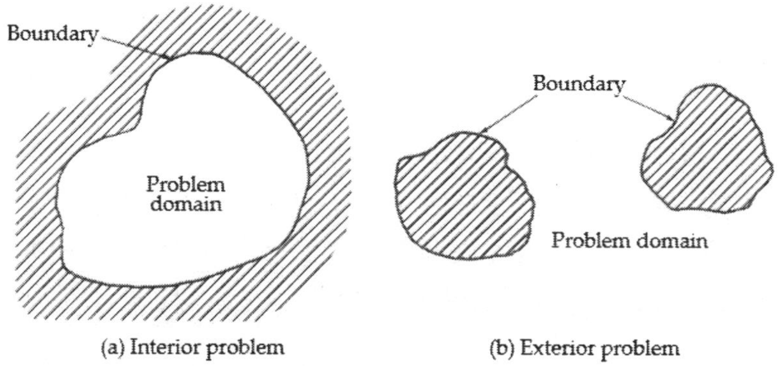

Fig. 3-1. Interior and exterior problem domains.

즘과 매우(quite) 다르다. 대부분의 경우, 외부 수치 장 문제(外部 數値 場 問題, exterior numerical field problem)는 내부 수치 장 문제(內部 數値 場 問題, interior numerical field problem)보다 더 어렵다.

그림 3-1 (b)에서 배제되는 영역을 둘러싸는 2개의 경계면(境界面, boundary surface)은 어떤 원천(源泉, source)이 분포하고 있다고 가정한다. 이 원천은, 예를 들어, 전하일 수 있다. 더욱이, 이 그림의 장 문제 영역 내의 장은 이 원천에 대한 적분으로 써질 수 있다고 가정한다. 그러면, 이 두 경계면은 *원천 문제 영역(源泉問題 領域, source problem domain)*을 구성한다고 말한다. 이 책에서 고려되는 문제에서는, 원천 문제 영역은, 어떤 경우에는, 이 경우처럼, 면(面, surface)일 수 있거나, 다른 문제에서는, 3차원 영역(three-dimensional region) 또는 단순한 선(線, line)일 수 있다.

문제 영역, 그 경계, 그리고 경계조건은 보통 실 문제(real problem)와 근사 문제에서 서로 다르다. 4장 4.4.1절에서 보여진 바와 같이, 근사 문제 영역은 사용하는 유한요소(有限要素, finite element)의 합집합(合集合, union)이며, 때때로 이 합집합이 실 문제 영역과 완전히 일치하는 것이 실제적이지 않다. 이 경우에는, 근사 경계는 정확한 경계(exact boundary)와 약간 다르며, 그러므로 근사 경계조건은 실 경계조건과 다르다. 이 책의 나머지를 통하여, 달리 언급하지 않는 한, 사용되는 문제 영역, 경계, 그리고 경계조건은 근사의 그것이다.

3.3 IS THE PROBLEM STATIC, QUASI-STATIC, OR DYNAMIC?

이 문제(question)는 2장, 2.2절에서 간단히 논의되었다. 거기에서 보여진 바와 같이 변위전류가 무시될 수 있으면, 준-정적(準-靜的, quasi-static) 근사가 적용된다. 덧붙여, 전계에 미치는 자계의 시간 변화율(時間 變化率, time-rate of change)의 효과가 무시될 수 있으면, 문제는 정적(靜的, static)이다. 이러한 근사가 적용될 수 없으면, 문제는 완전히(fully) 동적(動的, dynamic)이다. 이 책에서는 정적 및 준-정적 문제만이 고려된다.

보통, 준-정적 문제는 동적 문제보다 풀기가 더 쉬우며, 정적 문제는 준-정적 문제보다 풀기가 더 쉽다. 대부분의 수치 문제는 최선의 상태로 풀기가 어렵기 때문에, 문제를 정적 문제로, 아니면 준-정적 문제로 다루는 것이 매우 좋을 것이다. 따라서, 이러한 근사가 주어진 문제에 적용될 수 있다면, 그것을 확인할 강한 동기(動機)를 갖게 된다.

3.4 WHAT FIELD IS TO BE COMPUTED?

때때로 스칼라 장(스칼라 전기 포텐셜 같은)을 계산하며, 때로는 벡터 장(전계 또는 자계 같은)을 계산한다. 일반적으로, 보통 2-성분(two-component) 또는 3-성분 장(three-component field)을 계산하는 것 보다 훨씬 더 쉽기 때문에, 1-성분 장(one-component field)을 계산하는 방법으로 문제를 정의하기 위해 매우 열심히 노력한다(1-성분 장이라는 것은 스칼라 포텐셜 또는 단일 성분 벡터 장(single-component vector field)을 의미한다).

3.5 IS THE PROBLEM TWO-DIMENSIONAL OR THREE-DIMENTIONAL?

2-차원 문제에서는, 물론, 실로 3-차원 문제를 근사화한다. 구체적으로 말하면, 어떤 평면—계산 평면(計算 平面, plane of computation)—내에서 장을 계산하는 문제이다. 이 평면 부근(附近)에서, 매질과 원천은 양(陽)으로든 음(陰)으로든 긴 거리에 걸쳐 평면에 수직(垂直, 법선(法線), normal)인 방향으로 무시할 수 있게 변화한다. 그 결과, 합리적(合理的)인 근사의 정도(reasonable degree of approximation)로, 장이 그 법선 방향으로는 변화하지 않는다고 가정할 수 있다.

2-차원 문제는 수치 장 계산에서는 거의 일반적이다(quite popular). 4장과 5장에서 보여지는 바와 같이, 2-차원 장 문제는 3-차원 장 문제에서 하는 것보다 더 간단한 장 정식화(場 定式化, field formulation)와 더 간단한 장 근사(場 近似, field approximation)를 요구한다. 더욱이, 그것은 컴퓨터 메모리와 컴퓨터 시간을 훨씬 덜 필요로 하며, 더 간단한 컴퓨터 프로그램을 요구한다.

어디든지 매질과 원천의 배치가 그러한 것을 허용하면 2-차원 문제를 사용한다.

3.6 THE MEDIUM

도전율, 유전율, 그리고 투자율에 있어서 매질의 성질은 문제의 가장 중요한 특성의 하나이다. 그것은 문제가 수치적으로 풀어질 수 있는지 없는 지와, 풀어질 수 있다면 그 풀이가 얼마나 어려울 지를 결정한다.

3.6.1 Is the Medium Isotropic?

매질이 한 점에서 등방성(等方性, isotropic)이라면, 그러면 장의 방향에 관계없이 점에서 장에 관하여 같은 거동(擧動, behavior)을 가진다. 예를 들어, 투자율 μ가 등방성이라면, 그러면 임의의 주어진 점에서, *방향이 어떠한지에 관계없이*, **H**와 **B**는 같은 방향인

$$\mathbf{B} = \mu \mathbf{H} \tag{3.6.1-1}$$

를 가진다. 이러한 특성을 가지지 않는 임의의 매질은 *이방성(異方性, 비등방성(非等方性), nonisotropic, anisotropic)*이라 불린다.

이 책은 투자율, 유전율, 그리고 도전율이 등방성인 문제로 한정된다. 이방성 매질을 가진 문제는 매질의 많은 형태(configuration)에서–차라리 실제로는 불가능하다고 할 정도로–극히 어렵다. 그러한 문제는 그것 자체로 중요한 연구 주제이다.

3.6.2 Medium Linearity

문제에서 투자율이 선형(線形, linear)이라고 말하는 것은, 계산 영역(region) 내의 *모든(every)* 점에서 **B**와 **H**, **D**와 **E**, 그리고 **J**와 **E** 사이에 선형 관계가 있음을 의미한다. 즉, 이 영역 내의 각 점에서, 예를 들어,

$$\mathbf{B} = \mu \mathbf{H}$$

에서 μ는 상수(常數, constant)이다. 이 영역 내의 임의의 점에서, **B**와 **H** 사이에 선형 관계를 가지지 않아, 이 식 안의 μ가 그 점에서 상수가 아니라면, 투자율이 *비선형(非線形, nonlinear)*이라고 말한다. 비슷한 설명이 유전율과 도전율에 적용된다. 문제가 투자율, 유전율, 그리고 도전율에서 선형이라면, 문제는 선형이라고 말한다. 문제가 투자율, 유전율, *또는* 도전율에서 비선형이라면, 문제는 비선형이라고 말한다.

남은 장(章)에서 볼 바와 같이, 선형 문제는 비선형 문제보다 훨씬 더 쉽다. 선형 문제에서, 매질과 Maxwell 방정식 둘 다가 선형이라는 사실은 수학을 엄청나게 간단하게 한다. 그것은 미적분학(微積分學, calculus), 벡터 해석(解析)(vector analysis), 그리고 선형대수학(線形代數學, linear algebra) 같은 수학적 도구(道具)

(mathematical tool)의 비교적 간단하고 단도직입적(單刀直入的, straightforward)인 사용을 가능하게 한다. 비선형 문제의 경우에는, 이러한 수학적 도구를 적용하기 더 어렵게 된다. 예를 들어, 선형 계(연립) 방정식(線形 系(聯立) 方程式, linear system of equations)을 세우고 풂으로써 풀어지는 최선(最善)의 선형 수치 장 문제를 찾는다. 비선형 문제는 비선형 계(系, system)(방정식)를 세우고 풂으로써 풀어진다. 실제로 비선형 계(system)는 선형 계 보다 훨씬 더 많은 계산기 시간뿐만 아니라 수학의 부분에 더 많은 주의를 요구한다.

3.6.3 *Medium Uniformity*

실제로 만나는 대부분의 정적 및 준-정적 문제에서는, 매질은 투자율, 유전율. 또는 도전율이 균일(均一)하지 않다(nonuniform). 더욱이, 이러한 불균일성(不均一性, nonuniformuty)은 보통 장(field)에 매우 강한 효과를 미친다. 사실, 투자율, 유전율, 또는 도전율, 또는 이들의 어떤 조합(組合, combination)은 보통 영역 내의 어떤 경계에 걸쳐 불연속적(不連續的)으로(discontinuously) 변화한다. 전형적(典型的)인 매질 불균일성을 더 많은 한정된 항(項, term)으로 논의하기 위해, 이러한 경계를 장 문제 영역(領域, domain)을 다수의 부분영역(部分領域, subdomain)으로 분할하기 위해 사용할 수 있다. 즉, 매질이 이 부분영역의 각각에서는 투자율, 유전율, 그리고 도전율이 연속이지만, 이 특성의 한 가지 또는 더 많은 것이 부분영역 경계를 가로질러서는 불연속이다. 실제로, 2가지 형태의 부분영역을 찾는다:

1. 투자율, 유전율, 그리고 도전율 모두가 균일한 부분영역
2. 이 특성의 한 가지 또는 더 많은 것이 연속적으로 변화하는 부분영역.

첫 번째 형태의 매질이 있는 문제에서는, 계산을 항상 단순화하기 때문에, 그 균일성의 이점(利點, advantage)을 취하는데 주의해야 한다.

3.7 *BOUNDARY CONDITIONS AND UNIQUENESS OF SOLUTIONS*

유계 영역 문제에서, 경계 주위의 장의 거동(擧動, behavior)에 대한 다소의 인식(認識)(some knowledge)으로 경계(그리고 그러므로 장 문제 영역)을 선택한다. 경계에서의 장의 이러한 거동을 *경계조건(境界條件, boundary condition)*이라 부른다. 수학적 용어로 이러한 경계조건의 정의는 아래에 주어진다. 전형적으로, 이러한 경계조건에 대한 인식은 고려되지 않는 영역 내의 매질 또는 임의의 생성원(生成元, generator)에 대해 아는 어떤 것으로부터 온다. 그러면, 전계와 자계가 일정한 연속 조건(continuity condition)을 만족해야 하기 때문에(2.8절을 보라), 이러한 경계

조건이 장 문제 영역의 내부에서 장에 강한 영향을 미친다는 것을 안다. 사실, 어떤 *유일성 정리(唯一性 定理, uniqueness theorem)*의 사용에 의해, 어떤 문제의 경우, 어떤 경계조건이, Maxwell 방정식(2.2절을 보라)과의 연결(連結, conjunction)에서, 장 문제 영역 내부의 장을 *유일하게 규정(規定)한다(uniquely prescribe)*. 예를 들어, 가포화(可飽和, saturable) 또는 등방 매질 어느 쪽이든 가지는 내부 문제에서 모든 정자계(靜磁界, magnetostatic field)에 적용되는 유일성 정리가 있다(Ref. 1을 보라). 그것은 다음과 같은 가정으로 만든다:

1. 전류밀도 **J**는 문제 영역을 통하여 고정(固定)되어 있다.
2. 문제 영역의 경계 위에 있는 모든 점에서, 총 자기 스칼라 포텐셜(total magnetic scalar potential) ψ_m 또는 **B**의 법선 성분(法線 成分, normal component) 중 어느 쪽이든 규정한다.
3. 매질은 등방성이다. 즉, **B**와 **H**는 같은 방향이다.
4. **B**는 **H**의 함수

$$\mathbf{B} = f(\mathbf{H})$$

이다. 여기서 f는 한결 같은 증가 함수(steadily increasing function; 단조 증가 함수(單調 增加 函數), monotone(monotonic) increasing function)이다.

이러한 가정이 유효함을 보이면, 그러면 **B**와 **H**는 문제 영역을 통하여 유일하다.

3.7.1 Scalar Boundary Conditions

대부분의 정적 문제에서는 스칼라 경계조건(scalar boundary condition)을 사용한다.

디리끌레 경계조건(*Dirichlet* boundary condition)은 경계의 부분 또는 전체에서의 스칼라 포텐셜(scalar potential) $\boldsymbol{\gamma}$의 *값(value)*을 규정하며

$$\boldsymbol{\gamma}(\mathbf{r}_b) = \mathbf{g}(\mathbf{r}_b) \tag{3.7.1-1}$$

로 주어진다. 식 (3.7.1-1)에서, $\mathbf{r}_b$는 경계 위에 있는 점의 반경 벡터(radius vector)이며, $\mathbf{g}(\mathbf{r}_b)$는, 물론, 그 점에서의 규정된 스칼라 포텐셜의 값이다. *노이만* 경계조건(*Neumann* boundary condition)은 스칼라 포텐셜의 *법선 미분(法線 微分, normal derivative)*을 규정하며

$$\frac{\partial \boldsymbol{\gamma}(\mathbf{r}_b)}{\partial n} = \mathbf{h}(\mathbf{r}_b) \tag{3.7.1-2}$$

로 써진다.

마지막으로,

$$\frac{\partial \boldsymbol{\gamma}(\mathbf{r}_b)}{\partial n} + \sigma(\mathbf{r}_b)\boldsymbol{\gamma}(\mathbf{r}_b) = \mathbf{h}(\mathbf{r}_b) \tag{3.7.1-3}$$

으로 주어지는 *혼합* 경계조건(*混合* 境界條件, *mixed* boundary condition)을 가진다. 만일

$$\sigma(\mathbf{r}_b) = 0$$

이면 그러면 혼합 경계조건은 Neumann 경계조건으로 축약됨에 유의하라.

3.7.2 Vector Boundary Conditions

정적 및 준-정적 문제 모두에서 벡터 경계조건(vector boundary condition)을 사용한다. 어떤 경우에는 경계에 접(接)하는(tangential) **E**, **H**, 그리고 **A**의 성분, 즉 E_t, H_t, 그리고 A_t를 규정한다. 그렇지 않은 경우에는, 경계에 수직(垂直)인(normal) **B**와 **D**의 성분, 즉 B_n과 D_n을 규정한다.

REFERENCES

1. Steele, Charles. W., "Uniqueness Theorem for a Static Electric or Magnetic Field in a Saturable Medium," *Journal of Applied Physics*, August 1973, Vol. 44, No. 8. pp. 3790-3791.

4 Linear Spaces in Field Computations

4.1 INTRODUCTION

장(場)의 거동을 지배하는 방정식은 전계, 자계, 그리고 관련된 장(場)에서 *선형(線形, linear)*이다. 이 방정식에서, 장에 대해 수행되는, 미분(微分, differentiation)과 적분(積分, integration) 같은, 연산(演算, operation)은 선형 연산이다. 이 선형성 때문에, 선형대수학(線形代數學, linear algebra)은 수치 장 계산에서 매우 유용한 도구(道具, tool)이다. 그것은 수치 계산 그리고 사용하는 알고리즘의 함수화(函數化, functioning)를 나타내고 이해하는데 사용하기에 적당한 이러한 장(場)을 위한 좋은 근사 표현의 전개에 도움을 주는 점에서 유용하다.

그 중에서, 적분방정식법(積分方程式法, integral equation method) 또는 유한요소법(有限要素法, finite element method)에 의한 임의의 장(場) 계산은 다음과 같은 단계(段階, step)를 포함할 것이다:

1. 적분방정식이 풀어질 영역(領域, region), 또는 유한요소 해(有限要素 解, finite element solution)가 얻어질 영역을 결정한다. 3장에서 논의된 바와 같이, 이 영역은 *근사 문제 영역(近似 問題 領域, approximate problem domain)*이라 불린다
2. 근사 문제 영역을 영역으로 가지는 함수를 요소(要素, element)로 갖는 무한-차원 선형 공간(無限-次元 線形 空間, infinite-dimensional linear space) S를 정의한다(그림 4-4 (b)를 보라). 이 문제 영역에 대한 정확한 장(exact field) 또는 원천 분포(源泉 分布, source distribution)는 S의 요소이다.
3. 차원(次元, dimension) N인, S의 유한-차원 부분 공간(有限-次元 部分 空間, finite dimensional subspace) S_N을 세운다. 공간 S_N은, 그러면, 수치적으로 계산되는 근사 장(approximate field) 또는 원천 분포를 요소로 갖는다.
4. 공간 S_N과 2장에서 준비된 장 방정식(場 方程式, field equation)에 기초를 두고, N 계 방정식(系 方程式)(system of N equations)을 세운다.
5. 이 계 방정식을 푼다. 이 N-차원 해(解) 벡터(N-dimensional solution vector)는 그러면 수치적으로 계산된 근사 장 또는 원천 분포인 S_N의 요소와 같다.

위의 단계는 지금은 인공적(人工的)이며 추상적(抽象的)으로 보일 수 있는 한편으로, 그것들은 6장과 9장에서 표현되는 표본 문제(標本 問題, sample problem)의 항으로 매우 명확한 물리적 의미를 지닌다.

위의 단계 2의 선형 공간 S는 단순히 알고리즘을 나타내고 이해하는데 도움을 주는 추상(抽象, abstraction)이다.

한편, 정밀한 장 계산을 만들고 요구되는 컴퓨터 자원(중앙 처리기(中央 處理器, central processor) 시간과 메모리의 빠른 접근(rapid-access memory) 같은)을 최소화한다는 점에서, 부분 공간 S_N을 세우는 타당한 작업(good job)을 하는 것이 아주 중요하다. 이 장(章)의 나머지의 대부분은 이 구성(構成)(this construction)에 도움이 되도록 할 것이며, 이것은 종종, 실제적인 필요성으로, 컴퓨터의 도움으로 이루어진다.

S_N의 구성은 다음과 같은 단계를 요구한다:

1. 문제 영역의 유한요소로의 분할(分割, subdivision)(그림 4-4를 보라).
2. 문제 영역 내에 있는 절점(節點, node point)의 선택. 절점은 장 또는 원천 분포가 계산되는 문제 영역 내의 점이다.
3. 형상 함수(形狀 函數, shape function)의 선택. 형상 함수는 단일(單一, single) 유한요소에서 정의되고 유한요소 내의 한 절점에서는 1과 같으며(equal unity) 유한요소 내의 다른 모든 절점에서는 0인 연속 함수(連續 函數, continuous function)이다.
4. 기저 함수(基底 函數, basis function)의 정의.

이 단계들에서의 순서(順序, order)는 S_N의 성질(性質, nature)에 따라 취해진다. 4.2절은 사용하는 기저 함수의 일반적인 논의(general discussion)를 준다.

도체와 자성 구역(磁性 區域, block of permeable) 그리고 유전 물질 같은 장이 계산되는 영역(region)(문제 영역(domain))의 기하(幾何, geometry)에 유한요소의 형태(形態, configuration)를 적합(適合)하게 하는 중요한 장점(長點)이 있다. 이런 이유로, 매우 다양한 유한요소의 형상과, 이 유한요소에 대응되는 형상 함수와 기저 함수가 문헌에서 논의되었으며 실제로 사용되었다. 이러한 유한요소, 형상 함수, 그리고 기저 함수의 몇 가지가, 2차원과 3차원 모두에 대해, 아래에서 논의된다. 덧붙여, 다른 연구에서의 이 주제에 대한 논의를 위하여 참고문헌이 주어진다.

4.2 BASIS FUNCTIONS

장 계산에 사용되는 기저 함수는 다음과 같은 성질을 가진다:

1. 각 기저 함수는, 그 영역으로서, 전체(entire) 문제 영역을 가진다.
2. 각 기저 함수는 꼭 하나의 절점에 대응된다.
3. 각 기저 함수는 그 절점을 포함하는 유한요소에서만 0이 아니다. 즉, 기저 함수는 다른 모든 유한요소에 대해서는 0과 같다. 이 성질을 설명하는 다른 방식은 기저 함수는 *국부 지원(局部 支援, local support)*을 가진다고 말하는 것이다. 기저 함수가 0이 아닐 수 있는 부분에 대한 유한요소의 합집합(合集合, union)이 *지원(支援, support)*이라 불린다.
4. 기저 함수는 그 절점에서는 1의 값을 갖는다.
5. N 기저 함수는 *선형 독립(線形 獨立, 1차 독립(一次 獨立), linearly independent)*이다. 즉, 다른 기저 함수의 선형 결합(線形 結合, 1차 결합(一次 結合), linear combination)과 같은 기저 함수는 없다.

S_N의 기저 함수를 $\boldsymbol{\alpha}_i$ for $1 \leq i \leq \mathbf{N}$에 의해 나타낸다. 이 기저 함수가 선형 독립이기 때문에, S_N의 임의의 요소(수치적으로 계산되는 장을 포함하는)는 기저 함수의 선형 결합으로써 나타내어질 수 있다. 즉, S_N의 임의의 요소 $\boldsymbol{\beta}$는

$$\boldsymbol{\beta} = \sum_{i=1}^{N} \beta_i \boldsymbol{\alpha}_i \tag{4.2-1}$$

로써 나타내어질 수 있다. 여기서 β_i는 실수(實數, real number)이다.

*펄스 기저 함수(pulse basis function)*와 *피라미드 기저 함수(pyramid basis function)* 등, 공통으로 사용되는, 2가지 형태의 기저 함수가 있다. 2-차원 문제 영역에 대한 펄스와 피라미드 기저 함수의 예가 그림 4-1 (a)와 4-1 (b)에 각각 보여졌다.

4.2.1 Pulse Basis Functions

각 펄스 기저 함수는 꼭 하나의 유한요소에 대응한다. 그림 4-1 (a)에 보여진 바와 같이 펄스 기저 함수는 그 유한요소에 대해서는 1과 같으며 문제 영역의 나머지에 대해서는 0과 같다. 전형적으로, 펄스 기저 함수의 절점은 유한요소의 중심(中心, center) 또는 그 가까이에 있다.

그림 4-1 (a)로부터 펄스 기저 함수는 그 유한요소의 경계에서 불연속임에 유의하라. 그 구배(勾配, gradient)는 이 경계를 제외하고는 0이다. 펄스 기저 함수를 사용하는 선형 공간 S_N이 있다고 가정한다. 그러면, 식 (4.2-1)에 의해, S_N의 각 요소는 이 기저 함수의 선형 결합이다. 이 선형 공간의 임의의 요소는 유한요소 경계에서 불연속일 수 있으며 이 경계에 있지 않은 모든 점에서는 0의 구배를 가질 것이다. 이러한 성질은 각 요소가 전역 연속(全域 連續, globally continuous)(문제

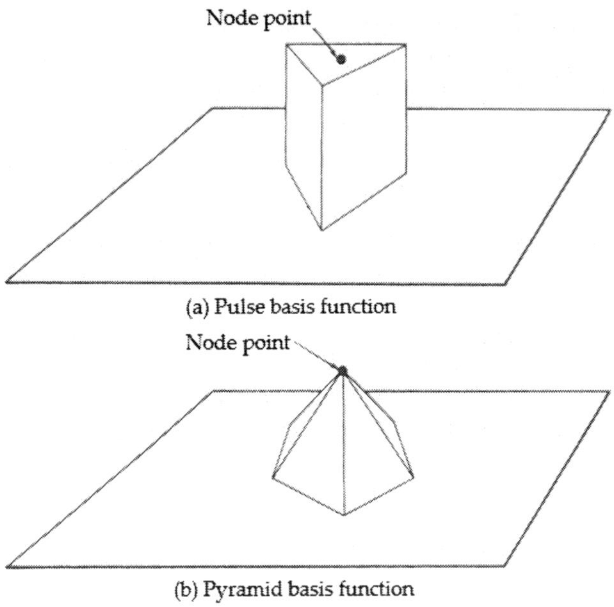

Fig. 4-1. Basis functions in two dimensions.

영역 내의 모든 점에서 연속)이어야 하며 정확한 장(場)(exact field)의 구배와 S_N의 요소의 구배 사이의 차이(差異, difference)가 최소(最小)가 되는 응용에 펄스 기저 함수가 받아들여질 수 없게 만든다. 아래에서 보여지는 바와 같이, 유한요소법은 그런 응용이다. 펄스-형(pulse-type) 기저 함수는, 하지만, 점-정합(點-整合, point-matching) 또는 선점법(選點法, collocation method)에 의한 적분방정식의 풀이(solution)에서 근사 원천 함수를 나타내는데 사용될 수 있다. 이런 응용에서는, 상대적인 단순성(單純性)(relative simplicity)의 이점을 가진다(Ref. 1, pp. 503-505).

4.2.2 Pyramid Basis Functions

피라미드 기저 함수는 다음에 의해 특성지어 진다:

1. 그것은 절점 또는 그 가까이에서*만* 최대를 취한다.
2. 그것은 그 절점에서는 1과 같다.
3. 그것의 구배는 그 절점을 포함하는 유한요소(그것의 지원(支援, support))에 대해서만 0이 아니다.
4. 그것은 전체(全體) 문제 영역(entire problem domain)에 대해 연속이다.

이러한 특징이 그림 4-1 (b)에 예시(例示)되어 있다. S_N의 임의의 요소가 그 기저 함수의 선형 결합이기 때문에, 그러면, 임의의 S_N이 피라미드 기저 함수를 사용한다면, 그러면 S_N의 임의의 요소는 전체 문제 영역에서 연속이다. 더욱이, 임의의 요소의 구배는, 일반적으로, 0이 아니다. 이러한 성질이 유한요소법에서 피라미드 기저 함수를 유용하게 한다.

피라미드 기저 함수는 2가지 점에서 펄스 기저 함수보다 더 복잡하다:

1. 펄스 기저 함수는 하나의 유한요소에서만 0이 아닌 한편, 피라미드 기저 함수는 한 개보다 더 많은 유한요소, 즉, 기저 함수의 절점을 포함하며 그 지원(support)을 구성하는 모든 유한요소에서 0이 아닐 수 있다.
2. 각 유한요소에 대해, 펄스 기저 함수의 구배는 0인 한편, (그것의 지원인) 일정한 유한요소에 대한 피라미드 기저 함수의 구배는 0이 아니다.

이런 이유로, 피라미드 기저 함수의 구성에서, 그것을 한 개 또는 더 많은 *형상 함수(形狀 函數, shape function)*로 이루어진 것으로 생각하는 것이 필요하다. 이 형상 함수 각각은 기저 함수의 절점을 포함하는 한 개의 유한요소에 대하여 정의된다. 이것들의 각각에 대해, 기저 함수는 형상 함수와 같다. 예로서, 그림 4-2는 삼각형 유한요소에 대해 정의된 선형 형상 함수를 보인다.

형상 함수의 구성은 선형 공간 S_N의 전개, 그리고 사실상, 전계와 자계의 수치 계산에 있어서 매우 중요한 양상(樣相, aspect)이다. 더욱이, 서로 다른 형태의 매우 다양한 형상 함수가 장(場)이 계산되는 여러 가지 기하학적인 형태(geometrical configuration)에 적합(適合)하게 하기 위해 필요하게 된다. 이런 이유로, 4.4절, 4.5절, 그리고 4.6절은 2차원과 3차원에서 형상 함수의 구성에 충당(充當)된다.

4.2.3 *Lowest Order and Higher Order Pyramid Basis Functions*

고차(高次, higher order) 형상 함수와 기저 함수 및 그 절점 구조가 2-차원과 3-차원 문제 영역 모두에 존재한다. 하지만, 그 개념(概念, concept)이 2차원에서 더 쉽게 설명되고 이해되며, 따라서 여기에서는 2차원의 경우에 대해 설명한다.

지금까지 주어진 기저 함수와 형상 함수의 예에서는, 절점이 유한요소의 정점

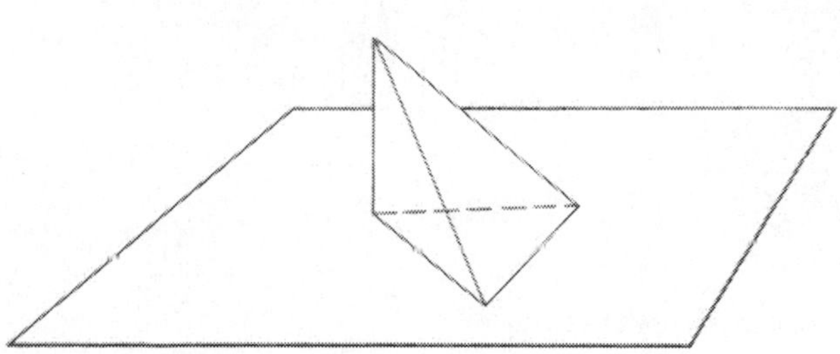

Fig. 4-2. Lowest order shape function over a triangle.

(頂點, vertex)에*만* 있다. 그 정점에만 절점을 가지는 유한요소에 대한 형상 함수는 *최저차 형상 함수(最低次 形狀 函數, lowest order shape function)*라 불린다. 이것의 예가 그림 4-2에 보여졌다. 최저차 형상 함수로써 구성된 피라미드 기저 함수는 *최저차 기저 함수(最低次 基底 函數, lowest order basis function)*라 불린다.

그림 4-3에 보여진 바와 같이, 유한요소의 변(邊, side)을 따라 중간(中間, mid-way), 또는 유한요소의 내부에 절점을 갖는 것 또한 가능하다. 그러한 유한요소에 대한 형상 함수는 *고차 형상 함수(高次 形狀 函數, higher order shape function)*라 불리

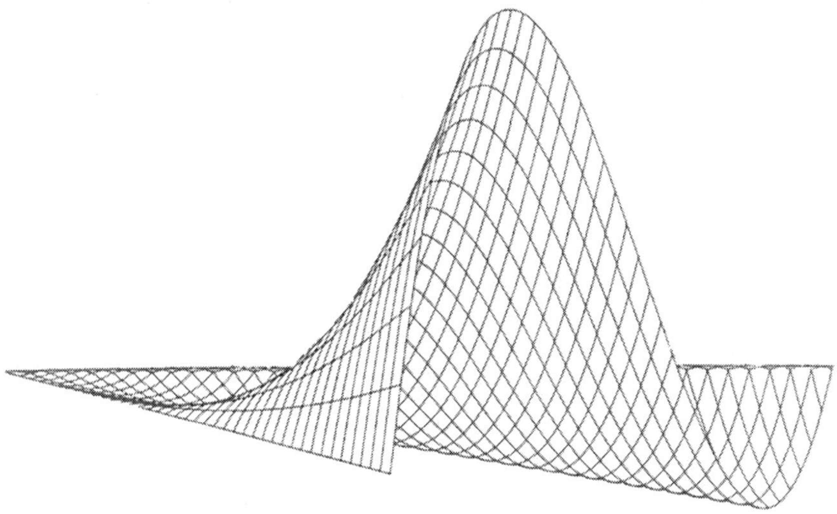

(a) Node point along side of a triangle

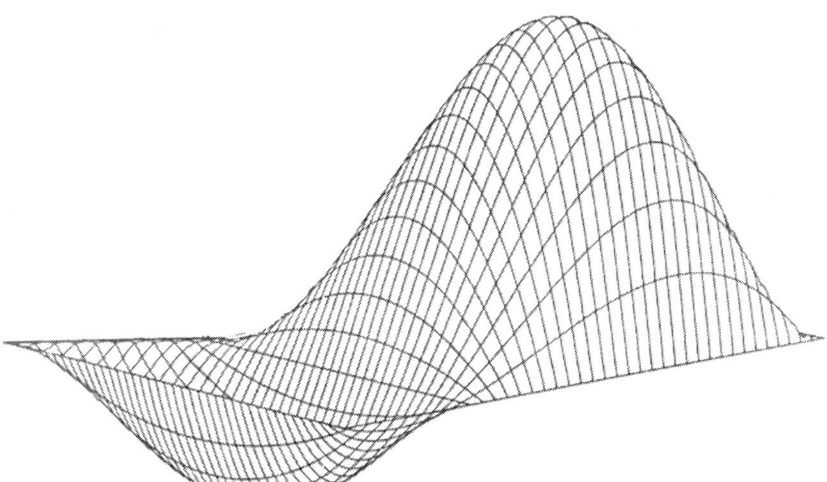

(b) Node point in interior of a triangle

Fig. 4-3. Higher order shape functions over a triangle.

며 이들로써 만들어진 기저 함수는 *고차 기저 함수(高次 基底 函數, higher order basis function)*라 불린다.

즉, 그림 4-3에 보여진 형상 함수는 고차 형상 함수이다. 절점이 유한요소의 정점, 그 변을 따른 중간, 또는 그 내부에 있든 어떻든 간에, 각 절점에 대응하는 기저 함수가 있다. 그림 4-1 (b)의 기저 함수에서는, 절점이 6개의 삼각형에 의해 공유(共有)되는 정점에 있다. 그 대신으로, 그림 4-3 (a)에 보여진 형태의 형상 함수의 사용에 의해 인접(隣接)하는(adjacent) 2개의 삼각형에 대한 기저 함수로 구성할 수 있다. 즉, 2개의 형상 함수가 그 공통 변(共通 邊, common side)을 따라 공통 절점(共通 節點, common node point)(기저 함수의 절점인)을 공유한다. 마지막으로, 형상 함수의 절점이 어떤 다른 형상 함수와도 공유되지 않기 때문에, 그림 4-3 (b)에 보여진 형상 함수 만으로 이루어진 형상 함수가 있다.

4.3 SHAPE FUNCTIONS

형상 함수는 다음과 같은 성질을 가진다:

1. 그것은 꼭 하나의 유한요소를 그것의 영역으로 가진다.
2. 그것은 그 유한요소에서 연속이다.
3. 그것은 그것의 하나의 절점에서는 1과 같다.
4. 그것은 그 유한요소 내에 있는 다른 모든 절점에서는 0이다.

형상 함수에 대한 완전한 논의는 이 책의 범위를 넘어선다. 여기서 다루어지지 않는 형상 함수에 대해서는, Mitchel과 Wait(Ref. 2, pp. 64-102)에 맡긴다. 덧붙여, 이 저자(著者)들은 형상 함수에 대한 좋은 "감각(感覺)"(good "feel")을 얻는데 도움이 이 되도록 1차원에서 형상 함수를 논의한다(Ref. 2, pp.1-21).

형상 함수 사이의 많은 차이점 중 하나는 유한요소 경계에서 유지(維持)하는 연속의 차수(次數)(order of continuity)이다. 라그랑주 보간(補間)(Lagrange interpolation)이 사용되면, 그러면 S_N의 요소는 유한요소 경계에서 연속이지만, 이 경계에서 요소의 법선 미분(法線 微分, normal derivative)은 일반적으로 불연속(不連續)이다(discontinuous). 에르미트(허미트, Hermite) 보간이 사용되면, 요소*와* 그 법선 미분 *둘 다* 유한요소 경계에서 연속이다. Hermite 보간은 보통 Lagrange 보간 보다 더 복잡하다. S_N의 요소에서 필요로 하는 연속의 차수는 그 요소가 사용되는 쌍일차 형식(雙一次 形式, bilinear form)에서 일어나는 미분의 최고 계수(最高 階數)(highest order of differentiation) 보다 하나가 낮다(Ref. 3, p. 52). 뒤에 이 책에서 역점(力點)을 두어 다루어지는 문제에서 볼 바와 같이, 미분의 최고 계수는 항상 1로 축약될 수 있다(필요하다면, 부분 적분(部分 積分, integration by parts)에 의해). 그러므로, 구배(또는 법선 미분)의 연속은 이 책에서 다루는 문제에서는 필요하지 않다. 즉, Hermite 보간이 필요하지 않다. 불필요한 복잡성을 피하기 위하여, 여기에서는 Lagrange 형상 함수 만을 사용한다.

4.4 FINITE ELEMENTS AND SHAPE FUNCTIONS OF GLOBAL COORDINATES IN TWO-DIMENSIONAL PROBLEM DOMAINS

이 절(節)과 다음 절은 2-차원 문제 영역의 유한요소로의 분할(分割, subdivision)과 그 요소에 대한 형상 함수의 구성을 상세하게 다룬다. 이 문제 영역은 2-차원 공간의 영역(region)(면적(面積, area))이거나 3-차원 공간 내에서의 면(面, surface)(곡면(曲面)일 수(curved) 있는) 어느 쪽이든 될 수 있다.

4.4.1 Subdivision of a Two-Dimensional Problem Domain

물론, 곡면(curved surface) 또는 평면(平面, plane) 조각이 유한요소로 분할될 수 있는 꽤 많은 방법이 있다. 2가지 가장 널리 보급된 것은, 그림 4-4 (a)와 4-4 (b)에 보여진 것과 같은, 직사각형(直四角形, rectangle)과 삼각형(三角形, triangle)이다. 직사각형으로의 분할은 문제 영역이 직사각형에 의해 쉽게 메워질 수 있도록 이루어져 있다면 단순성(單純性, simplicity)의 이점(利點)을 가진다. 삼각형으로의 분할은 임의의 불규칙적(不規則的)으로(irregularly) 이루어진 문제 영역에 맞추는 이점을 가진다. 더욱이, 절점의 임의의 불규칙적인 분포와 그 다음 삼각형을 이루는 방식으로 직선(直線) 조각(straight-line segment)으로 이 절점을 연결함으로써 문제 영역을 메울 수 있다.

그림 4-4 (b)는 실제 경계(real boundary)와 근사 경계(approximate boundary)를 모두 보인다. 왜 변(邊, side)이 실제 경계와 완전히 맞아 실제 경계와 근사 경계가

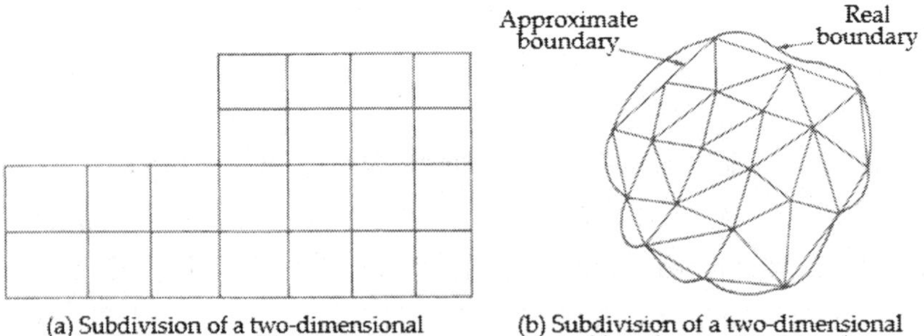

(a) Subdivision of a two-dimensional problem domain into rectangles

(b) Subdivision of a two-dimensional problem domain into triangles

Fig. 4-4. Subdivision of two-dimensional problem domains.

같아지는 유한요소를 사용할 수 없는가 하는 의문이 생긴다. 답은, 각 형상 함수의 영역이 그것의 유한요소이기 때문에, 사용하는 형상 함수에 있다. 실제로, 삼각형과 적당한 복잡성만으로 표현되는 어떤 간단한 곡선 변을 가진 모양에 대해 형상 함수를 정의할 수 있음을 안다. 하지만 *임의로 규정된(any prescribed)* 형상의 변을 가진 유한요소에 대해 정의된 형상 함수는 해석 목적에는 너무 복잡한 표현을 요구할 수 있다. 이런 이유로, 그림 4-4 (b)와 같이, 2가지 좋지 않은 것 중 덜한 쪽을 실제 경계와 약간 다른 근사 경계로 받아들인다.

4.4.2 Linear Shape Function over a Triangular Finite Element

그림 4-2에 보여진 것과 같은 삼각형 유한요소에 대한 선형(線形, linear) 또는 최저차(最低次, lowest order) 형상 함수 $p_i(x, y)$에 대한 설명을 계속한다. $p_i(x, y)$가 선형이기 때문에, 삼각형은 정점(頂點, vertex)에서만 절점을 가진다. 여기서, p의 상첨자(上添字, superscript)는 형상 함수의 차수(次數, order)이며 p의 하첨자는 형상 함수가 1과 같은 삼각형의 정점의 지표(指標, index)이다. 즉,

$$p_i^1(x_j, y_j) = \delta_{ij}, \quad 1 \le i, j \le 3 \tag{4.4.2-1}$$

이다. 여기서 (x_j, y_j) for $1 \le j \le 3$은 삼각형의 정점이다. 식 (4.4.2-1)에서, 기호 δ_{ij}는 다음과 같이 정의되는 크로넥커 델타(Kronecker delta)이다(Ref. 7):

$$\begin{aligned} \delta_{ij} &= 0 \quad \text{for} \quad i \ne j \\ \delta_{ij} &= 1 \quad \text{for} \quad i = j \end{aligned}$$

$p_i(x, y)$가 x와 y에 따라 선형으로 변화하기 때문에,

$$p_i^1(x, y) = a_{i1} + a_{i2}x + a_{i3}y, \quad 1 \le i \le 3 \tag{4.4.2-2}$$

를 가진다.

식 (4.4.2-1)과 (4.4.2-2)가 결합될 때, 선형 계(系; 연립 방정식)(linear system)

$$a_{i1} + a_{i2}x_j + a_{i3}y_j = \delta_{ij}, \quad 1 \le i, j \le 3 \tag{4.4.2-3}$$

을 가진다. 식 (4.4.2-3)에는 3개의 3차 선형 계(three third-order linear system)를 구성하는 9개의 식, 즉 $i = 1$에 대한 선형 계, $i = 2$에 대한 선형 계, 그리고 $i = 3$에 대한 선형 계가 있다. 이 선형 계를 크래머의 법칙(Cramer's rule)(Ref. 4, p. 84)에 의해 풀고 삼각형의 면적 A가

$$A = \frac{1}{2}\det\begin{vmatrix} 1 & x_1 & y_1 \\ 1 & x_2 & y_2 \\ 1 & x_3 & y_3 \end{vmatrix} \tag{4.4.2-4}$$

에 의해 주어짐을 상기(想起)하면

$$p_1^1(x, y) = \frac{x_2y_3 - x_3y_2 + (y_2 - y_3)x + (x_3 - x_2)y}{2A} \tag{4.4.2-5}$$

$$p_2^1(x, y) = \frac{x_3y_1 - x_1y_3 + (y_3 - y_1)x + (x_1 - x_3)y}{2A} \tag{4.4.2-6}$$

$$p_3^1(x, y) = \frac{x_1y_2 - x_2y_1 + (y_1 - y_2)x + (x_2 - x_1)y}{2A} \tag{4.4.2-7}$$

을 찾는다.

4.4.3 *Triangular Area Coordinates*

삼각형 면적 좌표계(三角形 面積 座標系, triangular area coordinates)는, 삼각형에 대한 고차(高次, higher order) 형상 함수와 삼각형에 대한 수치 적분(數値 積分, numerical integration) 같은, 어떤 응용에서는 직각 좌표계(直角 座標系, Cartesian coordinates) 보다 훨씬 더 편리하다(Ref. 5, pp. 116-117). 그것은 또한 뫼비우스 좌표계(Möbius coordinates), 중심(重心, 질량 중심(質量 中心), 무게 중심) 좌표계(barycentric coordinates)(Ref. 6, pp. 298-300), 또는 동차(同次) 좌표계(homogeneous coordinates; 사영(射影) 좌표계, projective coordinates)(Ref. 3, p. 129) 같은 것에도 관련된다. 삼각형 내에서 각 점 P는 3개의 면적 좌표(종속(從屬, dependent)인)를 가진다. 이 면적 좌표의 각각은 거리(距離, distance) 또는 면적(面積, area)으로 정의될 수 있다. 아래에 주어진 정의는 Vichnevetsky의 정의에 따른다(Ref. 6, pp. 298-300). 점 P가 삼각형 내에 있는 그림 4-5와 같은 삼각형을 고려한다. 면적 좌표 Λ_1, Λ_2, 그리고 Λ_3는

$$\Lambda_1 = \frac{\text{distance of } P \text{ to side 1}}{\text{distance of vertex 1 to side 1}} \tag{4.4.3-1}$$

$$\Lambda_2 = \frac{\text{distance of } P \text{ to side 2}}{\text{distance of vertex 2 to side 2}} \tag{4.4.3-2}$$

$$\Lambda_3 = \frac{\text{distance of } P \text{ to side 3}}{\text{distance of vertex 3 to side 3}} \tag{4.4.3-3}$$

과 같이 정의될 수 있다. 이 정의로부터, Λ_1, Λ_2, Λ_3는 또한

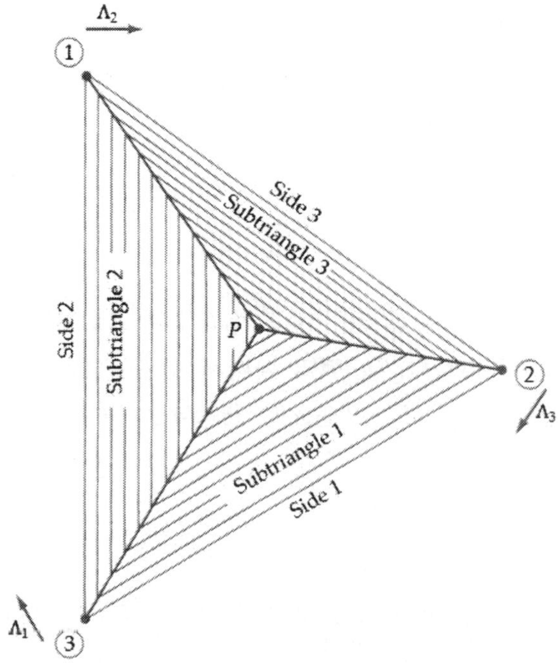

Fig. 4-5. Triangle for area coordinates.

$$\Lambda_1 = \frac{\text{area of subtriangle 1}}{\text{area of total triangle}} \tag{4.4.3-4}$$

$$\Lambda_2 = \frac{\text{area of subtriangle 2}}{\text{area of total triangle}} \tag{4.4.3-5}$$

$$\Lambda_3 = \frac{\text{area of subtriangle 3}}{\text{area of total triangle}} \tag{4.4.3-6}$$

과 같이 표현될 수 있음을 볼 수 있다. 세 부분 삼각형(部分 三角形, subtriangle)의 면적의 합(合, sum)은 전체 삼각형의 면적과 같기 때문에,

$$\Lambda_1 + \Lambda_2 + \Lambda_3 = 1 \tag{4.4.3-7}$$

을 본다.

면적 좌표계가 선형 형상 함수(linear shape function)와 항등적(恒等的)으로 같음(identically equal)을 쉽사리 볼 수 있다; 즉,

$$\Lambda_i(x, y) = p_i^1(x, y), \quad 1 \le i \le 3 \tag{4.4.3-8}$$

이다. 식 (4.4.3-7)과 (4.4.3-8)로부터,

$$p_1^1(x, y) + p_2^1(x, y) + p_3^1(x, y) = 1 \tag{4.4.3-9}$$

를 본다. 면적 좌표와 선형 형상 함수는 그 함수가 0과 같은 삼각형의 변(邊, side)과 평행(平行, parallel)인 선(線, line)을 따라서는

$$\Lambda_i(x, y) = p_i^1(x, y) = \text{constant}$$

가 되는 흥미로운 성질을 가진다.

면적 좌표와 삼각형 선형 형상 함수가 같기 때문에, 호환적(互換的)으로 사용될 수 있다. 때때로 이렇게 하는 것이 더 편리하다. 이 책의 나머지 부분에서의 어떤 응용에서는 삼각형 선형 형상 함수가 면적 좌표 (또는, 이 경우에는, 동차 좌표) 대신으로 사용된다.

4.4.4 Lagrange Interpolating Polynomials

라그랑주 보간 다항식(多項式)(Lagrange interpolating polynomial)은, 2차원과 3차원 모두에서, 고차 형상 함수를 구성하는데 널리 사용된다.

일반적으로, Lagrange 보간 다항식은 다음과 같은 누승(累乘, continued product)으로 표현될 수 있다(Ref. 7, p. 201):

$$L_i^N(x) = \prod_{\substack{j=0 \\ j \neq i}}^{j=N} \frac{(x - x_j)}{(x_i - x_j)} \tag{4.4.4-1}$$

여기서 다항식의 차수(次數, degree)는 N이다. 식 (4.4.4-1)로부터

$$L_i^N(x_k) = \delta_{ik}, \quad 0 \le k \le N \tag{4.4.4-2}$$

를 볼 수 있다. 여기서, 다시, δ_{ik}는 Kronecker delta이다. 식 (4.4.4-1)과 (4.4.4-2)로부터,

$$P(x) = \sum_{i=0}^{i=N} f_i L_i^N(x) \tag{4.4.4-3}$$

으로 주어지는 다항식 $P(x)$는 점 (x_0, f_0), (x_1, f_1), ⋯, (x_N, f_N)을 완전히 보간한다(그림 4-6을 보라).

많은 고차 형상 함수에서, 균등(均等)하게 떨어진(uniformly placed) 점들 사이를 보간하는 다항식을 사용한다. 점들 사이의 간격(間隔, spacing)이, 말하자면, 상수 h라면, 그러면

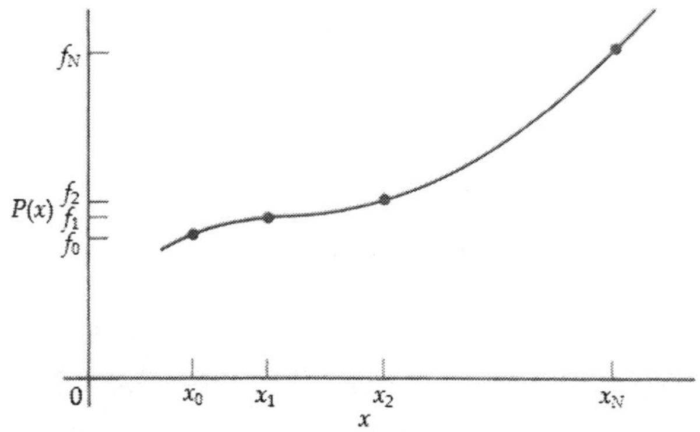

Fig. 4-6. Interpolating polynomial as a linear combination of Lagrange interpolating polynomials.

$$x_j = x_0 + jh \tag{4.4.4-4}$$

이다. 이 경우에는,

$$x = x_0 + sh \tag{4.4.4-5}$$

로써 변수(變數, variable) s를 정의하는 것이 편리하게 된다.

$$l_i^N(s) = L_i^N(x_0 + sh) = L_i^N(x) \tag{4.4.4-6}$$

에 의해 정규화(正規化) 라그랑주 다항식(normalized Lagrange polynomial) l_i^N을 정의한다(Ref. 7, p. 201). 식 (4.4.4-1)과 (4.4.4-6)으로부터,

$$l_i^N(s) = \prod_{\substack{j=0 \\ j \neq i}}^{N} \frac{(s-j)}{(i-j)} \tag{4.4.4-7}$$

을 본다.

마지막으로, 다음 절(節)에서 보여지는 바와 같이, $l_N^N(s)$가 삼각형에 대한 고차 형상 함수의 경우에 특별한 관심을 끈다. 식 (4.4.4-7)로부터,

$$l_N^N(s) = \prod_{j=0}^{N-1} \frac{(s-j)}{(N-j)} = \frac{1}{N!} \prod_{j=0}^{N-1} (s-j) \tag{4.4.4-8}$$

을 가진다. 식 (4.4.4-8)로부터, 정수(整數, integer) k에 대하여,

$$l_N^N(k) = 0, \quad k < N \tag{4.4.4-9}$$

와

$$l_N^N(N) = 1 \tag{4.4.4-10}$$

을 가진다.

4.4.5 *Higher Order Shape Functions over a Triangular Finite Element*

삼각형 유한요소에 대한 고차 형상 함수의 구성을 위한 여러가지 기법이 문헌에서 보고되었다(Ref. 2, pp. 65-67; Ref. 3, pp. 129-130). 이 기법들은 보기에는 다르지만, 제시(提示)한 보간 함수(補間 函數, interpolation function)는 같다. 여기에 주어진 접근법(接近法, approach)은 본래 Silvester가 보고한 것이다(Ref. 3, pp. 129-130).

삼각형에 대한 M차 형상 함수를 세우는 첫 번째 단계는, 그림 4-7에 보여진 바와 같이, 삼각형의 변(side)을 따라 그리고 어쩌면 삼각형의 내부에 추가 절점을 두는 것이다($M \geq 3$이라면 내부 절점(內部 節點, interior node)이 있다). 이것을 하기 위하여, 삼각형의 각 변을 M개의 등간격(等間隔, equal interval)으로 나눈다. 그 다음, 그림에 보여진 바와 같이, 삼각형의 변에 평행한 선으로 분할한 점을 연결한다. 이것은 삼각형을 M^2개의 합동 삼각형(合同 三角形, congruent triangle)으로 분할한

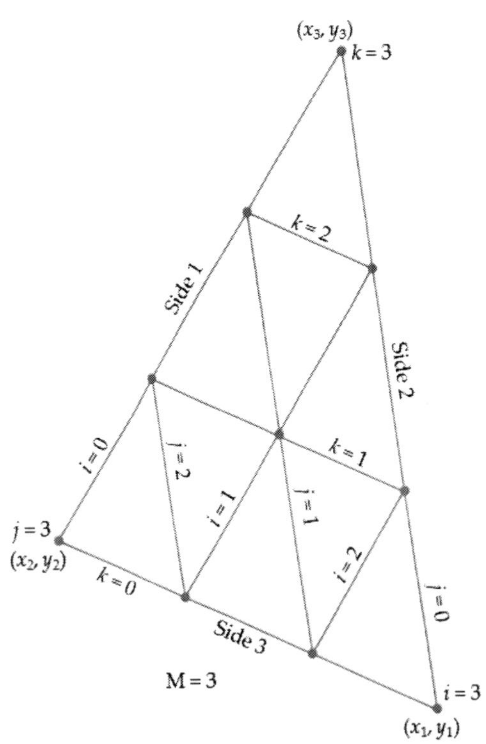

Fig. 4-7. Triangle for higher order shape function construction.

다. 이 삼각형들의 정점은 삼각형의 $N_p = \frac{1}{2}(M+1)(M+2)$개의 절점이다.

절점을 식별(識別)하고 형상 함수를 나타내기 위하여, 그림 4-7에 있는 줄(line)로 번호를 부여하는 것이 편리하다. 보여진 것처럼, 정수(整數, integer) i는 변 1에 평행인 선의 번호를 나타내고, j는 변 2에 평행인 선의 번호를 나타내며, 그리고 k는 변 3에 평행인 선의 번호를 나타낸다. 이 방식으로, 점 (i, j, k)로, 즉, 선 i, j, 그리고 k의 교점(交點, intersection)인 절점을 식별할 수 있다. 더욱이,

$$0 \le i, j, k \le M \tag{4.4.5-1}$$

을 가진다. 덧붙여, 선 i를 따른 모든 점 (x, y)에서

$$i = M\Lambda_1(x, y) \tag{4.4.5-2}$$

그리고 비슷하게, 선 j와 k를 따라

$$j = M\Lambda_2(x, y) \tag{4.4.5-3}$$

$$k = M\Lambda_3(x, y) \tag{4.4.5-4}$$

를 가진다. 그리고 이 식들과 식 (4.4.3-7)로부터, 임의의 절점에 대하여

$$i + j + k = M \tag{4.4.5-5}$$

를 가진다. 식 (4.4.4-9), (4.4.4-10), 그리고 (4.4.5-2)로부터, $l_i^i[M\Lambda_1(x, y)]$(여기서 l은 정규화 Lagrange 보간 다항식이다)는 선 i를 따라서는 1과 같으며, 선 i에 평행이지만 $m < i$인 선 m을 따라서는 0과 같음을 볼 수 있다. 식 (4.4.5-3)과 (4.4.5-4)를 사용하여, $l[M\Lambda_2(x, y)]$와 $l[M\Lambda_3(x, y)]$에 대한 비슷한 설명을 만든다.

형상 함수 $\tau_{ijk}^{(M)}(x, y)$는

$$\tau_{ijk}^{(M)}(x, y) = l_i^i[M\Lambda_1(x, y)]l_j^j[M\Lambda_2(x, y)]l_k^k[M\Lambda_3(x, y)] \tag{4.4.5-6}$$

에 의해 주어진다. 절점 (i, j, k)는 선 i, j, 그리고 k의 교점이기 때문에, 전술(前述)한 것으로부터 (x, y)가 절점이라면, 그러면

$$\tau_{ijk}^{(M)}(x, y) = l_i^i[M\Lambda_1(x, y)] = l_j^j[M\Lambda_2(x, y)] = l_k^k[M\Lambda_3(x, y)] = 1$$

임을 본다. (x, y)가 임의의 다른 절점, 이를테면 (m, n, o)라면, 식 (4.4.5-5)를 사용하여, $m < i$와 $l_i^i[M\Lambda_1(x, y)] = 0$ 이거나 $n < j$와 $l_j^j[M\Lambda_2(x, y)] = 0$ 이거나 $o < k$와 $l_k^k[M\Lambda_3(x, y)] = 0$이다. 어떤 경우에서든, 식 (4.4.5-6)으로부터

$$\tau_{ijk}^{(M)}(x, y) = 0 \tag{4.4.5-7}$$

이다.

4.4.6 *Shape Functions over a Rectangular Finite Element*

이 함수는 Lagrange 보간 다항식을 사용하여 쉽게 전개될 수 있다. 정점에만 절점을 갖는 직사각형의 경우, 다음과 같은 4개의 형상 함수의 집합(集合, set)을 볼 수 있다:

$$\begin{aligned} p_1(x, y) &= L_0^1(x)L_0^1(y) \\ p_2(x, y) &= L_1^1(x)L_0^1(y) \\ p_3(x, y) &= L_1^1(x)L_1^1(y) \\ p_4(x, y) &= L_0^1(x)L_1^1(y) \end{aligned} \tag{4.4.6-1}$$

여기서 L_0^1과 L_1^1은 Lagrange 보간 함수(식 (4.4.4-1)에서 정의된)이고, x에 대한 함수는 x_0에서 x_1까지 보간하며 y에 대한 함수는 y_0에서 y_1까지 보간한다.

직사각형에 대한 최저차 형상 함수를 찾기 위해 사용된 접근법은 그림 4-8의 직사각형에 대한 고차 형상 함수를 찾기 위해 간단히 확장된다. 여기에서, $n+1$개의

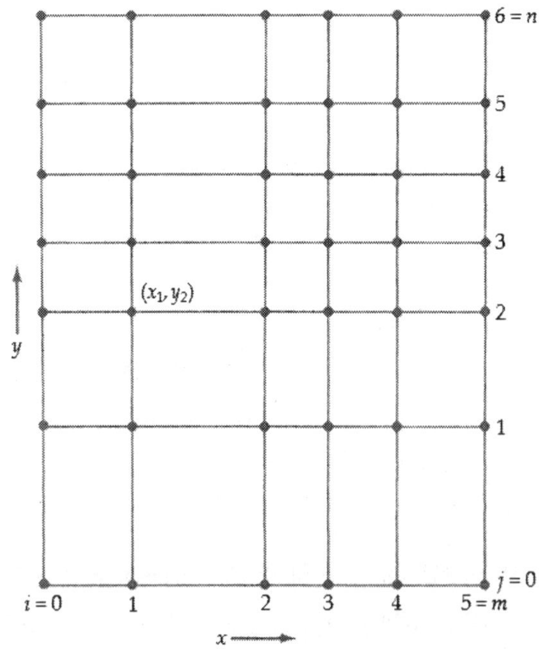

Fig. 4-8. Rectangle for higher order shape function construction.

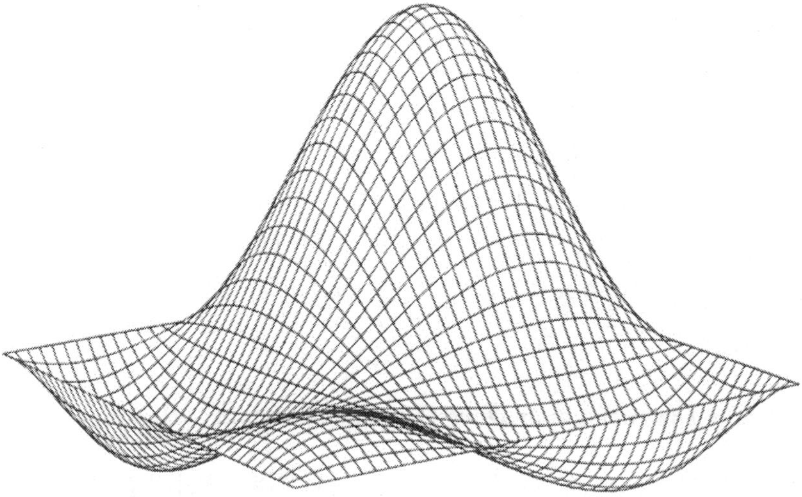

Fig. 4-9. Rectangular higher order shape function.

점(點)의 행(行)(row of points)과, 각 행은 $m+1$개의 점을 가진다.

각 점의 좌표는 (x_i, y_j) for $0 \le i \le m$, $0 \le j \le n$이다. 다시, Lagrange 보간 다항식을 사용한다. 그러면

$$p_{ij}(x, y) = L_i^m(x) L_j^n(y) \tag{4.4.6-2}$$

에 의해 주어지는 $(n+1)(m+1)$개의 형상 함수를 가진다. 식 (4.4.6-2)에서, 4.4.4절에서 논의되었던 Lagrange 보간 다항식을 가진다. 이 식과 식 (4.4.4-2)로부터,

$$p_{ij}(x_k, y_l) = \delta_{ik}\delta_{jl} \tag{4.4.6-3}$$

을 가진다. 여기서 x_k와 y_l은 보간 점(補間 點, interpolating point)의 좌표이다.

그림 4.9는 전형적인 직사각형 고차 형상 함수를 보인다.

4.5 *ISOPARAMETRIC SHAPE FUNCTIONS IN TWO-DIMENSIONS*

이 장(章)에서 지금까지 정식화(定式化)한 모든 형상 함수는, 전역 좌표계(全域 座標系, global coordinate system)에서, 문제의 공간 좌표의 함수였다. 아래에서 보여지는 바와 같이, 국부(局部, local), 무차원(無次元, dimensionless) *등매개* 좌표계(*等媒介 座標系, isoparametric* coordinates) 역시 사용할 수 있다. 이것이 될 때, 형상 함수*와* 전역 좌표 *둘 다* 이 등매개 좌표로 표현한다. 등매개 좌표계 사용의 불리한 점은, 물론, 전역 좌표로 직접 표현된 형상 함수에 비한 복잡성(複雜性, complexity)이다. 이점(利點)은 국부, 등매개 좌표로 전역 좌표를 나타내어 함수를 선택하는 것이 가능함으로써 이룰 수 있는 매우 큰 융통성(融通性, flexibility)이다.

특별한 등매개 형상 함수가, 전역 좌표계에서, 매우 다양한 형상의 영역을 가진 형상 함수를 만들기 위해 사용되었다. 이것들은 어떤 특정한 기하학적 구조에서 사용될 예정이다. 물론, 2차원과 3차원에서 삼각형과 사각형(四角形, quadrangle)이 아래에서 나타내어지고 논의된다. 덧붙여, 등매개 접근법이, 구부러진(곡선(曲線)) 변(curved side)을 가진 삼각형같은, 몇 가지 다른 형상의 요소를 만드는데 사용되었다(Ref. 2, pp. 83-102).

4.5.1 Triangle in Two-Dimensional or Three-Dimensional Space

2차원에서, 무차원, 국부, 등매개 좌표계 ε과 η를 사용하며, 편의(便宜)를 위하여, 그림 4-10에 보여진 것과 같이, 이 좌표계로 정의된 *표준 삼각형(標準 三角形, standard triangle)*을 사용한다. 표준 삼각형에 대한 선형 형상 함수 $q_i^1(\varepsilon, \eta)$의 경우,

$$q_i^1(\varepsilon, \eta) = a_{i1} + a_{i2}\varepsilon + a_{i3}\eta, \quad 1 \le i \le 3 \tag{4.5.1-1}$$

을 가진다. 더욱이,

$$q_i^1(\varepsilon_j, \eta_j) = \delta_{ij}, \quad 1 \le i, j \le 3 \tag{4.5.1-2}$$

이며, 그림 4-10의 경우,

$$\begin{aligned}(\varepsilon_1, \eta_1) &= (0, 0)\\ (\varepsilon_2, \eta_2) &= (1, 0)\\ (\varepsilon_3, \eta_3) &= (0, 1)\end{aligned} \tag{4.5.1-3}$$

이다. 식 (4.5.1-1), (4.5.1-2), 그리고 (4.5.1-3)을 결합하고 3차 선형 계(third-order lin-

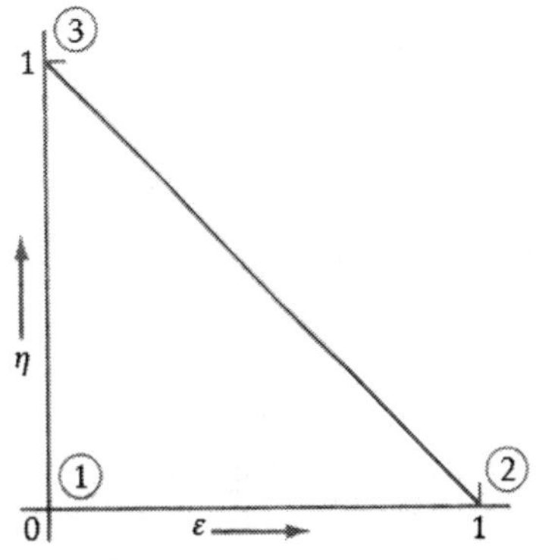

Fig. 4-10. Standard isoparametric triangle.

ear systems)를 풀면

$$\begin{aligned} q_1^1(\varepsilon, \eta) &= 1 - \varepsilon - \eta \\ q_2^1(\varepsilon, \eta) &= \varepsilon \\ q_3^1(\varepsilon, \eta) &= \eta \end{aligned} \tag{4.5.1-4}$$

를 산출한다. 그림 4-2에 있는 삼각형에 대한 전역 좌표계에서의 형상 함수를 얻기 위하여,

$$p_i^1(x, y) = q_i^1(\varepsilon, \eta), \quad 1 \le i \le 3 \tag{4.5.1-5}$$

$$x = q_1^1(\varepsilon, \eta)x_1 + q_2^1(\varepsilon, \eta)x_2 + q_3^1(\varepsilon, \eta)x_3 \tag{4.5.1-6}$$

$$y = q_1^1(\varepsilon, \eta)y_1 + q_2^1(\varepsilon, \eta)y_2 + q_3^1(\varepsilon, \eta)y_3 \tag{4.5.1-7}$$

을 사용한다. 식 (4.5.1-5), (4.5.1-6), 그리고 (4.5.1-7)로부터, (ε_1, η_1), (ε_2, η_2), 그리고 (ε_3, η_3)는 (x_1, y_1), (x_2, y_2), 그리고 (x_3, y_3)로 같게 사상(寫像)함에(map) 유의하라.

나음의 식을 덧붙이고, 식 (4.5.1-6)과 (4.5.1-7)을 사용함으로써 간단히 표준 삼각형을 정점 (x_1, y_1, z_1), (x_2, y_2, z_2), 그리고 (x_3, y_3, z_3)를 가진 3-차원 공간에 있는 삼각형 평면 조각(triangular plane segment)으로 사상할 수 있다(Ref. 8, p. 1462):

$$z = q_1^1(\varepsilon, \eta)z_1 + q_2^1(\varepsilon, \eta)z_2 + q_3^1(\varepsilon, \eta)z_3 \tag{4.5.1-8}$$

서로 다른 차수(次數, order)의 형상 함수의 적절한 선형 조합(線形 組合, linear combination)에 의해 식 (4.5.1-6), (4.5.1-7), 그리고 (4.5.1-8)에 있는 각 형상 함수를 대체(代替)함으로써, 임의의 원하던 곡선(曲線, curvature)을 가진 3-차원 공간 내에 있는 삼각형으로 사상할 수 있다.

4.5.2 *Quadrangle in Two- or Three-Dimensional Space*

그림 4-11에 보여진 것과 같은 표준 *직사각형*(標準 *直四角形*, standard *rectangle*)을 정의하고, 다시 무차원(無次元, nondimension) 좌표계 ε과 η를 가진다. 이 그림에 보여진 것과 같이, 점 (ε_1, η_1), (ε_2, η_2), (ε_3, η_3), 그리고 (ε_4, η_4)를 가진다. 여기에서,

$$\begin{aligned} q_i^1(\varepsilon, \eta) &= \frac{1}{4}(1 - \varepsilon)(1 - \eta) \\ q_2^1(c, \eta) &= \frac{1}{4}(1 + \varepsilon)(1 - \eta) \\ q_3^1(\varepsilon, \eta) &= \frac{1}{4}(1 + \varepsilon)(1 + \eta) \\ q_4^1(\varepsilon, \eta) &= \frac{1}{4}(1 - \varepsilon)(1 + \eta) \end{aligned} \tag{4.5.2-1}$$

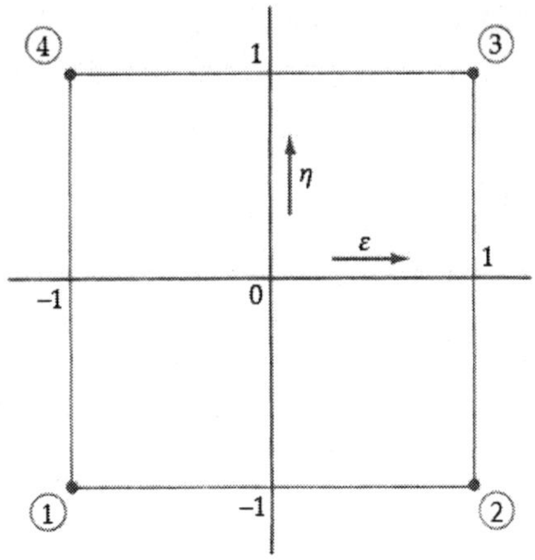

Fig. 4-11. Standard isoparametric rectangle.

과 같이 주어지는 형상 함수 $q_i^1(\varepsilon, \eta)$를 가진다. 그림 4-12에 있는 사변형(四邊形) 평면 조각(quadrilateral plane segment)의 경우,

$$p_i^1(x, y) = q_i^1(\varepsilon, \eta), \quad 1 \le i \le 4 \tag{4.5.2-2}$$

$$x = \sum_{i=0}^{4} x_i q_i^1(\varepsilon, \eta) \tag{4.5.2-3}$$

$$y = \sum_{i=0}^{4} y_i q_i^1(\varepsilon, \eta) \tag{4.5.2-4}$$

를 가진다.

삼각형의 경우와 같이, 식

$$p_i^1(x, y, z) = q_i^1(\varepsilon, \eta), \quad 1 \le i \le 4 \tag{4.5.2-5}$$

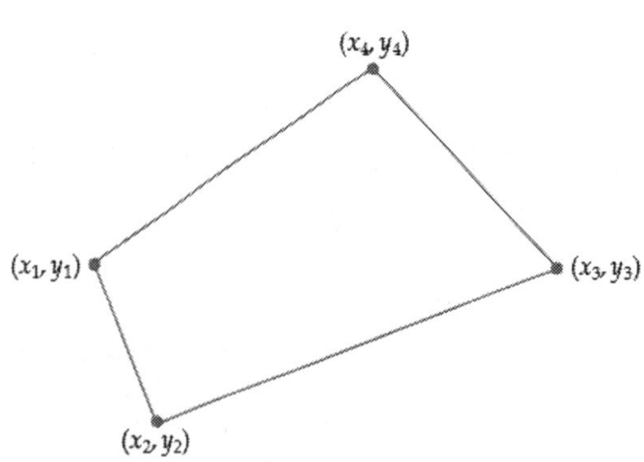

Fig. 4-12. Quadrilateral plane segment.

를 사용하고

$$z = \sum_{i=0}^{4} z_i q_i^1(\varepsilon, \eta) \tag{4.5.2-6}$$

와 함께 식 (4.5.2-3)과 (4.5.2-4)를 사용함으로써 간단히 표준 직사각형을 3-차원 공간에 있는 사변형 평면 조각(triangular plane segment)으로 간단히 사상할 수 있다. 그리고, 삼각형의 경우에서처럼, 서로 다른 차수(次數, order)의 형상 함수의 적절한 선형 조합(線形 組合, linear combination)에 의해 식 (4.5.2-3), (4.5.2-4), 그리고 (4.5.2-6)에 있는 각 형상 함수를 대체(代替)함으로써, 표준 직사각형을 임의의 원하던 곡선(曲線, curvature)을 가진 3-차원 공간 내에 있는 사변형으로 사상할 수 있다.

4.6 FINITE ELEMENTS AND SHAPE FUNCTIONS OF GLOBAL COORDINATES IN THREE-DIMENSIONAL PROBLEM DOMAINS

3차원에서 2가지 가장 널리 보급된 유한요소는 사면체(四面體, tetrahedron)와 직육면체(直六面體, rectangular parallelepiped)(상자(箱子), box)이다. 따라서, 이 유한요소에 대한 형상 함수가 아래에서 주어진다. 다른 형상의 3-차원 유한요소에 대한 보간 함수의 논의는 유한요소법에 관한 책에서 찾아질 수 있다(Ref. 2, pp. 108-110).

4.6.1 Subdivision of Problem Domain

직육면체로 분할하는 것은 문제 영역이 적은 수의 이 유한요소로 메워질 수 있는 형상으로 되어 있다면 단순성(單純性, simplicity)의 이점(利點)을 가진다. 사면체로의 분할은 임의의 불규칙적인 형상의 문제 영역에 맞출 이점을 가진다. 더욱이, 절점의 임의의 불규칙적인 분포와 그 다음 사면체를 형성하도록 이 절점들을 직선 조각(straight-line segment)으로 연결함으로써 3-차원 문제 영역을 메울 수 있다.

4.6.2 The Tetrahedron

사면체에 대한 선형 형상 함수는 삼각형의 경우와 대체로 똑같이 유도된다. 사면체 정점을 지표(指標, index) 1, 2, 3, 그리고 4로 준다. 그러면 형상 함수 p_i^1은

$$p_j^1(x_i, y_i, z_i) = \delta_{ij}, \quad 1 \le i, j \le 4 \tag{4.6.2-1}$$

로 주어진다. 여기서 x_i, y_i, 그리고 z_i는 정점 i의 좌표이다. 이 형상 함수가 선형이

기 때문에,

$$p_j^1(x, y, z) = c_{j1} + c_{j2}x + c_{j3}y + c_{j4}z, \quad 1 \le j \le 4 \tag{4.6.2-2}$$

와 같이 주어져, 식 (4.6.2-1)과 함께

$$c_{j1} + c_{j2}x_i + c_{j3}y_i + c_{j4}z_i = \delta_{ij}, \quad 1 \le i, j \le 4 \tag{4.6.2-3}$$

을 가진다. 식 (4.6.2-3)을 구성하는 16개의 방정식, 즉, 각각이 4개의 방정식인 4개의 계(系, system)가 있다. 이 계(system)가 크래머의 법칙(Cramer's rule)(Ref. 4, p. 84)에 의해 계수 c_{j1}, c_{j2}, c_{j3}, 그리고 c_{j4}, $1 \le j \le 4$에 대해 풀어져,

$$p_j^1(x_i, y_i, z_i) = \frac{1}{\det M}[C_j + X_jx + Y_jy + Z_jz] \tag{4.6.2-4}$$

가 된다. 식 (4.6.2-4)에서, M은

$$M = \begin{pmatrix} 1 & x_1 & y_1 & z_1 \\ 1 & x_2 & y_2 & z_2 \\ 1 & x_3 & y_3 & z_3 \\ 1 & x_4 & y_4 & z_4 \end{pmatrix} \tag{4.6.2-5}$$

로 주어지는 행렬(行列, matrix)이다. 여기서 (x_1, y_1, z_1), (x_2, y_2, z_2), (x_3, y_3, z_3), 그리고 (x_4, y_4, z_4)는 정점의 좌표이다. 변수(變數, variable) X_j, Y_j, 그리고 Z_j는 행렬 M에 있는 x_j, y_j, 그리고 z_j의 여인자(餘因子, 여인수(餘因數), cofactor)이며 C_j는 행(行, row) j에 있는 1의 여인자이다(Ref. 4, p.80)

사면체에 대한 고차 형상 함수도 역시 발표되었다(Ref. 2, p.87).

4.6.3 The Rectangular Parallelopiped (Box)

상자(상자, box)에 대한 형상 함수의 구성은 직사각형에 대한 형상 함수의 구성과 매우 비슷하다(4.5.3절). 단순히 이 함수를 2차원에서 3차원으로 확장한다. 상자의 정점은 그림 4-13에 보여진 것과 같이 지표(指標)가 주어졌다. 최저차 형상 함수(상자의 8개의 모퉁이(corner)에만 절점이 있는)는 다음과 같다:

$$p_1(x, y, z) = L_0^1(x)L_0^1(y)L_0^1(z) \tag{4.6.3-1}$$

$$p_2(x, y, z) = L_1^1(x)L_0^1(y)L_0^1(z) \tag{4.6.3-2}$$

$$p_3(x, y, z) = L_1^1(x)L_1^1(y)L_0^1(z) \tag{4.6.3-3}$$

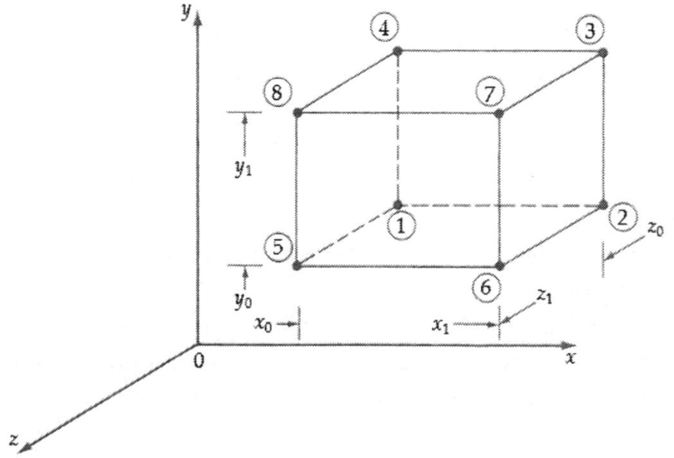

Fig. 4-13. Rectangular parallelepiped (box).

$$p_4(x, y, z) = L_0^1(x)L_1^1(y)L_0^1(z) \tag{4.6.3-4}$$

$$p_5(x, y, z) = L_0^1(x)L_0^1(y)L_1^1(z) \tag{4.6.3-5}$$

$$p_6(x, y, z) = L_1^1(x)L_0^1(y)L_1^1(z) \tag{4.6.3-6}$$

$$p_7(x, y, z) = L_1^1(x)L_1^1(y)L_1^1(z) \tag{4.6.3-7}$$

$$p_8(x, y, z) = L_0^1(x)L_1^1(y)L_1^1(z) \tag{4.6.3-8}$$

여기서 L_0^1과 L_1^1은 다시 식 (4.4.4-1)로 주어진 Lagrange 보간 함수이다.

상자에 대한 고차 형상 함수의 구성은, 다시, 직사각형에 대한 고차 형상 함수의 구성의 확장이다. x, y, 그리고 z 좌표 $(x_1, x_2, \cdots, x_m)$, $(y_1, y_2, \cdots, y_n)$, $(z_1, z_2, \cdots, z_o)$를 가진(여기서 x, y, 그리고 z에 있는 점들 사이에 불균일(不均一)한 간격(間隔)(non-uniform spacing)을 가질 수 있다) 상자 내에 있는 절점의 직사각형 망(直四角形網, rectangular mesh)을 사용한다. 이 망의 경우, 형상 함수는

$$p_{ijk}^{mno}(x, y, z) = L_i^m(x)L_j^n(y)L_k^o(z) \tag{4.6.3-9}$$

에 의해 주어진다. 여기서 $L_i^m(x)$, $L_j^n(y)$, 그리고 $L_k^o(z)$는 식 (4.4.4-1)로 주어진 라그랑주 보간 다항식(Lagrange interpolating polynomial)이다.

REFERENCES

1. Steele, Charles W. and Mallinson, J. C., "Theory of Low Permeability Heads," *IEEE Trans. on Magnetics*, September 1972, Vol. MAG-8, No. 3.

2. Mitchell, A. R. and Wait, R., *The Finite Element Method in Partial Differential Equations,* New York: John Wiley & Sons, 1977.
3. Chari, M. V. K. and Silvester, P. P., Editors, *Finite Elements in Electrical and Magnetic Field Problems,* New York: John Wiley & Sons, 1980.
4. Nering, E. D., *Linear Algebra and Matrix Theory,* New York: John Wiley & Sons, 1965.
5. Zienkiewicz, O. C., *The Finite Element Method in Engineering Science,* 2nd ed., New York: McGraw-Hill Book Company, 1971.
6. Vichnevetsky, Robert, *Computer Methods for Partial Differential Equations,* Englewood Cliffs, N. J.: Prentice-Hall, Inc., 1981.
7. Henrici, P., *Introduction to Numerical Analysis,* New York: John Wiley & Sons, 1964.
8. Jeng, G. and Wexler, A., "Isoparametric, Finite Element Variational Solution of Integral Equations for Three-Dimensional Fields," *International Journal for Numerical Methods in Engineering,* Vol. 11, 1977, pp. 1455-1471.

5 Projection Methods in Field Computations

5.1 INTRODUCTION

이 장(章)의 목적은, 매우 기초적인 방식으로, 유한요소법(有限要素法, finite element method)과 적분방정식법(積分方程式法, integral equation method)이 선형 장 문제에 대한 수치해(數値解, numerical solution)를 주기 위해 어떻게 작동(作動)하는지를 설명하는 것이다. 이 설명은 문제를 풀 때 식에서 만나게 되는 미분과 적분의 연산(演算, operation)을 나타내는 연산자(演算子, operator)의 사용에 의해 매우 일반적인 방식으로 이루어진다.

이 설명은 다음을 보인다:

1. 선형 장 문제에 대한 각 수치해는, 유한요소법에 의하든 또는 적분방정식법에 의하든 간에, 완전해의 어떤 유한 차원 선형 공간으로의 선형 사영(線形 射影, linear projection)이다.
2. 종종 오차(誤差, error)의 놈(norm)을 정의하는 것이 유용하다. 이 오차는 완전해와 수치해 사이의 차이(差異, difference)이다.
3. 어떤 수치해(유한요소 문제와 적분방정식 문제 모두의)는 정사영(正射影, 수직투영(垂直 投影), orthogonal projection)이다. 더욱이, 정사영은 어떤 오차 놈(error norm)을 최소(最小)로 하는 수치해이다.

5.2절과 5.3절은 장 계산을 전개하는 알고리즘을 이해하기 위해 필요한 어떤 일반적으로 알려져 있는 수학적 개념을 제공한다. 5.2절은 유한요소법, 적분방정식법의 전개에 사용되는 어떤 특별한 선형 공간과, 그 해(解)에서의 오차의 norm을 나타낸다. 5.3절은 연산자의 개념의 정의를 준다. 이 장에서 보여진 바와 같이, 유한요소법이든 적분방정식법이든 출발 방정식(出發 方程式, starting equation)은 간단한 연산자 방정식(演算子 方程式, operator equation)에 의해 나타내어질 수 있다. 이 연산자 방정식에는, 미분의 연산(유한요소법에서)이나 적분의 연산(적분방정식법에서)을 나타내는 한 개의 연산자가 있다. 이 연산자 방정식은 장 계산에서 사용하는 기본 알고리즘의 한결 같은 표현과 논의를 위한 간결(簡潔)하고 똑바른 수

단(手段, means)을 준다.

5.4절은, 유한요소법과 적분방정식법을 결합하는데 있어서, 알고리즘을 전개하기 위해 사용되는 어떤 접근법을 나타낸다. 이 접근법은 레일레이(레일리)-리츠 접근(Rayleigh-Ritz approach)과 갈러킨(Galerkin) 그리고 그것과 관련된 접근법이다. Galerkin 접근은, Rayleigh-Ritz 접근보다 더 간단하며 더 융통성이 있다는 생각으로, 이 책의 나머지를 통해 사용된다.

5.5절과 5.6절은 유한요소법과 적분방정식법을 각각 나타낸다. 이 방법들은, 연산자 방정식의 사용과 함께, 일반적인 방식으로 표현된다.

독자는 이 방법들이 이 장(章)에서 그리고 다시 6장, 7장, 그리고 9장에서 표현되는지 의아할 수 있다. 그 이유는 여기에서의 표현의 목적이 6장, 7장 그리고 9장에서 보이는 그것과는 매우 다르기 때문이다. 여기에서의 목적은 다음과 같다:

1. 이 방법의 기본적인 요소를 나타낸다.
2. 유한요소법과 적분방정식법 사이의 어떤 유사성(類似性, similarity)을 보인다.
3. 유한요소법에 의하든 적분방정식법에 의하든 얻어지는 선형 문제의 수치해는, 사실, 완전해의 유한 차원 부분 공간(有限 次元 部分 空間, finite dimensional subspace)으로의 선형 사영임을 볼 수 있는 어떤 방정식을 전개한다.

그 대신으로, 6장, 7장, 그리고 9장의 목적은 독자에게 이 방법들의 실제 작동에 대한 이해를 주기 위해 유한요소법과 적분방정식법을 충분히 상세하게 나타내는 것이다. 그 장(章)들에서 표현되는 상세함의 정도(程度, degree)는 필연적으로 방법의 *기본적인 성질(basic property)*이 독자에 의해 쉽게 보여질 수 있게 하는 것에 크게 따른다. 그 장(章)들에서, 다른 방식으로 나아가면 "나무 때문에 숲을 보는(see the forest because of the trees)" 것을 쉽게 실패할 수 있다.

5.5절과 5.6절에서 연산자 표기(演算子 表記, operator notation)의 사용 때문에, 초보(初步)인 독자(initiated reader)는 어느 정도 막연(漠然)하고 추상적(抽象的)인 유한요소법과 적분방정식법의 표현을 느낄 수 있다. 만약 그렇다면, 독자는 보통 사용되는 많은 미분과 적분 연산자가 표현되고 정의된 6장과 9장으로 방향을 바꾸는 것을 권한다.

5.7절의 목적은 선형 장 문제에 대한 수치해(유한요소법에 의해서건 적분방정식법에 의해서건)가, 사실, 완전해의 유한 차원 부분 공간으로의 선형 사영임을 보이는 것이다. 이것은 먼저 선형 사영을 정의하고, 그 다음 선형 문제에 대한 수치해가 그 정의에 일치함을 보이는 것으로 이루어진다.

5.8절은 먼저 직교(直交, orthogonal) 선형 사영을 정의하고 논의한다. 그 다음 정사영에 기인한 오차가 임의의 직교가 아닌 사영(any nonorthogonal projection)에

기인한 오차보다 오차 놈(error norm)이 더 적음을 보인다. 마지막으로, 이 책에서 표현된 해(解, solution)가 정사영인지 직교가 아닌 사영인지를 구별하여 유한요소법과 적분방정식법을 사용한다.

5.2 SPECIAL SPACES IN FIELD COMPUTATIONS

5.2.1 Metric Spaces

거리 공간(*距離* 空間, *metric* space)에서, 공간의 임의의 두 요소 x와 y 사이의 *거리* (*距離, distance*) $d(x, y)$를 정의한다(Ref. 1, pp. 99-101). 그러면 $d(x, y)$는 다음의 성질을 갖는 x와 y의 함수이다:

$$d(x, y) = d(y, x) \tag{5.2.1-1}$$

$$d(x, y) \geq 0 \tag{5.2.1-2}$$

$$d(x, y) = 0, \text{ if and only if } x = y \tag{5.2.1-3}$$

$$d(x, z) \leq d(x, y) + d(y, z) \tag{5.2.1-4}$$

거리 공간은 반드시 선형 공간은 아니다.

장(場) 계산에서, 정확한 장(exact field) $\boldsymbol{\gamma}$와 수치적으로 계산된 근사 장 $\boldsymbol{\beta}$는 같은 선형 공간의 요소이다. 이 선형 공간이 거리 공간이라면, 그러면 정확한 장과 수치적으로 계산된 장 사이의 거리 $d(\boldsymbol{\gamma}, \boldsymbol{\beta})$를 정의하였다. 아래에서 보여진 바와 같이, 거리는 계산에서 오차의 편리한 측도(測度, measure)이다. 덧붙여, 이 거리는 사용하는 어떤 알고리즘의 경우에는 아주 중요하다.

5.2.2 Completeness of a Metric Space

거리 공간에서 요소 x_k의 수열(數列, sequence)을 고려한다. 임의의 $\varepsilon > 0$에 대하여,

$$d(x, x_k) < \varepsilon \quad \text{for} \quad k > N$$

와 같은 지표(指標, index) N이 있으면 x_k는 *수렴(收斂)한다(converge)*고 말한다. 더욱이, 모든 $\varepsilon > 0$에 대하여,

$$d(x_m, x_p) \leq \varepsilon \quad \text{for} \quad m, p > N$$

인 지표 N이 있으면 수열 $\{x_k\}$는 *코시* 수열(*Cauchy* sequence)이다.

수열 $\{x_k\}$가 수렴하면, 그것은 Cauchy 수열임을 볼 수 있다(Ref. 1, p.100).

공간에 있는 모든 Cauchy 수열이 그 공간 내의 요소로 수렴하는 거리 공간은

*완비(完備, complete)*라고 말한다.

완비성(完備性, 완전성(完全性), 범주성(範疇性), completeness)의 의미에 대한 감각(感覺, feeling)을 주기 위해, Stakgold는 완비가 아닌 거리 공간을 보인다(Ref. 1, pp. 101-102). 특히, 그것은 거리

$$d(x, y) = |x - y|$$

를 가지는 유리수(有理數, rational number)의 공간이다. 그는 무리수(無理數, irrational number)로 수렴하는 공간 내에 있는 Cauchy 수열을 찾음으로써 이 공간이 완비가 아님을 증명한다. 유리수의 공간은 그렇지 않으면 무리수에 의해 점유될 무한(無限)히 작은 틈들(infinitesimal gaps)로 가득 차 있기 때문에 완비가 아니라고 생각할 수 있다.

5.2.3 *Normed Linear Spaces*

놈 선형 공간(normed linear space)은 x의 놈(norm)으로 알려진 실수 값 함수(실함수(實函數), real-valued function) $\|x\|$이 정의된 선형 공간이다. 그것은 임의의 실수(實數, real number) b에 대하여

$$\|x\| \geq 0 \tag{5.2.3-1}$$

$$\|x\| = 0, \text{ if and only if } x = 0 \tag{5.2.3-2}$$

$$\|bx\| = |b|\ \|x\| \tag{5.2.3-3}$$

그리고

$$\|x_1 + x_2\| \leq \|x_1\| + \|x_2\| \tag{5.2.3-4}$$

와 같은 성질을 가진다. Norm 선형 공간은

$$d(x, y) = \|x - y\| \tag{5.2.3-5}$$

에 의해 거리 $d(x, y)$가 정의되면 거리 공간임에 유의하라. 식 (5.2.3-5)에 의해 주어진 것과 같은 $d(x, y)$를 *놈으로 형성된 자연 거리(自然 距離)(natural metric generated by the norm)*라 부른다.

식 (5.2.3-5)에 의해 주어진 거리의 정의는 알고리즘의 연구에서 사용하기에 편리한 한 가지 이다. $\boldsymbol{\gamma}$가 문제에 대한 완전해 그리고 $\boldsymbol{\beta}$가 수치적으로 계산된 해라고 하자. 그러면, 아래에서 보는 바와 같이, 계산에 있어서의 오차의 편리한 측도(測度)(convenient measure)는

$$\|\boldsymbol{\gamma} - \boldsymbol{\beta}\| = d(\boldsymbol{\gamma}, \boldsymbol{\beta}) \tag{5.2.3-6}$$

이다.

$$\boldsymbol{\varepsilon} = \boldsymbol{\gamma} - \boldsymbol{\beta}$$

에 의해 주어진 $\boldsymbol{\varepsilon}$을 *오차(誤差, error)*, 그리고 식 (5.2.3-6)에서 주어진 것과 같은 $\boldsymbol{\varepsilon}$의 norm을 *오차 놈(error norm)*이라 부른다.

5.2.4 Inner Product Spaces, Hilbert Spaces, and Orthogonality

실 선형 공간(*實* 線形 空間, real linear space)에서의 *내적(內積, inner product)* $\langle x, y\rangle$는 실수 값(real-valued), 대칭(對稱, symmetric), 정정(正定, positive-definite) 쌍일차형(雙一次形, bilinear form)이다. 즉, 그것은 다음과 같은 성질을 가진다:

$$\langle x, y\rangle = \langle y, x\rangle \tag{5.2.4-1}$$

$$\langle bx, y\rangle = b\langle x, y\rangle \tag{5.2.4-2}$$

$$\langle x_1 + x_2, y\rangle = \langle x_1, y\rangle + \langle x_2, y\rangle \tag{5.2.4-3}$$

$$\langle x, x\rangle \geq 0 \tag{5.2.4-4}$$

$$\langle x, x\rangle = 0, \text{ if and only if } x = 0 \tag{5.2.4-5}$$

내적을 정의하는 선형 공간은 *내적 공간(內積 空間, inner product space)*이다. 식 (5.2.3-1), (5.2.3-2), (5.2.3-3) 및 (5.2.3-4) 그리고 식 (5.2.4-1), (5.2.4-3), (5.2.4-4) 및 (5.2.4-5) 뿐만 아니라 슈바르츠의 부등식(不等式)(Schwartz's inequality)*으로부터,

$$\langle x, x\rangle^{1/2}$$

이 내적 공간에서의 norm임을 볼 수 있다. 즉, 내적은 *자연(自然) 놈(natural norm)*

$$\|x\| = \langle x, x\rangle^{1/2} \tag{5.2.4-6}$$

을 가진다. 그리고 norm이 자연 거리(natural metric)를 형성하기 때문에,

$$d(x, y) = \|x - y\| = \langle x - y, x - y\rangle^{1/2} \tag{5.2.4-7}$$

을 가진다. 자연 거리 내에서 완비(完備, complete)인 내적 공간은 *힐베르트(힐버트) 공간(Hilbert space)*이라 불린다.

내적 공간(또는 Hilbert 공간)의 요소 x와 y는

* Schwartz의 부등식은, 임의의 내적 공간에서, 그 공간 내의 x와 y에 대해 $\langle x, y\rangle^2 \leq \langle x, x\rangle\langle y, y\rangle$를 말한다.

$$\langle x, y \rangle = 0 \tag{5.2.4-8}$$

라면 서로 *직교(直交, orthogonal)*이다. 아래에서 보여지는 바와 같이 직교성(直交性, orthogonality)의 이러한 성질은 장 계산에서 사용하는 많은 알고리즘에서 중요한 부분으로 작용한다.

5.3 OPERATORS IN FIELD CALCULATIONS

연산자의 가치는 간단하고 통합된 방식으로 장 문제(그리고 그 위에 다른 문제)를 나타내는 편리한 방법이라는 것이다. 즉, 장 문제는 방정식

$$K\boldsymbol{\gamma} = \mathbf{g} \tag{5.3-1}$$

에 의해 나타내어질 수 있다. 여기서 $\boldsymbol{\gamma}$는 완전해(exact solution)(정확한 장(field))이며 K는 연산자이다. K가 미분 연산자(微分 演算子, differential operator)라면, 이 방정식은 미분방정식을 나타낸다. 이 절(節)의 목적은 그러면 연산자에 대해 논의하고 적분과 미분방정식, 즉 적분방정식과 유한요소 문제를 나타내는데 그것을 사용하는 것이다. 각 장 문제는, 유한요소법에 의해 풀리든 적분방정식법에 의해 풀리든, 식 (5.3-1)의 형태의 방정식에 의해 나타내어질 것이다. 더한 목적은 이 방정식이 사영법(射影法, projection method)의 전개에 사용하기에 적합할 것이라는 것을 보는 것이다.

기본적으로 연산자는 함수의 어떤 형태이다. 예를 들어, 방정식

$$y = f(x)$$

에서 함수 f는 집합(集合, set) X에 있는 요소 x를 집합 Y에 있는 요소 y로 사상(寫像)한다(map). 즉, 집합 X에 있는 각 요소 x를 집합 Y에 있는 요소 y와 관련시킨다. 집합 X는 함수 f의 *영역(領域, domain; 정의(구)역(定義(區)域, domain of definition)* D라 불리며, 집합 Y는 함수 f의 *치역(値域, range)* R이라 불린다.

같은 방식으로, 연산자 K는 집합 S의 요소 $\boldsymbol{\gamma}$를 집합 S의 다른 요소 $\mathbf{g}$로 사상한다. 이것을 다음과 같이 쓴다:

$$K\boldsymbol{\gamma} = \mathbf{g} \tag{5.3-2}$$

다시, 그러한 요소 $\boldsymbol{\gamma}$의 집합은 K의 *영역(domain)*이라 불리며, S의 그러한 요소 $\mathbf{g}$는 K의 *치역(range)*이라 불린다.

연산자는 R 내의 임의의 요소 $\mathbf{g}$가 D 내의 하나의 그리고 오직 하나의 $\boldsymbol{\gamma}$에 대

응되면 (필요충분) *일대일 (대응)(一對一 (對應), one to one)*이다. *일대일 대응(one-to-one)* 연산자는 그러므로 가역(可逆)이다(invertible). 즉, K의 역(逆, inverse) K^{-1}를

$$K^{-1}\mathbf{g} = \boldsymbol{\gamma} \tag{5.3-3}$$

에 의해 정의할 수 있다. 그러면 K는 K^{-1}의 영역이며 K의 영역은 K^{-1}의 치역이다.

연산자는

$$K(\boldsymbol{\gamma}_1 + \boldsymbol{\gamma}_2) = K\boldsymbol{\gamma}_1 + K\boldsymbol{\gamma}_2 \tag{5.3-4}$$

와

$$K(b\boldsymbol{\gamma}) = bK(\boldsymbol{\gamma}) \tag{5.3-5}$$

이면 *선형(線形, linear)*이다. 여기서 b는 스칼라(scalar)이다. D 내의 모든 $\boldsymbol{\gamma}$에 대해 식 (5.3-4)와 (5.3-5)가 유지되기 위해서는, D와 R이 *선형 공간(linear space)*이 되는 것이 필요하다는 것에 유의하라. 따라서 연산자는 그것의 치역과 영역이 선형 공간일 때*만* 선형이다. 바꾸어 말하면, 연산자가 선형이 되기 위해서는 다음과 같은 두 가지 요구가 충족되어야 한다:

1. 그것이 나타내는 연산(미분, 적분, 기타 등등)이 선형이어야 한다.
2. 연산자의 영역과 치역이 선형 공간이어야 한다.

5.4 APPROACHES USED IN OBTAINING APPROXIMATE SOLUTIONS TO FIELD PROBLEMS

이 절(節)은, 개괄적(概括的)인 말로, 선형 장 문제에 대한 해를 얻는데 사용되는 접근법을 나타낸다. 이 접근법은 유한요소법과 적분방정식법 둘 다와 함께 사용된다.

일반적으로, 수치 장 문제에서 사용되는 단계(段階, step)(유한요소법이든 적분방정식법이든 과 함께)는 다음과 같다:

1. 문제를 정의하고 (3장에서 논의된 것처럼) 사용하는 풀이 방법(유한요소법 또는 적분방정식법)을 결정한다. 이것은 계산되는 장(場), 풀어지는 방정식, 문제 영역, 그리고 적용할 수 있다면, 임의의 경계조건 등을 정의하는 것을 포함한다.
2. 문제에 대한 Hilbert 공간 $\mathscr{H}$를 정의한다*. 이것은 $\mathscr{H}$의 요소와, 임의의 두 요소

* 선점법 접근(選點法 接近, collocation approach)에서는, 아래의 5.6.2절에서 설명되는 바와 같이, 내적을 정의하지 않는다. 그러므로, 이 접근과 적분방정식법에서는, *Hilbert* 공간이 아니라 *선형* 공간을 정의한다.

사이의 내적을 정의함을 의미한다. $\mathscr{H}$의 각 요소는 문제 영역에서 정의된 공간 좌표의 함수이다. 아래에서 보여지는 바와 같이, 이 요소는, 유한요소법과 같이 사용될 때, 어떤 경계조건을 만족하는 것을 요구한다.

3. 문제 영역에 대한 절점과 유한요소를 전개한다. 이 절점이 *능동 절점(能動 節點, active node point)*(아래에서 논의되는 바와 같이, 장 또는 원천 분포가 계산되는) 인지를 결정한다(능동 절점의 수(數)는 N_a이다).
4. 이 유한요소에 대하여 형상 함수와 국부-지원(local-support) 기저 함수를 정의한다(4장에서 논의된 것처럼). 정확하게 각 절점에 한 개의 기저 함수가 대응된다.
5. 사용된 접근과 방법, 풀어지는 방정식, 그리고 정의된 기저 함수에 기초를 두어, 능동 절점에서의 장 또는 원천 값으로 선형 방정식의 집합을 세운다.
6. 능동 절점에서의 장 또는 원천에 대한 이 선형 방정식의 집합을 푼다.
7. 적분방정식법이 사용되었으면, 6단계에서 계산된 원천에 기초를 두어, 그 다음 임의의 원하는 점에서의 장을 계산한다.

이 단계의 어떤 것은 여기에서 깨닫기에는 막연하고, 추상적이며, 어렵게 보일 수 있지만, 이 책의 나머지에서 여러 번 예증(例證)됨으로써 훨씬 분명하게 될 것이다.

위의 단계 2에서 논의된 Hilbert 공간에 관한 약간의 주석(註釋, comment)을 한다. 이 절에서 논의된 임의의 접근법에 의해, 그리고 적분방정식법이든 유한요소법이든 에 의해, 풀어지는 거의 모든 수치 장 문제는 그것을 특정한 Hilbert 공간과 관련시킨다*. 한편, 장 계산에 관한 많은 문헌들이, 필요가 없기 때문에, 그 알고리즘과 관련된 Hilbert 공간을 언급하지 않았다. 더욱이, 독자는 "*실로*(really) 하기를 원하는 것이 장을 계산하는 것일 때 왜 Hilbert 공간을 정의하는가?"하는 것을 당연히 느낄 수 있다. 확실히, 독자가, 어려움없이, 위의 단계 1, 3, 4, 그리고 5를 완료(完了)할 수 있으면, 그러면 Hilbert 공간의 요소와 내적을 정의하는 절차를 할 필요가 없다. 하지만, 어떤 문제의 경우에, 독자가 이 단계를 어떻게 마치는지를 이해하는데 어려움을 갖는다고 가정한다. 이 상황에서는, Hilbert 공간의 신중(愼重)한 정의, 즉 그 요소와 내적이 알고리즘의 구성과 문제의 풀이를 분명하게 하는데 충분히 도움이 된다는 것이 저자의 믿음이다. 이런 이유로 Hilbert 공간이 이 책의 나머지에서 표현되는 모든 알고리즘과 문제에 대해 정의되었다.

위의 단계 3을 참조하면, 적분방정식법에서 사용되는 모든 절점은 능동 절점이다. 유한요소법에서는, 어떤 절점의 장(場) 값(field value)은, 어떤 디리끌레 경계조

* 앞 페이지의 각주(脚註)를 참조하라.

건(境界條件)(Dirichlet boundary condition)을 만족하기 위하여, 문제의 시작에서 설정된다. 이것은 6장의 알고리즘에서 이루어지는데, 이러한 절점은 디리끌레 절점(Dirichlet node point)이라 불린다. 유한요소법에서 나머지 모든 절점(대부분)은 능동 절점이라 불린다. 적분방정식법에 의하든 유한요소법에 의하든, 모든 능동 절점에서의 장 또는 원천 밀도는 위의 단계 6에서 계산된다.

단계 4에서는, 각 절점에 대한 기저 함수를 세운다. 이 기저 함수는 $\mathcal{H}$의 부분공간(部分 空間, subspace)인 유한 차원 Hilbert 공간 $\mathcal{H}_N$의 기저를 이룬다. $\mathcal{H}_N$의 차원(次元, dimension)은 문제에서의 절점의 수와 꼭 같다.

단계 5에서 장 계산을 위한 선형 방정식 집합을 구성하기 위해 일반적으로 사용되는 2가지 접근법이 있다. 첫째로, Rayleigh-Ritz 접근은 5.4.1절에서 표현된 반면, Galerkin 그리고 그것에 관련된 접근은 5.4.2절에서 표현되었다. 주어진 문제의 경우, 위의 단계 1, 2, 3, 그리고 4에서 정의된 것처럼, Rayleigh-Ritz 접근과 Galerkin 접근은 단계 5에서 선형 방정식의 같은 집합에 이른다. 여기에서의 논의 후에, 이 책의 나머지를 통하여 Galerkin 접근을 사용한다. Galerkin 접근은 Rayleigh-Ritz에 비하여 2가지 이점을 가진다고 생각한다:

1. 이행하기가 더 간단한 접근이다.
2. 자기-수반(自己-隨伴, self-adjoint)이 아닌 연산자를 가진 문제에 쉽사리 적용될 수 있다.

이 책에서 논의되는 문제를 포함하여, 대부분의 유한요소 장 문제의 경우, 비제차(非齊次, nonhomogeneous)(0이 아닌) Dirichlet 경계조건과 함께 사용되는 연산자는 자기-수반이 아니라는 것이 보여질 수 있다.

이 곳에서부터 이 장(章)의 끝까지, 5.3절에서 논의된 것과 같은 연산자 표기(演算子 表記, operator notation)가 사용되었다. 즉, 연산자 표기는 유한요소법에서의 미분의 연산과 적분방정식법에서의 적분의 연산 모두를 표현하기 위해 사용되었다. 사실, 이 장의 나머지에서 나타나는 많은 연산자는 적분 또는 미분 *어느 것이든* 나타낼 수 있다. 마찬가지로, 여기서 나타나는 많은 연산자 방정식은 유한요소법 또는 적분방정식법 어느 것이든 나타낼 수 있다. 이 방식에서, 연산자 표기의 사용은 수치 장 계산의 통합적 관점(統合的 觀點, unified view)을 주는데 크게 도움이 된다.

5.4.1 Rayleigh-Ritz Approach

이 절(節)은, 적분방정식 문제에 적용되는 것으로서, 풀이의 Rayleigh-Ritz법을 나타내고 논의한다. 이 방법이 적분방정식법과 유한요소법 둘 다에 의한 장 계산에 적용되었다(Refs. 5, 6). (유한요소법에 대한 Rayleigh-Ritz 접근의 적용은, 부분 적분(部分 積分, integration by parts)의 적용에 기인(起因)하여, 여기에서 주어진 유도(誘導, derivation)와는 어느 정도 다르다.)

방정식

$$K\boldsymbol{\gamma} = \mathbf{g} \tag{5.4.1-1}$$

에서 $\boldsymbol{\gamma}$와 $\mathbf{g}$는 Hilbert 공간 $\mathscr{H}$의 요소이며, 연산자 K의 영역 D_k는 정확히 $\mathscr{H}$라고 가정한다. 더욱이, K는 선형(linear), 자기-수반(self-adjoint), 그리고 정정(正定, positive definite)이라고 가정한다. 자기-수반에 의해, $\mathscr{H}$의 임의의 요소 $\mathbf{u}$와 $\mathbf{v}$에 대해

$$\langle K\mathbf{u}, \mathbf{v}\rangle = \langle \mathbf{u}, K\mathbf{v}\rangle \tag{5.4.1-2}$$

가 된다. 정정(正定)에 의해, $\mathscr{H}$의 임의의 요소 $\mathbf{u}$에 대해

$$\langle K\mathbf{u}, \mathbf{u}\rangle \geq 0 \tag{5.4.1-3}$$

가 된다. K가 정정이기 때문에, 식 (5.4.1-1)은 오직 한 개의 해(解, solution)만을 가짐을 안다(Ref. 6, p. 74).

$$F(\mathbf{u}) = \langle K\mathbf{u}, \mathbf{u}\rangle - 2\langle \mathbf{g}, \mathbf{u}\rangle \tag{5.4.1-4}$$

와 같이 주어지는 2차 범함수(二次 汎函數, quadratic functional)를 고려한다. 식 (5.4.1-4)에서, $\mathbf{u}$는, 다시, $\mathscr{H}$의 요소이다; 그리고 F는 그 영역 D_F가 선형 공간(이 경우에는, $\mathscr{H}$) 내에 놓여 있으며 그 치역은 실수의 공간(실수 공간(實數 空間), space of real number) 내에 놓여 있기 때문에 범함수(汎函數, functional)라 불린다. *최소 범함수 정리(最小 汎函數 定理, minimal functional theorem)*(Ref. 8, pp. 74-76과 Ref. 1, pp. 245-246)에 의해, 2가지 결과를 가진다:

1. $F(\mathbf{u})$가 어떤 함수 $\boldsymbol{\gamma}$에 대해 그 최소치(最小値, minimum value)에 도달하면, 그러면 $\boldsymbol{\gamma}$는 식 (5.4.1-1)의 해이다..
2. 식 (5.4.1-1)이 해 $\boldsymbol{\gamma}$를 가지면, 그러면 $F(\mathbf{u})$는 $\mathbf{u} = \boldsymbol{\gamma}$인 경우에 그 최소치에 도달한다.

이 결과는 쉽게 증명된다. 결과 1의 경우,

$$F(\boldsymbol{\gamma}) \leq F(\mathbf{u}) \tag{5.4.1-5}$$

를 가정한다. 여기서 $\mathbf{u}$는 $\mathscr{H}$의 임의의 요소이다. 그러면 $\mathbf{u}$를

$$\mathbf{u} = \boldsymbol{\gamma} + \varepsilon\boldsymbol{\eta} \tag{5.4.1-6}$$

와 같이 나타낼 수 있다. 여기서 ε은 실수(實數, real number)이고 $\boldsymbol{\eta}$는 $\mathscr{H}$의 임의의 요소이며, 그리고 이 식으로부터

$$\frac{d\mathbf{u}}{d\varepsilon} = \boldsymbol{\eta} \tag{5.4.1-7}$$

이다. 식 (5.4.1-4)와 (5.4.1-7)로부터,

$$\frac{dF(\mathbf{u})}{d\varepsilon} = \langle K\mathbf{u}, \boldsymbol{\eta}\rangle + \langle K\boldsymbol{\eta}, \mathbf{u}\rangle - 2\langle \mathbf{g}, \boldsymbol{\eta}\rangle$$

와 K가 자기-수반이기 때문에,

$$\frac{dF(\mathbf{u})}{d\varepsilon} = 2\langle K\mathbf{u} - \mathbf{g}, \boldsymbol{\eta}\rangle$$

그리고 식 (5.4.1-6)과 함께

$$\frac{dF(\mathbf{u})}{d\varepsilon} = 2\langle K\boldsymbol{\gamma} - \mathbf{g}, \boldsymbol{\eta}\rangle + 2\varepsilon\langle K\boldsymbol{\eta}, \boldsymbol{\eta}\rangle \tag{5.4.1-8}$$

을 가진다. $\boldsymbol{\gamma}$가 범함수를 최소화하기(minimize) 때문에, 식 (5.4.1-6)으로부터,

$$\left.\frac{dF(\mathbf{u})}{d\varepsilon}\right|_{\varepsilon=0} = 0$$

을 보며, 이것과 식 (5.4.1-8)과 함께

$$\langle K\boldsymbol{\gamma} - \mathbf{g}, \boldsymbol{\eta}\rangle = 0 \tag{5.4.1-9}$$

를 산출한다. $\boldsymbol{\eta}$가 $\mathscr{H}$의 임의의 요소일 수 있기 때문에, 결과 1이 증명되는

$$K\boldsymbol{\gamma} - \mathbf{g} = 0 \tag{5.4.1-10}$$

을 본다.

결과 2의 경우,

$$K\boldsymbol{\gamma} = \mathbf{g} \tag{5.4.1-11}$$

를 가정한다. 식 (5.4.1-11)로부터 $\mathbf{g}$를 식 (5.4.1-4)에 대입(代入)하면,

$$F(\mathbf{u}) = \langle K\mathbf{u}, \mathbf{u}\rangle - 2\langle K\boldsymbol{\gamma}, \mathbf{u}\rangle$$

를 가진다. K의 자기-수반 성질을 사용하는 몇 단계의 조작(操作, manipulation) 후에,

$$F(\mathbf{u}) = \langle K(\mathbf{u}-\boldsymbol{\gamma}), \mathbf{u}-\boldsymbol{\gamma}\rangle - \langle K\boldsymbol{\gamma}, \boldsymbol{\gamma}\rangle$$

를 얻는다. 이 식으로부터, $\mathbf{u} = \boldsymbol{\gamma}$라 두면,

$$F(\boldsymbol{\gamma}) = -\langle K\boldsymbol{\gamma}, \boldsymbol{\gamma}\rangle$$

를 가져,

$$F(\mathbf{u}) = \langle K(\mathbf{u}-\boldsymbol{\gamma}), \mathbf{u}-\boldsymbol{\gamma}\rangle + F(\boldsymbol{\gamma})$$

가 된다. 마지막으로, 이 식과 K의 정정성(正定性, positive definiteness)으로부터, 결과 2가 증명되는

$$F(\mathbf{u}) \geq F(\boldsymbol{\gamma})$$

를 가진다.

식 (5.4.1-1)의 완전해를 얻기 위해 이 결과의 첫 번째 것을 사용할 수 있다. 이것을 하기 위해서는, (a) 식 (5.4.1-4)에 있는 범함수 $F(\mathbf{u})$를 세우고 (b) 이 범함수를 최소화하는 $\mathbf{u}$의 값을 찾아야 할 것이다. 이것은 풀이(solution)의 *변분*법(*變分*法, *variational* method)이라 불린다(Ref. 1, p. 245).

논리의 작은 단계(small step of logic)에 의해, 완전해 $\boldsymbol{\gamma}$를 찾기 위한 변분법을 근사해 $\boldsymbol{\beta}$를 찾기 위한 방법으로 고칠 수 있다. 여기에서, $\boldsymbol{\beta}$는 식 (4.2-1)로 주어진 N개의 기저 요소(基底 要素, basis element)의 선형 결합(線形 結合, linear combination)이다. (즉, $\boldsymbol{\beta}$는 Hilbert 공간 $\mathcal{H}$의 N-차원 부분 공간인 $\mathcal{H}_N$의 요소이다. 여기서 $\mathcal{H}_N$은 부분 공간 S_N과 같은 요소를 가진다. 즉, $\mathcal{H}_N$은, 기저(基底, basis)로서, 기저 함수 $\boldsymbol{\alpha}_1, \boldsymbol{\alpha}_2, \cdots, \boldsymbol{\alpha}_N$을 가진다.)

정확하게는,

$$\mathbf{w} = \sum_{i=1}^{N} w_i \boldsymbol{\alpha}_i \tag{5.4.1-12}$$

로 주어지는 $\mathcal{H}_N$의 임의의 요소 $\mathbf{w}$를 두고 그 다음

$$\boldsymbol{\beta} = \sum_{i=1}^{N} \beta_i \boldsymbol{\alpha}_i \tag{5.4.1-13}$$

으로 $\mathscr{K}_N$ 내의 모든 **w**에 대해

$$F(\boldsymbol{\beta}) \le F(\mathbf{w}) \tag{5.4.1-14}$$

가 되는 **β**를 찾는다. **β**를 계산하기 위한 이 방법은 *레일레이-릿츠*법(*Rayleigh-Ritz* method)으로 알려져 있다(Ref. 1, pp. 248-250). 직감(直感, intuition)은 완전해가 $\mathscr{K}$에 걸쳐 $F(\mathbf{u})$를 최소화함으로써 얻어질 수 있기 때문에, 그러면 좋은 근사해가 $\mathscr{K}_N$에 걸쳐 $F(\mathbf{w})$를 최소화함으로써 얻어질 수 있다는 것을 말해준다.

연산자 K가 정정(正定)이기 때문에, 식 (5.4.1-12)에서 $F(\mathbf{w})$를 계수(係數, coefficient) $w_1, w_2, \cdots, w_N$에 관해 정류(停留, stationary)로 만듦으로써 간단히 $F(\mathbf{w})$를 최소화하는 **w**의 값을 찾을 수 있다. 즉,

$$\frac{\partial F(\mathbf{w})}{\partial w_i} = 0, \quad 1 \le i \le N \tag{5.4.1-15}$$

인 **w**를 찾는다. 식 (5.4.1-4)와 (5.4.1-15)를 결합하면

$$\frac{\partial F(\mathbf{w})}{\partial w_i} = \langle K\mathbf{w}, \frac{\partial \mathbf{w}}{\partial w_i}\rangle + \langle K\frac{\partial \mathbf{w}}{\partial w_i}, \mathbf{w}\rangle - 2\langle \mathbf{g}, \frac{\partial \mathbf{w}}{\partial w_i}\rangle = 0$$

을 산출하며 K가 자기-수반이기 때문에,

$$0 = \langle K\mathbf{w} - \mathbf{g}, \frac{\partial \mathbf{w}}{\partial w_i}\rangle, \quad 1 \le i \le N \tag{5.4.1-16}$$

을 가진다. 더욱이, 식 (5.4.1-12)를 미분하면

$$\frac{\partial \mathbf{w}}{\partial w_i} = \boldsymbol{\alpha}_i$$

를 산출하여 식 (5.4.1-16)은

$$0 = \langle K\mathbf{w} - \mathbf{g}, \boldsymbol{\alpha}_i\rangle, \quad 1 \le i \le N \tag{5.4.1-17}$$

이 된다. 식 (5.4.1-17)에서 함수 **w**가 바로 $F(\mathbf{w})$를 최소화하는 $\mathscr{K}_N$의 요소이기 때문에, 그러면 이 **w**는 **β**와 같아서(부등식 (5.4.1-14)로부터),

$$0 = \langle K\boldsymbol{\beta} - \mathbf{g}, \boldsymbol{\alpha}_i\rangle, \quad 1 \le i \le N \tag{5.4.1-18}$$

이다. 이 식과 5.7절로부터, Rayleigh-Ritz법은, 사실, 사영법(射影法, projection method)임을 본다. 사실, 이 식은 *갈러킨법(Galerkin method)*을 나타낸다. 식 (5.4.1-18)의

계(系, system)는, 식 (4.2-1)과 결합될 때, 그러면 계수 $\beta_1, \beta_2, \cdots, \beta_N$에 대해 풀어질 수 있는 N개의 선형 계 방정식(線形 系 方程式)(system of N linear equations)을 산출한다. 이 계수는 그러면 해(解, solution)를 구성한다.

5.4.2 *Galerkin and Related Approaches*

Galerkin과 그에 관련된 접근법은 사용하는 알고리즘을 생성하기 위해 유한요소법과 적분방정식법 둘 다에서 사용된다. 여기와 다음 절에서 보여지는 것처럼, 이 방법이 선형 장 문제에 적용될 때, 결과로 나타나는 근사해 $\boldsymbol{\beta}$는 완전해 $\boldsymbol{\gamma}$의 유한 차원 Hilbert 공간 $\mathcal{H}_N$으로의 선형 사영(線形 射影, linear projection)이다.

Galerkin 또는 그에 관련된 접근이 단계 5(5.4절의 시작에서 표현된)에서 사용될 때, 후속(後續) 단계는 다음과 같다:

a. *완전*해 $\boldsymbol{\gamma}$로 계 방정식(系 方程式, system of equations)을 세운다. 이 방정식의 수(數) N_a는 능동 절점의 수와 같다.
b. 이 계(系)로부터, $\boldsymbol{\beta}$가 $\boldsymbol{\gamma}$의 $\mathcal{H}_N$으로의 선형 사영이 되는 방식으로, 근사해 $\boldsymbol{\beta}$로 N_a개의 선형 계 방정식(system of N_a linear equations)을 세운다.

5.5절과 5.6절에서 보여지는 바와 같이, 단계 a에서 단계 b로 나아가는 정식화(定式化, formulation)는 유한요소법의 경우는 적분방정식법의 경우와 다르다. 이런 이유로, 단계 a의 계 방정식 만이 여기에서 표현된다.

앞에서와 같이, 풀어지는 연산자 방정식은

$$K\boldsymbol{\gamma} = \mathbf{g} \tag{5.4.2-1}$$

이다. 여기서 K는 $\mathcal{H}$에서의 연산자이며, $\boldsymbol{\gamma}$와 $\mathbf{g}$는 $\mathcal{H}$의 요소이다.

Bubnov-Galerkin법(또는 Galerkin법)의 경우, 계(系, system)

$$\langle K\boldsymbol{\gamma} - \mathbf{g}, \boldsymbol{\alpha}_i \rangle = 0, \quad 1 \le i \le N_a \tag{5.4.2-2}$$

를 가진다(Ref. 5, p. 367). 이 계에서, $\boldsymbol{\alpha}_i$ for $1 \le i \le N_a$는 능동 절점에 대응되는 기저 함수이다.

모멘트법(moment method)은

$$\langle K\boldsymbol{\gamma} - \mathbf{g}, S\boldsymbol{\alpha}_i \rangle = 0, \quad 1 \le i \le N_a \tag{5.4.2-3}$$

에 의해 주어진다(Ref. 5, p. 367과 Ref. 6, pp. 5-7을 보라). 여기서 S는 $\mathcal{H}$에서의 연산자이다. $S = K$인 특별한 경우에는, 최소 자승법(最小 自乘(제곱)法, method of least square)을 가진다(Ref. 5, p. 367):

$$\langle K\boldsymbol{\gamma} - \mathbf{g}, K\boldsymbol{\alpha}_i\rangle = 0, \quad 1 \le i \le N_a \tag{5.4.2-4}$$

여기 5.4.2절에서 표현된 모든 접근법에서, 위의 단계 b에서 언급된 근사해 $\boldsymbol{\beta}$는 $1 \le i \le N_a$에 대한 기저 함수 $\boldsymbol{\alpha}_i$의 선형 결합으로 가정되었다. 위에서 표현된 접근법의 이점 중 한 가지는 내적의 두 번째 인수(引數, argument)로 사용된 $\mathcal{K}$의 요소는 $\boldsymbol{\alpha}_i$ 또는 $\boldsymbol{\alpha}_i$에 대한 어떤 연산의 결과 중 하나라는 것이다. 이것은 이 두 번째 인수를 세우기 위해서, $\boldsymbol{\alpha}_i$를 세울 때 사용된 것과 같은 절점과 유한요소를 사용할 수 있다는 것을 의미한다. 그리고, Galerkin법의 경우, $\boldsymbol{\alpha}_i$ 자체를 이 두 번째 인수로 사용할 수 있다.

마지막으로, Reference 5(p. 367)에 의해 주어진 *가중잔차법(加重殘差法, method of weighted residuals)*을 가진다:

$$\langle K\boldsymbol{\gamma} - \mathbf{g}, \mathbf{p}_i\rangle = 0, \quad 1 \le i \le N_a \tag{5.4.2-5}$$

여기에서 $\mathbf{p}_i$ for $1 \le i \le N_a$는 기저 함수의 다른 집합으로 이루어진다(그것은 $\mathcal{K}_N$ 내에 있을 필요는 없다). (일반적으로, $\mathbf{p}_i$에 대한 지원(支援, support)은 $\boldsymbol{\alpha}_i$에 대한 그것과 같을 필요가 없다. 그리고 $\mathbf{p}_i$를 위해 사용된 절점과 유한요소의 구조(構造, structure)는 $\boldsymbol{\alpha}_i$를 위해 사용된 그것과 같을 필요가 없다.) $\boldsymbol{\alpha}_i$와는 다른 피라미드형 기저 함수의 다른 집합으로 $\mathbf{p}_i$를 세우는 것은 이점(advantage)이 없다. 그것은, 해(solution)에 대한 이점(利點)은 없이, 문제에 의해 요구되는 계산량(計算量, amount of computation)의 증가(增加) 만을 가져올 것이다. 가중잔차법은 단 한 가지의 일반적인 응용을 가진다. 이것은 적분방정식법과 함께 사용되는 *선점 접근(選點 接近, collocation approach)*이다. 그것은 5.6절에서 표현된다.

5.5 FINITE ELEMENT METHOD FOR INTERIOR PROBLEMS

5.5.1 Preliminary Formulation

유한요소법에 의해 풀어지는 선형 내부 장 문제(線形 內部 場 問題, linear interior field problem)를, 일반적인 항으로, 정식화하는 것으로 나아간다. 다시, 문제는, 식 (5.4.2-1)과 같이, 연산자 방정식에 의해

$$K\boldsymbol{\gamma} = \mathbf{g}$$

로 표현된다. 여기서 $\boldsymbol{\gamma}$는 완전해(完全解, exact solution)(장(場), field)이다.

이 식에서 연산자 K는 미분 연산자(微分 演算子, differential operator)이며, 2계(二階, second degree)이다. 더욱이, $\boldsymbol{\gamma}$의 경계조건은 K에 의해 이루어진다. 이것은 이 경계조건을 만족하는 $\boldsymbol{\gamma}$의 요소만을 포함하는 K의 요구되는 영역 D_K에 의해 이루어진다. $\boldsymbol{\gamma}$에 대한 경계조건이 비제차(非齊次, inhomogeneous)이면, D_K는 선형 공간이 아니며 K는 선형 연산자가 아니다. $\boldsymbol{\gamma}$에 대한 경계조건이 제차(齊次, homogeneous)이면, 그러면 D_K는 선형 공간이며 K는 선형 연산자이다(5.3절을 보라).

Galerkin 접근을 사용하여, 이 문제에 대한 일반적인 유한요소 풀이를 전개한다. 앞 절에서 보여진 바와 같이,

$$\langle K\boldsymbol{\gamma}, \boldsymbol{\alpha}_i\rangle = \langle \mathbf{g}, \boldsymbol{\alpha}_i\rangle, \quad 1 \le i \le N_a \tag{5.5.1-1}$$

을 산출하는 식 (5.4.2-2)로 시작한다.

부분 적분에 의해 이 식을 새로운 식으로 변환(變換, transform)하는 것이 유리(有利)하다. 이 부분 적분의 예는 6장에서 주어진다. 이 새로운 식은 미분의 최고 계(最高 階, highest degree)가 1이라는 이점을 가진다. 이것은, 다음에는, 문제 영역에 걸쳐 기저 함수 $\boldsymbol{\alpha}_i$ 만이 연속인 것이 필요하다는 것을 의미한다. 식 (5.5.1-1)이 직접 근사화되면(그 연산자에 있는 2계 미분(second-degree differentiation)으로), $\boldsymbol{\alpha}_i$는 연속이어야 하며 연속 1계 미분(連續 一階 微分, continuous first derivative)을 가질 것이다. 바꾸어 말하면, 부분 적분은 더 복잡한 Hermite 보간 대신에 Lagrange 보간으로 기저 함수를 사용하는 것을 허용한다.

6장에서 보여지는 바와 같이, 식

$$\langle K\boldsymbol{\gamma}, \boldsymbol{\alpha}_i\rangle = F(\boldsymbol{\gamma}, \boldsymbol{\alpha}_i) + C(\boldsymbol{\alpha}_i), \quad 1 \le i \le N_a \tag{5.5.1-2}$$

로 부분 적분을 나타낼 수 있다. F는 쌍일차 범함수(雙一次 汎函數, bilinear functional) 또는 쌍일차형(雙一次形, bilinear form))이며, C는, 얼마간, 어떤 경계조건에 결정되는 선형 범함수(線形 汎函數, linear functional)이다.

부분 적분의 결과의 한 가지는 문제가 이제는 2가지 종류의 경계조건–*필수(必須, essential)* 및 *자연(自然, natural)*–을 가진다는 것이다(Ref. 5, p. 333). 문제 영역이 D이며 그 경계가 ∂D라고 가정한다. 그러면 ∂D는 두 부분으로 이루어진다: 그림 5-1에서 보여진 바와 같이, 필수 경계조건이 부과(賦課)되는 ∂E; 그리고 자연 경계조건이 부과되는 ∂N. 기본적으로, 필수와 자연 경계조건 사이의 차이(差異, difference)는 이것이다: 근사해 $\boldsymbol{\beta}$는 선형 계 방정식(system of linear equations)이 풀어지기 전에 시작에서 필수 경계조건을 만족하는 것이($\boldsymbol{\gamma}$와 같은 방식으로) 요구된다. 그 선형 계(linear system)의 해는 그러면 자연 경계조건을 *근사화하는* $\boldsymbol{\beta}$를 준다.

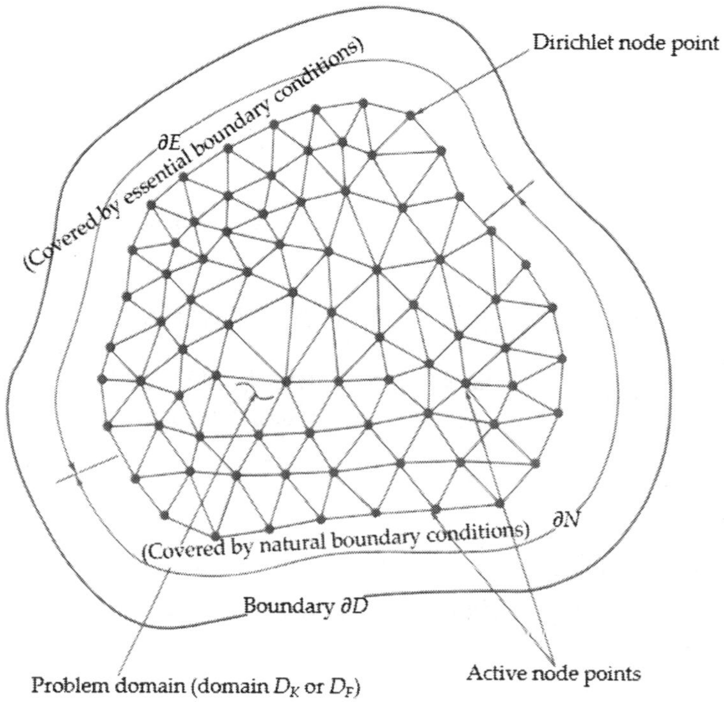

Fig. 5-1. Essential and natural boundary conditions.

필수 및 자연 경계조건의 예는 6장에서 주어진다. 예를 들어, 6장에 있는 문제에서, Dirichlet 경계조건은 필수 경계조건인 반면, Neumann 경계조건은 자연 경계조건이다. 이 책에 있는 문제에서, 선형 범함수 C는 *자연* 경계조건에 의해 결정된다.

식 (5.5.1-1)과 (5.5.1-2)를 결합함으로써,

$$F(\boldsymbol{\gamma}, \boldsymbol{\alpha}_i) = \langle \mathbf{g}, \boldsymbol{\alpha}_i \rangle + C(\boldsymbol{\alpha}_i), \quad 1 \le i \le N_a \tag{5.5.1-3}$$

을 가진다. 근사해 $\boldsymbol{\beta}$는 이것과 같은 식을 만족할 것을 요구한다:

$$F(\boldsymbol{\beta}, \boldsymbol{\alpha}_i) = \langle \mathbf{g}, \boldsymbol{\alpha}_i \rangle + C(\boldsymbol{\alpha}_i), \quad 1 \le i \le N_a \tag{5.5.1-4}$$

5.7절은 이 요구가 $\boldsymbol{\beta}$가 $\boldsymbol{\gamma}$의 유한 차원 부분 공간(finite dimensional subspace)으로의 선형 사영(linear projection)이라는 것을 보장(保障)함을 보인다.

5.5.2 Partition of the Approximate Solution, β

그림 5-1에 보여지고 이 절(節)의 앞에서 논의된 것과 같이, Dirichlet 경계조건(필수인)은 어쨌든 문제 영역의 경계 ∂D의 일부(一部, portion)에 부과된다. 이 경계조건이 부과되는 방식을 설명하는 것으로 나아간다.

4장, 식 (4.2-1)에서 보여진 바와 같이, 근사 유한요소 해 $\boldsymbol{\beta}$는

$$\boldsymbol{\beta} = \sum_{i=1}^{N} \beta_i \boldsymbol{\alpha}_i$$

에 의해 기저 함수 $\boldsymbol{\alpha}_i$의 선형 결합으로 주어진다. 여기서 β_i는, 대부분의 응용에서, 실수(實數)이다.

다음과 같은 단계를 취함으로써 $\boldsymbol{\beta}$에 Dirichlet 경계조건을 부과한다:

1. 문제 정의의 부분으로서, ∂D에 대한 경계조건을 정의한다. 필수 경계조건을 부과하는 ∂D의 부분을 ∂E로 나타낸다. (∂E는 ∂D의 *모두(all)*일 수도 있다.) ∂E에 포함되지 않는 ∂D의 부분은 ∂N이라 불리며 자연 경계조건이 부과되는 부분이다(그림 5-1을 보라).
2. ∂E를 따라 놓인 절점을 *디리끌레 절점(Dirichlet node point)*이라 부른다. 모든 다른 절점은 *능동 절점(active node point)*이다. N_d는 Dirichlet 절점의 수라 말하며, N_a는 능동 절점의 수이어서,

   $$N = N_a + N_d$$

   이다.
3. 각 Dirichlet 절점 i에 대하여, β_i는 그 절점에서의 Dirichlet 경계조건과 같다(이것은, 4장에서 보여진 바와 같이, 그 절점에서의 $\boldsymbol{\alpha}_i$의 값이 단위(單位) 값(unity, 1)이기 때문이다).

$\boldsymbol{\beta}$를

$$\boldsymbol{\beta} = \boldsymbol{\beta}_h + \boldsymbol{\beta}_b \tag{5.5.2-1}$$

로 분할(分割, partition)한다. 여기서 $\boldsymbol{\beta}_h$는 능동 절점에 대응하는 기저 함수의 선형 결합이며, $\boldsymbol{\beta}_b$는 Dirichlet 절점의 기저 함수의 선형 결합이다. 편의(便宜)를 위하여, $1 \le i \le N_a$에 의해 주어지는 능동 절점의 지표(指標, index) i와 $1 + N_a \le j \le N$에 의해 주어지는 Dirichlet 절점의 지표 j를 취한다. 그러면 식 (4.2-1)을

$$\boldsymbol{\beta}_h = \sum_{i=1}^{N_a} \beta_i \boldsymbol{\alpha}_i \tag{5.5.2-2}$$

와

$$\boldsymbol{\beta}_b = \sum_{i=1+N_a}^{N} \beta_i \boldsymbol{\alpha}_i \qquad (5.5.2\text{-}3)$$

으로 분할할 수 있다.

식 (5.5.2-3)에서 계수 β_i는 위의 단계 3에서 Dirichlet 경계조건을 만족하도록 할당(割當)된 바로 그것이다. 그러면, 문제의 출발에서, 일단 $\boldsymbol{\alpha}_i$가 모두 알려지면, $\boldsymbol{\beta}_b$가 고정(固定)된다. 그 후에, 식 (5.5.2-2)에 나타난 β_i를 계산하는 것만 남는다.

5.5.3 Formulation for Computation of $\boldsymbol{\beta}_h$

$\boldsymbol{\beta}_h$의 계산을 위해 이 절(節)의 앞에서 전개한 식의 사용으로 나아간다. 식 (5.5.2-1)을 식 (5.5.1-3)과 (5.5.1-4)에 대입하면

$$F(\boldsymbol{\beta}_h, \boldsymbol{\alpha}_i) = \langle \mathbf{g}, \boldsymbol{\alpha}_i \rangle - F(\boldsymbol{\beta}_b, \boldsymbol{\alpha}_i) - C(\boldsymbol{\alpha}_i) \qquad (5.5.3\text{-}1)$$

과

$$F((\boldsymbol{\gamma} - \boldsymbol{\beta}_b) - \boldsymbol{\beta}_h, \boldsymbol{\alpha}_i) = 0, \quad 1 \le i \le N_a \qquad (5.5.3\text{-}2)$$

를 산출한다. 식 (5.5.3-1)에 있는 $\boldsymbol{\beta}_h$가, 식 (5.5.2-2)와 같이, 기저 함수의 선형 결합으로 전개될 때, 선형 계(linear system)

$$\sum_{j=1}^{N_a} F(\boldsymbol{\alpha}_i, \boldsymbol{\alpha}_j)\beta_j = \langle \mathbf{g}, \boldsymbol{\alpha}_i \rangle - F(\boldsymbol{\beta}_b, \boldsymbol{\alpha}_i) - C(\boldsymbol{\alpha}_i), \quad 1 \le i \le N_a \qquad (5.5.3\text{-}3)$$

을 가진다. 유한요소 장 계산의 핵심(核心, heart)은 이 선형 계 방정식의 풀이이다. 이 책에서 논의된(6장과 10장) 모든 유한요소 문제는 이 계 방정식과 같은 모양이 되게 한다는 점이 강조된다.

더욱이, 식 (5.5.3-2)에 있는 계 방정식을 가지고 출발하여, 5.7절은 $\boldsymbol{\beta}_h$가 기저로서 $\boldsymbol{\alpha}_i$ for $1 \le i \le N_a$를 갖는 유한 차원 Hilbert 공간으로의 $\boldsymbol{\gamma} - \boldsymbol{\beta}_b$의 *선형 사영(線形射影, linear projection)*임을 보인다.

5.6 INTEGRAL EQUATION METHOD

적어도 이 장(章)에서 사용된 개괄적(槪括的)인 표현에서는, 적분방정식법의 정식화가 유한요소법 보다 더 간단하다. 다시, 문제는, 식 (5.4.2-1)과 같이, 연산자 방정식에 의해 표현된다:

$$K\boldsymbol{\gamma} = \mathbf{g}$$

이 식에서 연산자 K는 적분 연산자이다. 전형적으로, K는 원천 문제 영역에 대한 $\boldsymbol{\gamma}$의 적분을 포함한다. 9장에서 예증되는 바와 같이, 임의의 경계조건은 K에 의해서가 아니라 그 대신에 우변 함수(右邊 函數, right-hand function) $\mathbf{g}$에 의해 이루어진다. 그 결과로서, D_k는 선형 공간이며 K는, 이 경우에는, 선형 연산자이다. 더욱이, K가 *적분* 연산자이기 때문에, 부분 적분이 필요하지 않다. 경계조건이 $\boldsymbol{\gamma}$에 적용되지 않기 때문에, 원천 문제 영역 내의 *모든* 절점은 능동 절점이어서,

$$N_a = N$$

이다.

5.6.1 *Galerkin Approach to the Integral Equation Method*

Bubnov-Galerkin 접근을 적분방정식 문제에 적용할 때, 식 (5.4.2-1)를 사용한다:

$$\langle K\boldsymbol{\gamma} - \mathbf{g}, \boldsymbol{\alpha}_i \rangle = 0, \quad 1 \le i \le N_a$$

이 경우, 근사해 $\boldsymbol{\beta}$는 이것과 같은 방정식을 만족한다:

$$\langle K\boldsymbol{\beta} - \mathbf{g}, \boldsymbol{\alpha}_i \rangle = 0, \quad 1 \le i \le N_a \tag{5.6.1-1}$$

이 두 식으로부터,

$$\langle K(\boldsymbol{\gamma} - \mathbf{g}), \boldsymbol{\alpha}_i \rangle = 0, \quad 1 \le i \le N_a \tag{5.6.1-2}$$

를 가진다. 다시, 5.7절에서, $\boldsymbol{\beta}$는 $\mathscr{K}_N$(기저로서 $\boldsymbol{\alpha}_i$ for $1 \le i \le N_a$를 갖는)으로의 $\boldsymbol{\gamma}$의 사영임을 본다. $\boldsymbol{\beta}$가, 식 (4.2-1)에서와 같이, 기저 함수 $\boldsymbol{\alpha}_i$의 선형 결합으로 전개될 때, 식 (5.6.1-1)은

$$\sum_{j=1}^{N_a} \langle K\boldsymbol{\alpha}_j, \boldsymbol{\alpha}_i \rangle \beta_j = \langle \mathbf{g}, \boldsymbol{\alpha}_i \rangle, \quad 1 \le i \le N_a \tag{5.6.1-3}$$

가 된다. 수치 적분방정식 풀이의 핵심은 식 (5.6.1-3)에 있는 선형 계 방정식의 구성(構成, construction)과 풀이(solution)이다.

5.6.2 *Collocation Approach to the Integral Equation Method*

P가 원천 문제 영역 내에 있는 임의의 점의 위치(位置, location)를 나타낸다고 하

자. 그리고 P_i가 $1 \le i \le N_a$에 대한 원천 문제 영역 내의 *절점* i의 위치를 나타낸다고 하자. 식 (5.4.2-1)은 그러면

$$K\boldsymbol{\gamma}(P) - \mathbf{g}(P) = 0 \tag{5.6.2-1}$$

과 같이 써질 수 있다. 특히,

$$K\boldsymbol{\gamma}(P_i) - \mathbf{g}(P_i) = 0, \quad 1 \le i \le N_a \tag{5.6.2-2}$$

로 쓸 수 있다. 그 대신으로, 이 식은

$$\int_D [K\boldsymbol{\gamma}(P) - \mathbf{g}(P)]\delta(P - P_i)dv = 0, \quad 1 \le i \le N_a \tag{5.6.2-3}$$

과 같이 써질 수 있다. 여기서 D는 원천 문제 영역이며 δ는 디랙 델타 함수(Dirac delta function)이다. 쌍일차 범함수(bilinear functional) G를

$$G(\mathbf{u}, \mathbf{w}) = \int_D \mathbf{uw}\, dv \tag{5.6.2-4}$$

로 정의한다. 이 쌍일차 범함수를 사용하여, 식 (5.6.2-3)은

$$G(K\boldsymbol{\gamma}(P) - \mathbf{g}(P), \delta(P - P_i)) = 0$$

으로 다시 써질 수 있으며* 기저 함수 $\mathbf{p}_i$로서 델타 함수(delta function) $\delta(P - P_i)$를 선택하면, 이 식은

$$G(K\boldsymbol{\gamma}(P) - \mathbf{g}(P), \mathbf{p}_i) = 0, \quad 1 \le i \le N_a \tag{5.6.2-5}$$

가 된다. 근사 수치해 $\boldsymbol{\beta}$가 식 (5.6.2-2), 그리고 그러므로 식 (5.6.2-5)를 만족할 것을 요구하여,

$$K\boldsymbol{\beta}(P_i) - \mathbf{g}(P_i) = 0, \quad 1 \le i \le N_a \tag{5.6.2-6}$$

과

$$G(K\boldsymbol{\beta}(P) - \mathbf{g}(P), \mathbf{p}_i) = 0, \quad 1 \le i \le N_a \tag{5.6.2-7}$$

이 된다. 식 (5.6.2-5)와 (5.6.2-7)로부터,

* 선점법의 경우, 내적 대신에 쌍일차 범함수 G를 사용해야 한다. 이것은 Dirac delta 함수 δ가 2중 적분 가능(square integrable)이 아니고, 그러므로 Hilbert공간 내에서 요소가 될 수 없기 때문이다.

$$G(K[\boldsymbol{\gamma}(P) - \boldsymbol{\beta}(P)], \mathbf{p}_i) = 0, \quad 1 \le i \le N_a \tag{5.6.2-8}$$

을 가지며, 이 식을 사용하여, $\boldsymbol{\beta}(P)$가 $\mathscr{K}_N$(기저로서 $\boldsymbol{\alpha}_i$ for $1 \le i \le N_a$를 갖는 부분 공간)으로의 $\boldsymbol{\gamma}(P)$의 사영임을 볼 수 있다(5.7절을 보라).

식 (5.6.2-6)에 있는 $\boldsymbol{\beta}(P_i)$가 펄스형 기저 함수의 전개된 선형 결합이라면, 식 (4.2-1)에 의해,

$$\sum_{j=1}^{N_a} \beta_j K\boldsymbol{\alpha}_j(P_i) = \mathbf{g}(P_i), \quad 1 \le i \le N_a \tag{5.6.2-9}$$

를 가진다. 이 선형 계(linear system)를 β_j for $1 \le j \le N_a$에 대해 푼다.

5.7 *PROJECTION METHODS*

이 절(節)은 선형 장 문제의 임의의 수치해가 사실은 완전해의 유한 차원 부분 공간으로의 선형 사영임을 보인다. 이것은 접근법이 Rayleigh-Ritz, Galerkin이든 Galerkin-관련이든 간에, 그리고 유한요소법이 사용되었든 적분방정식법이 사용되었든 간에 참(진(眞), true)이다.

5.7.1절은 선형 사영이 무슨 뜻인지를 수학적으로 정의한다. 5.7.2절과 5.7.3절은 그 다음 선형 문제에 적용되었을 때 유한요소법으로든 적분방정식법으로든 나타낼 수 있는 일반적인 정식화(定式化, formulation)를 전개한다. 마지막으로, 5.7.4절은 이 수치해가 선형 사영임을 보이기 위하여 이 정식화와 5.7.1절의 결과를 사용한다.

5.7.1 *Projections*

A와 B가 선형 공간이라면, 그러면 $A + B$를, $\boldsymbol{\alpha}$는 A의 요소이며 $\boldsymbol{\beta}$는 B의 요소인, 형식(形式, form) $\boldsymbol{\alpha} + \boldsymbol{\beta}$의 모든 요소의 집합으로 정의한다(Ref. 7, p. 20). 더욱이, $A + B$는 선형 공간임을 볼 수 있다. 덧붙여, A와 B의 공통(共通, intersection)이 0 요소(零 要素, zero element), 즉

$$A \cap B = \{0\} \tag{5.7.1-1}$$

이라면, A와 B는 *비공통(非共通, disjoint; 서로 소(素), relatively prime)*, $A + B$는 A와 B의 *직접 합(直接 合, direct sum)*, 그리고 $A + B$는 *직접 합 선형 공간(直接 合 線形 空間, direct sun linear space)*이라 부른다. 덧붙여, $\boldsymbol{\gamma}$는 $A + B$내에 있으며, A 내에 있는 $\boldsymbol{\alpha}$와 B 내에 있는 $\boldsymbol{\beta}$로

$$\boldsymbol{\gamma} = \boldsymbol{\alpha} + \boldsymbol{\beta} \tag{5.7.1-2}$$

라 가정한다. 그러면 식 (5.7.1-1)이 지속(持續)된다면, $\boldsymbol{\alpha}$와 $\boldsymbol{\beta}$가 유일(唯一)하게 결정됨을 볼 수 있다. 이를 보기 위하여,

$$\boldsymbol{\gamma} = \boldsymbol{\alpha}_1 + \boldsymbol{\beta}_1 = \boldsymbol{\alpha}_2 + \boldsymbol{\beta}_2$$

라 두면

$$\boldsymbol{\alpha}_1 - \boldsymbol{\alpha}_2 = \boldsymbol{\beta}_2 - \boldsymbol{\beta}_1 \tag{5.7.1-3}$$

을 가진다. $(\boldsymbol{\alpha}_1 - \boldsymbol{\alpha}_2)$는 A 내에 있으며, $(\boldsymbol{\beta}_1 - \boldsymbol{\beta}_2)$는 B 내에 있기 때문에, 식 (5.7.1-3)으로부터, 요소 $(\boldsymbol{\alpha}_1 - \boldsymbol{\alpha}_2)$와 $(\boldsymbol{\beta}_1 - \boldsymbol{\beta}_2)$ 둘 다 $A \cap B$ 내에 있음을 본다. 그러면, 식 (5.7.1-1)로부터,

$$\begin{aligned} \boldsymbol{\alpha}_1 - \boldsymbol{\alpha}_2 &= 0 \\ \boldsymbol{\beta}_1 - \boldsymbol{\beta}_2 &= 0 \end{aligned} \tag{5.7.1-4}$$

이다. 식 (5.7.1-4)로부터, 직접 합에 대하여, $\boldsymbol{\alpha}$와 $\boldsymbol{\beta}$는 $\boldsymbol{\gamma}$에 의해 유일하게 정의됨을 본다.

이 유일성(唯一性, uniqueness)으로부터, $\boldsymbol{\gamma}$를 $\boldsymbol{\beta}$로 사상하는 사상(寫像, mapping) P를 정의할 수 있다. 이 사상은 선형 변환(線形 變換, linear transformation)

$$P(\boldsymbol{\gamma}) = \boldsymbol{\beta} \tag{5.7.1-5}$$

임을 볼 수 있다. P는 *A를 따라 B로 향하는(along A onto B)* $\boldsymbol{\gamma}$의 *사영 연산자(射影 演算子, projection operator)*라 부른다. P의 영역은 선형 공간 $A+B$이며, P의 치역은 선형 공간 B이다. 편의를 위하여, A를 *따르는 부분 공간(along subspace)* 그리고 B를 *으로의 부분 공간(onto subspace)*이라 부른다.

그림 5-2는 사영의 매우 간단한 예를 보인다. 이 경우, 직접 합 선형 공간 $A+B$

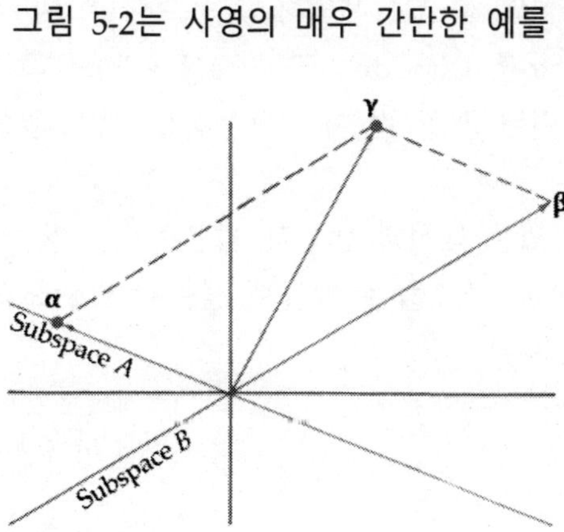

Fig. 5-2. Projection.

는 2-차원 공간인 책 페이지(book page)의 평면(平面, plane)이다. 공간 A와 B는 그림에서 선(線) A와 B로 나타낸 1-차원 공간이다. 예를 들어, 선형 공간 A의 각 요소 $\boldsymbol{\alpha}$는 그림의 선(line) A 위의 한 점이다. 선 A와 B(또는 공간 A와 B)의 교점(交點, 공통, intersection)은, 사실, 0 요소이어서, 이 공간은 서로 소(素)임에 유의하라. 그림은 $A+B$에 있는 점 $\boldsymbol{\gamma}$와 공간 B로의 그것의 사영 $\boldsymbol{\beta}$를 보인다.

5.7.2 *Expression of Solution of Linear Field Problems in Terms of Bilinear Functionals*

선형 장 문제에 대한 수치해가 선형 사영임을 보이는 첫 번째 단계는 이 해가 쌍일차 범함수의 항으로 표현될 수 있음을 보이는 것이다.

5.6절로부터, 선점법 접근을 *제외한* 모든 접근을 사용하는, 적분방정식법에 의한 모든 선형 장 문제의 해(solution)는 일반적으로 선형 계(linear system)

$$\langle K\boldsymbol{\gamma}, \boldsymbol{\alpha}_i\rangle = \langle \mathbf{g}, \boldsymbol{\alpha}_i\rangle, \quad 1 \le i \le N_a \tag{5.7.2-1}$$

과

$$\langle K\boldsymbol{\beta}, \boldsymbol{\alpha}_i\rangle = \langle \mathbf{g}, \boldsymbol{\alpha}_i\rangle, \quad 1 \le i \le N_a \tag{5.7.2-2}$$

에 의해 표현될 수 있음을 본다. 여기서

$$\boldsymbol{\beta} = \sum_{j=1}^{N_a} \beta_j \boldsymbol{\alpha}_j \tag{5.7.2-3}$$

이며 K는 선형 연산자이다. 더욱이, 이 식들은, Rayleigh-Ritz, Galerkin 또는 그것과 관련된 접근 어느 것이 사용되었든 간에(선점법 접근은 제외하고) 유효하다. 이 식을 선점법 접근에 적합하게 하기 위해서는, $\boldsymbol{\alpha}_i$를 Dirac delta 함수 $\delta(P-P_i)$로 그리고 내적을 쌍일차 범함수 G(5.6.2절에서 논의된 것과 같은)로 대체하는 것만 필요하다.

식 (5.7.2-1)의 좌변(左邊, left hand side)에 있는 내적과 쌍일차 범함수 G는 둘 다 $\boldsymbol{\gamma}$와 $\boldsymbol{\alpha}_i$에서 모두 선형임에 유의하라. 그 결과, 그것들은 쌍일차 범함수 F에 의해 표현될 수 있다. 그리고 식 (5.7.2-1)과 (5.6.2-5)는

$$F(\boldsymbol{\gamma}, \boldsymbol{\alpha}_i) = b_i, \quad 1 \le i \le N_a \tag{5.7.2-4}$$

가 된다. 여기서

$$b_i = \langle \mathbf{g}, \boldsymbol{\alpha}_i \rangle, \quad 1 \le i \le N_a \tag{5.7.2-5}$$

이다*. 비슷한 이유로, 식 (5.7.2-2)는

$$F(\boldsymbol{\beta}, \boldsymbol{\alpha}_i) = b_i, \quad 1 \le i \le N_a \tag{5.7.2-6}$$

이 된다. 식 (5.7.2-6)을 식 (5.7.2-4)로부터 빼면,

$$F(\boldsymbol{\gamma} - \boldsymbol{\beta}, \boldsymbol{\alpha}_i) = 0, \quad 1 \le i \le N_a \tag{5.7.2-7}$$

을 가진다.

5.5절로부터, $\boldsymbol{\gamma}$가 $\boldsymbol{\gamma} - \boldsymbol{\beta}_b$로 대체되고, $\boldsymbol{\beta}$가 $\boldsymbol{\beta}_h$로 대체된다면, 그리고

$$b_i = \langle \mathbf{g}, \boldsymbol{\alpha}_i \rangle - F(\boldsymbol{\beta}_b, \boldsymbol{\alpha}_i) - C(\boldsymbol{\alpha}_i), \quad 1 \le i \le N_a \tag{5.7.2-8}$$

로 두면, 그러면 식 (5.7.2-3)에서 (5.7.2-7)까지는 또한 Galerkin 또는 그에 관련된 접근에 의해 이행(履行)된 유한요소법에 적용된다. (Rayleigh-Ritz 접근에 의해 이행된 것처럼 이 식이 유한요소법에 적용되는 것 역시 볼 수 있다.)

요약하면, 모든 선형 수치 문제에 대한 해는, 유한요소법에 의해 풀렸든 적분방정식법에 의해 풀렸든 간에, Rayleigh-Ritz든 Galerkin 또는 그와 관련된 접근에 의해 이행되었든 간에, 식 (5.7.2-3)에서 (5.7.2-7)까지로 표현될 수 있다.

5.7.3 Numerical Solution of Linear Field Problems

식 (5.7.2-3)과 (5.7.2-6)을 결합하면

$$\sum_{j=1}^{N_a} F(\boldsymbol{\alpha}_j, \boldsymbol{\alpha}_i)\beta_j = b_i, \quad 1 \le i \le N_a \tag{5.7.3-1}$$

을 준다. 이 식은 선형 장 문제의 수치해를 위해 풀어지는 선형 계(linear system)를 산출한다. 이 계 방정식을 행렬-벡터 형(matrix-vector form)

$$M\widehat{\boldsymbol{\beta}} = \mathbf{B} \tag{5.7.3-2}$$

로 두는 것이 가장 실제적이고 편리하다. 이 식에서, M은

$$m_{ij} = F(\boldsymbol{\alpha}_j, \boldsymbol{\alpha}_i), \quad 1 \le i, j \le N_a \tag{5.7.3-3}$$

을 요소로 가지는 행렬이다. 벡터 $\widehat{\boldsymbol{\beta}}$와 $\mathbf{B}$는, 각각 $1 \le i, j \le N_a$에 대하여, β_j와 b_i를

* 선점법의 경우, 식 (5.6.2-5)로부터 $b_i = G(\mathbf{g}, \mathbf{p}_i)$를 가진다.

가진다. 행렬 M은 유일해(唯一解, unique solution) $\hat{\boldsymbol{\beta}}$를 이루기 위해 정칙(正則, 비특이(非特異), nonsingular)이어야 한다. 이것은 보통 어려움없이 이루어진다..

식 (5.7.3-2)는, 사실, 적분방정식법 또는 유한요소법 어느 것이든 사용하는 *모든* 선형 장 문제에서 풀어지는 선형 계임에 유의하라.

5.7.4 Solutions to Numerical Field Problems Expressed as Linear Projections

선형 장 문제에 대한 수치해가 완전해의 유한 차원 Hilbert 공간으로의 선형 사영이라는 사실 아래에서 부대 상황(附帶 狀況)을 확립하는 것으로 나아간다. 이 목적을 위하여 식 (5.7.2-3)에서 (5.7.2-7)을 사용한다.

먼저, 식 (5.7.2-3)을 만족하는 모든 $\boldsymbol{\beta}$의 집합은 Hilbert 공간 $\mathscr{H}$의 부분 공간(部分 空間, subspace) $\mathscr{H}_{N_a}$(차원 N_a의) 임을 본다. 다음에, 오차 $\mathbf{e}$를

$$\mathbf{e} = \boldsymbol{\gamma} - \boldsymbol{\beta} \tag{5.7.4-1}$$

로 정의하면 식 (5.7.2-7)은

$$F(\mathbf{e}, \boldsymbol{\alpha}_i) = 0, \quad 1 \le i \le N_a \tag{5.7.4-2}$$

가 된다. E를 식 (5.7.4-2)의 N_a를 만족하는 모든 요소 $\mathbf{e}$의 집합이라 하자. 그러면 E는 선형 공간이며 $\mathscr{H}$의 다른 부분 공간이다. 5.7.1절의 술어(述語, terminology)에서, E는 *따르는(along)* 부분 공간이며 $\mathscr{H}_{N_a}$는 *으로의(onto)* 부분 공간이다.

식 (5.7.4-1)로부터, $\boldsymbol{\beta}$는, E와 $\mathscr{H}_{N_a}$가 서로 소(素)로 규정된, E를 따른 그리고 $\mathscr{H}_{N_a}$로의 $\boldsymbol{\gamma}$의 사영임을 본다. 그림 5-3은 완전해 $\boldsymbol{\gamma}$와 부분 공간 E와 $\mathscr{H}_{N_a}$를 도식(圖式)으로 보인다.

E와 $\mathscr{H}_{N_a}$가 서로 소(素)(disjoint)인 상황을 끌어내는 것으로 나아간다. 이것을 하

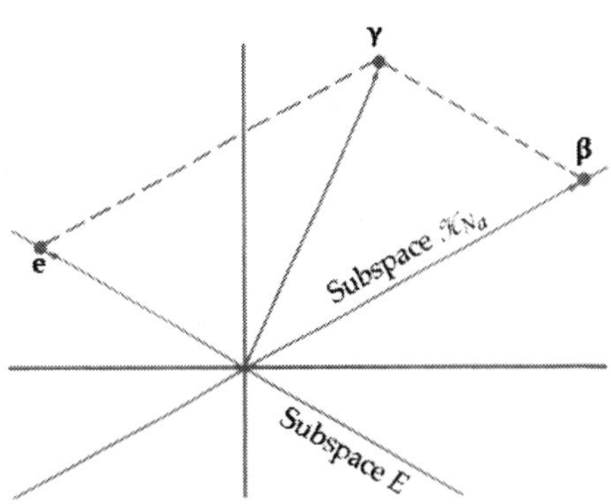

Fig. 5-3. Projection in a field calculation.

기 위하여, **I**를 E와 $\mathcal{K}_{N_a}$ 둘 다 내에 있는 $\mathcal{K}$의 요소라 한다. **I**가 0 요소여야 할 때, 그러면 E와 $\mathcal{K}_{N_a}$는 서로 소이다. **I**가 E 내에 있기 때문에, 그러면 식 (5.7.4-2)로부터,

$$F(\mathbf{I}, \boldsymbol{\alpha}_i) = 0, \quad 1 \le i \le N_a \tag{5.7.4-3}$$

이다. 더욱이, **I**가 $\mathcal{K}_{N_a}$ 내에 있기 때문에, 식 (5.7.4-3)으로부터

$$\mathbf{I} = \sum_{j=1}^{N_a} I_j \boldsymbol{\alpha}_j \tag{5.7.4-4}$$

를 가진다. 이 식에서, I_j는 실수(實數, real number)이다. 이 두 식이 결합될 때,

$$\sum_{j=1}^{N_a} I_j F(\boldsymbol{\alpha}_j, \boldsymbol{\alpha}_i) = 0, \quad 1 \le i \le N_a \tag{5.7.4-5}$$

를 가진다. 이 식에서 쌍일차 범함수는 식 (5.7.3-2)에서 주어진 행렬 M의 요소와 같아, 이 식은

$$\sum_{j=1}^{N_a} m_{ij} I_j = 0, \quad 1 \le i \le N_a \tag{5.7.4-6}$$

과 같이 써질 수 있음에 유의하라. 이 계 방정식(system of equation)으로부터, 식 (5.7.3-2)의 행렬 M이 정칙이라면 또 그 때에 한해서(필요충분(必要充分), if and only if)

1. $I_j = 0, \quad 1 \le i \le N_a$;
2. $\mathcal{K}$의 요소 **I**는 0 요소(영 요소, zero element);
3. 부분 공간 E와 $\mathcal{K}_{N_a}$는 서로 소(素)(disjoint);
4. $\boldsymbol{\beta}$는 $\mathcal{K}_{N_a}$로의 $\boldsymbol{\gamma}$의 선형 사영;

임을 본다. 이것은, Kronecker-Kapelli의 정리(Ref. 8, p. 55)에 의해, 행렬-vector 방정식 (5.7.3-2)가 M이 정칙이면 또 그 때에 한해서 유일해(唯一解, unique solution)를 갖는다는 것을 알기 때문에, 확실히 타당하다.

5.8 ORTHOGONAL PROJECTION METHODS

바로 앞 절(節)에서 사용된 쌍일차 범함수가 우연히 대칭이고 정정(正定, positive definite)이라고 가정한다. 그러면 이 쌍일차 범함수는 식 (5.2.4-1)부터 (5.2.4-5)에서

설명된 내적(內積, inner product)의 필요 조건을 모두 만족한다. 즉, 이 쌍일차 범함수는 내적으로 되어, **u**와 **w**가 Hilbert 공간 $\mathscr{H}$의 요소라면, 그러면

$$F(\mathbf{u}, \mathbf{w}) = \langle \mathbf{u}, \mathbf{w} \rangle_2 \tag{5.8-1}$$

이다. 이 식에서 내적에 있는 하첨자 2는, 일반적으로, 쌍일차 범함수 F가 처음부터 얻어졌다는 사실로부터, 이 내적이 Hilbert 공간 $\mathscr{H}$의 내적과 같지 않다는 것을 가리킨다.

5.8.1 Solutions to Linear Field Problems Expressed as Orthogonal Projections

식 (5.7.3-3)과 (5.8-1)을 참조하면, 행렬 M은, 이 경우에는, 요소

$$m_{ij} = \langle \boldsymbol{\alpha}_i, \boldsymbol{\alpha}_j \rangle_2 \tag{5.8.1-1}$$

을 가짐을 본다. 이 식으로부터 M이, 이 경우에는, 대칭이며 정정(positive definite)이라는 것을 증명하는 것은 어렵지 않다. 이 사실은 M을 사용한 선형 계의 풀이를 위한 방법의 선택에 좋은 이점(good advantage)으로 사용될 수 있다.

M이 또한 정칙(nonsingular)이기 때문에, 5.7.4절로부터 $\boldsymbol{\beta}$는 다시 $\mathscr{H}_{N_a}$로의 $\boldsymbol{\gamma}$의 선형 사영임을 본다.

식 (5.7.2-7)과 (5.8-1)로부터,

$$\langle \boldsymbol{\gamma} - \boldsymbol{\beta}, \boldsymbol{\alpha}_i \rangle_2 = 0 \tag{5.8.1-2}$$

를 가진다. 이 식과 식 (5.7.2-3)은 $\boldsymbol{\beta}$가, 이 경우에는, 유한 차원 Hilbert 공간 $\mathscr{H}_{N_a}$로의 $\boldsymbol{\gamma}$의 정사영(*正射影*, *수직* 투영(*垂直* 投影), *orthogonal* projection)임을 본다(Ref. 9, p. 16). 그림 5-4는, 도식(圖式)으로, 정사영으로서 계산된 장(computed field)을 보

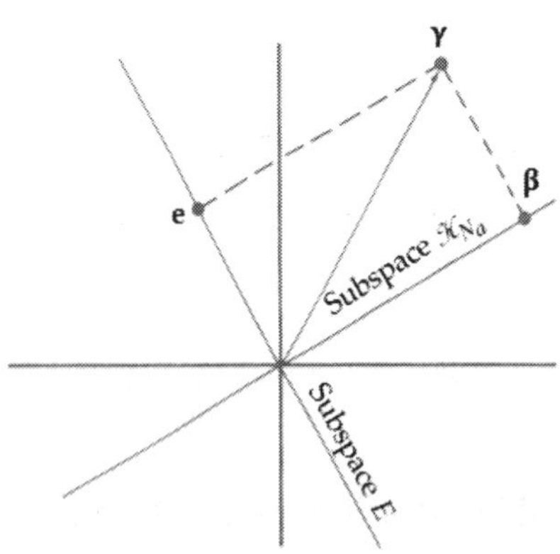

Fig. 5-4. Orthogonal projection in field calculation.

인다. 이 그림에서, 근사해 $\boldsymbol{\beta}$와 오차 $\mathbf{e}$가 서로 *직교(直交, orthogonal)*임에 유의하라. 그림 5-3과 5-4의 비교는, 직관적으로, 다음 소절(小節, subsection)에서 증명되는, 정사영이 *최소* 오차(*最小* 誤差, *minimum* error)를 생성함을 보인다.

5.8.2 *Comparison of Error Norms for Orthogonal and Nonorthogonal Projections*

$\mathcal{H}$와 같은 요소를 모두 가지지만 그 내적으로서 식 (5.8-1)의 내적 $\langle \cdot \rangle_2$를 갖는 Hilbert 공간 $\mathcal{H}_2$를 정의한다. 그러면 $\mathcal{H}_2$의 자연 놈(natural norm) $\|\cdot\|_2$는

$$\|\mathbf{u}\|_2 = \langle \mathbf{u}, \mathbf{u}\rangle_2^{1/2} \tag{5.8.2-1}$$

에 의해 주어진다. 여기서 $\mathbf{u}$는 $\mathcal{H}_2$의 요소이다. 더욱이, 기저로서 $\boldsymbol{\alpha}_i$ for $1 \le i \le N_a$를 갖는 부분 공간으로서 $\mathcal{H}_2$의 유한 차원 부분 공간 $\mathcal{H}_{N_a}$를 정의한다. 그러면, $\mathcal{H}_{N_a}$의 차원은 N_a이다. $\boldsymbol{\beta}_0$가 $\mathcal{H}_{N_a}$로의 $\boldsymbol{\gamma}$의 정사영인 $\mathcal{H}_{N_a}$의 요소라고 가정한다. 그리고 $\boldsymbol{\beta}_n$은 $\mathcal{H}_{N_a}$로의 $\boldsymbol{\gamma}$의 직교가 아닌 사영의 $\mathcal{H}_{N_a}$의 다른 요소라고 가정한다.

$$\|\boldsymbol{\gamma} - \boldsymbol{\beta}_n\|_2 > \|\boldsymbol{\gamma} - \boldsymbol{\beta}_0\|_2$$

를 보이는 것으로 나아간다. 이 부등식의 좌변의 제곱(square)은

$$\|\boldsymbol{\gamma} - \boldsymbol{\beta}_n\|_2^2 = \|(\boldsymbol{\gamma} - \boldsymbol{\beta}_0) + (\boldsymbol{\beta}_0 - \boldsymbol{\beta}_n)\|_2^2$$

와, 식 (5.8.2-1)과 함께,

$$\|\boldsymbol{\gamma} - \boldsymbol{\beta}_n\|_2^2 = \langle(\boldsymbol{\gamma} - \boldsymbol{\beta}_0) + (\boldsymbol{\beta}_0 - \boldsymbol{\beta}_n), (\boldsymbol{\gamma} - \boldsymbol{\beta}_0) + (\boldsymbol{\beta}_0 - \boldsymbol{\beta}_n)\rangle_2$$

로 확실히 표현할 수 있다. 이 식의 내적이 전개되고 식 (5.8.2-1)을 다시 사용할 때,

$$\|\boldsymbol{\gamma} - \boldsymbol{\beta}_n\|_2^2 = \|\boldsymbol{\gamma} - \boldsymbol{\beta}_0\|_2^2 + 2\langle\boldsymbol{\gamma} - \boldsymbol{\beta}_0, \boldsymbol{\beta}_0 - \boldsymbol{\beta}_n\rangle_2 + \|\boldsymbol{\beta}_0 - \boldsymbol{\beta}_n\|_2^2 \tag{5.8.2-2}$$

를 가진다. $\boldsymbol{\beta}_0$가 $\mathcal{H}_{N_a}$로의 $\boldsymbol{\gamma}$의 정사영이기 때문에, 그러면 벡터 $\boldsymbol{\gamma} - \boldsymbol{\beta}_0$은 $\mathcal{H}_{N_a}$과 직교이다. $\boldsymbol{\beta}_0$과 $\boldsymbol{\beta}_n$이 모두 $\mathcal{H}_{N_a}$의 요소이기 때문에, 그러면 벡터 $\boldsymbol{\beta}_0 - \boldsymbol{\beta}_n$은 $\mathcal{H}_{N_a}$ 내에 놓인다. 그러므로 $\boldsymbol{\beta}_0 - \boldsymbol{\beta}_n$은 $\boldsymbol{\gamma} - \boldsymbol{\beta}_0$와 직교이다. 식 (5.8.2-2)에 있는 내적은 0이어서,

$$\|\boldsymbol{\gamma} - \boldsymbol{\beta}_n\|_2^2 = \|\boldsymbol{\gamma} - \boldsymbol{\beta}_0\|_2^2 + \|\boldsymbol{\beta}_0 - \boldsymbol{\beta}_n\|_2^2 \tag{5.8.2-3}$$

이다. 이 식으로부터, 직교가 아닌 사영에 대한 오차 norm은 정사영의 오차 norm을 초과(超過)함을 본다.

5.8.3 Finite Element Solutions that are Orthogonal Projections

이 책에서 표현된 유한요소 문제를 고려한다. 이 모든 알고리즘은, 적분의 차수(次數, order)를 2에서 1로 줄이기 위해, 부분 적분을 사용하여 전개되었다. 더욱이, 이 부분 적분은, 이 알고리즘의 각각에서, 쌍일차 범함수의 도출(導出)로 귀결된다.

6장은 내부 문제(interior problem)에서 Poisson 방정식의 유한요소 풀이(finite element solution)를 위한 알고리즘을 전개한다. 거기서 보이는 바와 같이, 이 알고리즘이 전개하는 쌍일차 범함수는 대칭이고 정정(正定)이며, 그러므로 내적(內積)이다. 따라서, 이 알고리즘에 의한 풀이는, 사실, 정사영(正射影)이다. 이 정사영에 의해 최소화되는 이 내적의 자연 놈(natural norm)이 6장에서 표현된다. 7장에서, Silvester 등에 의해 표현된 유한요소 알고리즘은 본래는 6장에서 표현된 내부 문제에 대한 그것이다. 그러므로, 이 알고리즘에 의한 풀이는 정사영이다. 하지만, 7장에서 Wexler-McDonald 알고리즘으로 표현된 알고리즘은 6장에서의 그것과는 다른 특징을 포함한다. Wexler-McDonald 알고리즘에 의한 풀이는 정사영이 아니다.

5.8.4 Integral Equation Solutions that are Orthogonal Projections

5.6.1절과 5.6.2절을 참조하여,

$$\langle K(\boldsymbol{\gamma} - \boldsymbol{\beta}), \mathbf{p}_i \rangle = 0, \quad 1 \le i \le N_a \tag{5.8.4-1}$$

을 가진다. 여기서 Galerkin 접근의 경우, $\mathbf{p}_i = \boldsymbol{\alpha}_i$이며, 선점법 접근의 경우, $\mathbf{p}_i$는 delta 함수이다.

선점법 접근이 사용될 때에는, 명백하게 직교가 아닌 사영인 해를 가진다.

Galerkin 접근이 사용될 때에는, 하지만, 선형 연산자 K에 따라, 정사영을 가질 수 있다. K가 자기 수반(自己-隨伴, self-adjoint)이며 정정(正定, positive definite)이면, 그러면

$$\langle K\mathbf{u}, \mathbf{w} \rangle = \langle \mathbf{u}, \mathbf{w} \rangle_2$$

에 의해 주어지는 하첨자 2를 가진 새로운 내적을 정의할 수 있다. 여기서 $\mathbf{u}$와 $\mathbf{w}$는 Hilbert 공간 $\mathscr{H}$의 요소이다. 이 식과 식 (5.8.4-1)($\mathbf{p}_i = \boldsymbol{\alpha}_i$로 둔)은

$$\langle \boldsymbol{\gamma} - \boldsymbol{\beta}, \boldsymbol{\alpha}_i \rangle_2 = 0, \quad 1 \le i \le N_a \tag{5.8.4-2}$$

를 준다. 내적으로서, 이 식의 내적 $\langle \cdot \rangle_2$를 가지는 새로운 Hilbert 공간 $\mathscr{H}_2$를 정의

한다. $\boldsymbol{\beta}$가 기저 함수 $\boldsymbol{\alpha}_i$의 선형 결합이기 때문에(식 (5.7.2-3)에서처럼), 이 식은 $\mathcal{H}_2$에서 정사영을 위한 필요 조건을 만족한다.

요약하면, Galerkin 접근을 사용하여 적분방정식 장 문제를 푼다면, 그리고 적분 연산자가 자기-수반이며 정정(正定)이라면, 그러면 그 해가 정사영인 Hilbert 공간 $\mathcal{H}_2$를 찾을 수 있다. 이런 이유로, 9장에서 논의되는 적분 연산자는 그것들이 자기-수반이며 정정이든 그렇지 않든 같은 것으로 다루어진다.

REFERENCES

1. Stakgold, Ivar, *Boundary Value Problems of Mathematical Physics*, Vol. I, New York: The Macmillan Company, 1967.
2. McDonald, B. H., Friedman, M. and Wexler, A., "Variational Solution of Integral Equations," *IEEE Trans. on Microwave Theory and Techniques*, March 1974, Vol. MTT-22, No. 3.
3. Wexler, Alvin, *Finite Elements for Technologists*, Winnipeg: Electrical Engineering Department, University of Manitoba, 1974.
4. Mikhlin, S. G., *Variational Methods in Mathematical Physics*, New York: The Macmillan Company, 1964.
5. Milne, R. D., *Applied Functional Analysis*, Boston: Pitman Advanced Publishing Program, 1980.
6. Harrington, Roger F., *Field Computation by Moment Methods*, New York: The Macmillan Company, 1968.
7. Nering, Evan D., *Linear Algebra and Matrix Theory*, New York: John Wiley & Sons, 1963.
8. Shilov, Georgi, *Linear Spaces*, Englewood Cliffs, N. J.: Prentice-Hall, Inc., 1961.
9. Mitchell, A. R. and Wait, R., *The Finite Element Method in Partial Differential Equations*, New York: John Wiley & Sons, 1977.

6 Finite Element Method for Interior Problems

6.1 INTRODUCTION

유한요소법은 몇 십년 동안 이학(理學, 과학(科學), science)과 공학에서 나타나는 서로 다른 형태의 문제에 대한 수치해를 얻기 위해 사용되었다. 이 문제는 고체(固體, solid body)에서의 응력(應力, stress)과 변형(變形, strain), 유체 유동(流體 流動, fluid flow), 그리고 열 유동(熱 流動, heat flow) 등을 포함한다. 그 결과, 많은 책이 이런 문제에의 유한요소법의 응용에 대해 쓰여졌다. 덧붙여, 몇 가지 책이 유한요소법 자체에 대하여 쓰여졌다(Refs. 1, 2, 3, 4). 그리고 그 중 적어도 한 권 이상은 전계와 자계의 계산에 대한 유한요소법의 응용이라는 주제를 가진다(Ref. 5).

이 장(章)은 정(靜) 포텐셜(static potential), 선형 내부 문제(線形 內部 問題, linear interior problem)에 응용되는 것으로서 유한요소법을 나타낸다. 이 장과 다음 장에서 보는 바와 같이, 유한요소법은 외부 문제(外部 問題, exterior problem)보다 내부 문제에 훨씬 더 쉽게 적용된다(7장은 외부 문제를 다룬다).

유한요소법에 의한 장(場) 계산은 (내부 문제이거나 외부 문제이거나 간에) 다음과 같은 단계로 구성된다:

1. 3장에서 논의된 것과 같이 문제(문제 영역을 포함하여)를 정의한다.
2. 문제 영역을 절점과 유한요소로 채운다; 이에 대해, 4장에서 논의된 것과 같이, 형상 함수, 기저 함수, 그리고 유한요소 부분 공간 S_N을 정의한다.
3. 계산되는 장(場)의 항으로 계 방정식(系 方程式, system of equations)을 세운다.
4. 장에 대한 이 계 방정식을 푼다.

6.2절은, 일반적으로, 단계 1의 문제의 정의와 단계 2의 기저 함수의 항으로, 위의 단계 3에서의 계 방정식을 전개한다. 또한 어떤 오차 norm을 유도하고 유한요소법이 이 오차 norm을 최소화함을 보인다. 6.3절은, 어떤 특정한 유한요소와 형상 함수에 대한 계 방정식의 구성에 도움이 되는 공식(公式, formula)을 전개한다. 마지막으로, 6.4절은 독자들이 어떻게 유한요소법의 여러 단계들이 뭉쳐지는 지를 보는 것을 도와주는 간단한 예제 문제를 나타내고 푼다.

6.2 FORMULATION OF FINITE ELEMENT METHOD FOR INTERIOR PROBLEMS

6.2.1 Basic Formulation of Interior Problem

아래에 주어진 내부 장 문제를 위한 유한요소 정식화가 결정론적 정적 문제(決定論的 靜的 問題, deterministic static problem)에 적용된다. 이 책의 범위를 넘어서는 고유치 문제(固有値 問題, eigenproblem)에는 적용하지 않는다. 정확한 장(場)(완전해)이, 그림6-1에 보여진 바와 같이, 경계 ∂D를 가진 어떤 영역 D 내에서 스칼라 포텐셜(scalar potential) $\boldsymbol{\gamma}$에 의해 표현된다고 가정한다. D 내에서, $\boldsymbol{\gamma}$는 식

$$-\nabla \cdot (\nu \boldsymbol{\nabla} \boldsymbol{\gamma}) - f = 0 \tag{6.2.1-1}$$

을 만족한다.

경계 ∂D는 일부가 Dirichlet 경계조건

$$\boldsymbol{\gamma} = \mathbf{g} \tag{6.2.1-2}$$

이 미리 지정된 ∂E로 되어 있다. 여기서 $\mathbf{g}$는 ∂E에 대한 위치(位置, position)의 함수이다. ∂N으로 표시된 경계의 나머지에는 혼합(混合) 경계조건이 적용된다:

$$(\nu \boldsymbol{\nabla} \boldsymbol{\gamma}) \cdot \mathbf{n} + \sigma \boldsymbol{\gamma} = \mathbf{h} \tag{6.2.1-3}$$

이 식에서, ν는 대칭 정정(正定) 텐서(symmetric positive-definite tensor)(투자율(透磁

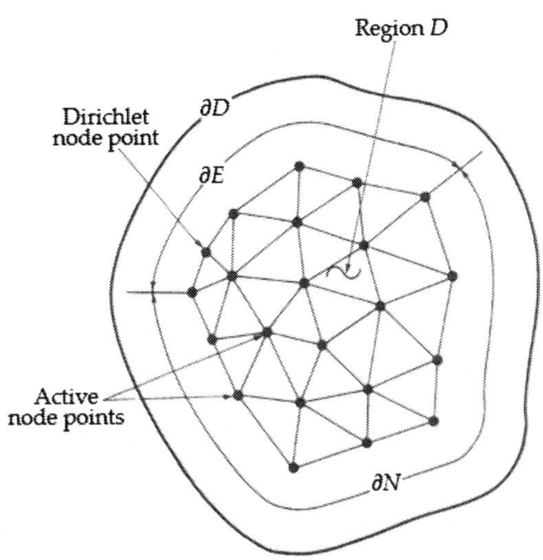

Fig. 6-1. Configuration for finite element solution to field problem.

率) 텐서(permeability tensor) 또는 유전율(誘電率, permittivity) 텐서같은)이거나 양(陽,정(正)) 스칼라(positive scalar)(등방성 매질(等方性 媒質, isotropic medium)에 대한 스칼라 유전율 또는 투자율같은)이다. 벡터 **n**은 영역으로부터 바깥으로 향하는 법선(法線) 방향 단위(unit normal) 벡터이며, σ는, 3장에서 보여진 바와 같이, 음(陰, 부(負))이 아닌 스칼라(non-negative scalar)이다. 다시, **h**는 ∂N에 대한 위치의 함수이다. 아래에 주어진 정식화의 경우, Dirichlet 경계조건을 필수(必須, essential) 경계조건으로 만들고 뒤에 혼합 경계조건은, 사실, 자연(自然, natural) 경계조건임을 보인다. 그러면, ∂E에서 필수 (그리고 Dirichlet) 경계조건을 가지며 ∂N에서 자연 (그리고 혼합) 경계조건을 가진다.

5.5.2절에서와 같이, 유한요소 근사해 $\boldsymbol{\beta}_F$는

$$\boldsymbol{\beta}_F = \boldsymbol{\beta}_h + \boldsymbol{\beta}_b \tag{6.2.1-4}$$

로 나누어진다. 여기서 $\boldsymbol{\beta}_F$와 $\boldsymbol{\beta}_b$는 Dirichlet 절점에서 Dirichlet (그리고 필수) 경계조건을 만족하며, $\boldsymbol{\beta}_h$는 ∂E에서 0과 같다. 다시, $\boldsymbol{\beta}_F$, $\boldsymbol{\beta}_b$, 뿐만 아니라 $\boldsymbol{\beta}_h$ 어느 것이든, 처음에, ∂N에서 혼합 경계조건을 만족하는 것이 요구되지 않는다. 계산은 그것이 자연히 처리되어 이루어진다. 다시,

$$\boldsymbol{\beta}_F = \sum_{i=1}^{N} \beta_i \boldsymbol{\alpha}_i \tag{6.2.1-5}$$

이기 때문에 그러면

$$\boldsymbol{\beta}_h = \sum_{i=1}^{N_a} \beta_i \boldsymbol{\alpha}_i \tag{6.2.1-6}$$

과

$$\boldsymbol{\beta}_b = \sum_{i=1+N_a}^{N} \beta_i \boldsymbol{\alpha}_i \tag{6.2.1-7}$$

이다. 식 (6.2.1-6)에서, 능동 절점(能動 節點, active node point) $\boldsymbol{\alpha}_i$, $1 \le i \le N_a$(뿐만 아니라 $\boldsymbol{\beta}_h$도)의 기저 함수는 ∂E에서 모두 0과 같다. 식 (6.2.1-7)에서, $\boldsymbol{\alpha}_i$ for $1 + N_a \le i \le N$은 ∂E에서 선형 독립(線形 獨立, linear independent)이며, 그 계수 β_i는 $\boldsymbol{\beta}_b$가 Dirichlet 절점에서 Dirichlet 경계조건을 만나는 값에서 고정된다. 이렇게 하여, $\boldsymbol{\beta}_b$는 계산의 처음에서 Dirichlet 경계조건에 의해 고정된다. 5.5절에서와 같이,

β_i for $1 \le i \le N_a$ 만을 계산해야 한다.

$$\int_D [-\nabla \cdot (\nu \nabla \boldsymbol{\gamma}) - f]\boldsymbol{\alpha}_i dv = 0, \quad 1 \le i \le N_a \tag{6.2.1-8}$$

과 같이 적은 식 (6.2.1-1)을 사용한다. 식 (6.2.1-8)에 있는 피적분 함수(被積分 函數, integrand)는 2계 미분 연산자(二階 微分 演算子, second-order differential operator)를 포함함에 유의하라. 이제, 그 대신으로, 1계 미분 연산자를 가진다면, 더 간단한 기저 함수 $\boldsymbol{\alpha}_i$ for $1 \le i \le N$의 집합을 사용할 수 있다. 이것을 하기 위하여, 5.5.1절에서 논의된 부분 적분을 수행하기 위하여, 다음과 같이, 발산 정리(發散 定理, divergence theorem)를 사용한다:

$$\begin{aligned} \int_D \boldsymbol{\alpha}_i \nabla \cdot (\nu \nabla \boldsymbol{\gamma}) dv &= \int_{\partial D} \mathbf{n} \cdot (\boldsymbol{\alpha}_i \nu \nabla \boldsymbol{\gamma}) dS \\ &\quad - \int_D \nabla \boldsymbol{\alpha}_i \cdot (\nu \nabla \boldsymbol{\gamma}) dv, \quad 1 \le i \le N_a \end{aligned} \tag{6.2.1-9}$$

$\boldsymbol{\alpha}_i$ for $1 \le i \le N_a$가 ∂E에서 0과 같기 때문에, 그러면 식 (6.2.1-9)의 우변(右邊, right side)에 있는 첫 번째 적분의 적분 범위(積分 範圍, range of integration)는 ∂D에서 ∂N으로 줄어들 수 있다. 이것을 하고 식 (6.2.1-3)을 이 적분에 대입(代入)하면

$$\begin{aligned} \int_D \boldsymbol{\alpha}_i \nabla \cdot (\nu \nabla \boldsymbol{\gamma}) dv &= \int_{\partial N} \mathbf{n} \cdot (\mathbf{h} - \sigma \boldsymbol{\gamma}) dS \\ &\quad - \int_D \nabla \boldsymbol{\alpha}_i \cdot (\nu \nabla \boldsymbol{\gamma}) dv, \quad 1 \le i \le N_a \end{aligned} \tag{6.2.1-10}$$

을 준다.

이 식은 식 (5.5.1-2)의 특수한 예라는 것을 볼 수 있다. 여기서

$$\langle K\boldsymbol{\gamma}, \boldsymbol{\alpha}_i \rangle = \langle -\nabla \cdot (\nu \nabla \boldsymbol{\gamma}), \boldsymbol{\alpha}_i \rangle = \int_D -\boldsymbol{\alpha}_i \nabla \cdot (\nu \nabla \boldsymbol{\gamma}) dv \tag{6.2.1-11}$$

$$F(\boldsymbol{\gamma}, \boldsymbol{\alpha}_i) = \int_D (\nu \nabla \boldsymbol{\gamma}) \cdot \nabla \boldsymbol{\alpha}_i \, dv + \int_{\partial N} \sigma \boldsymbol{\gamma} \boldsymbol{\alpha}_i \, dS \tag{6.2.1-12}$$

그리고

$$C(\boldsymbol{\alpha}_i) = -\int_{\partial N} \mathbf{h} \boldsymbol{\alpha}_i \, dS \tag{6.2.1-13}$$

이다. 식 (6.2.1-8)과 (6.2.1-10)을 결합하면 $\boldsymbol{\gamma}$에 대한 마지막 식

$$\int_D [\nabla\boldsymbol{\alpha}_i \cdot (\nu\nabla\boldsymbol{\gamma}) - \boldsymbol{\alpha}_i f]\, dv + \int_{\partial N} \boldsymbol{\alpha}_i(\sigma\boldsymbol{\gamma} - \mathbf{h})\, dS = 0, \quad 1 \le i \le N_a \tag{6.2.1-14}$$

를 산출한다.

식 (6.2.1-14)가 사용되면, 식 (6.2.1-12)에서 주어진 쌍일차 범함수 F의 정의에 따라,

$$F(\boldsymbol{\gamma}, \boldsymbol{\alpha}_i) = \int_D f\boldsymbol{\alpha}_i\, dv + \int_{\partial N} \mathbf{h}\boldsymbol{\alpha}_i\, dS, \quad 1 \le i \le N_a \tag{6.2.1-15}$$

를 가진다.

결국 이것이 수치 풀이(numerical solution)가 전개되는 기본 방정식이 된다.

6.2.2 *Proof that F is an Inner Product*

앞으로 나아가기 전에, 쌍일차 범함수 F가 내적(內積, inner product)임을 증명하는 것이 편리하다. 이 사실은 뒤에 이 절(節)에서 전개되는 알고리즘이 정사영(正射影, 수직 투영(垂直 投影), orthogonal projection)임을 입증(立證)할 때 필요하다.

시작을 위하여, 유한요소 문제에 적합한 Hilbert 공간 $\mathcal{H}_2$를 세운다. 그 다음, $F(\mathbf{u}, \mathbf{w})$의 인수(引數, argument) $\mathbf{u}$와 $\mathbf{w}$가 $\mathcal{H}_2$의 요소라면, 그러면 F는 내적임을 보인다. 그 다음 이것을 $\mathcal{H}_2$의 내적으로 취한다.

$\mathcal{H}_2$의 요소로서, ∂E에 있는 Dirichlet 절점에서 0인, 문제 영역 D에서 정의되는 모든 연속 함수를 선택한다(여기에서, ∂E는, 5.5절에서 논의된 바와 같이, Dirichlet 경계조건이 부과되는 ∂D의 일부(一部)이다). 5장에서 설명된 바와 같이, ∂E는 임의의 내부 유한요소 문제에서는 0이 아니라고 가정한다. 따라서, 거기에는 Dirichlet 절점이 적어도 한 개가 있다. $\boldsymbol{\gamma}$와 $\boldsymbol{\beta}_F$가, Dirichlet 절점에서, 같은 Dirichlet 경계조건을 만족하기 때문에, 함수 $(\boldsymbol{\gamma} - \boldsymbol{\beta}_F)$는 $\mathcal{H}_2$의 요소이다. 같은 방식으로, $(\boldsymbol{\gamma} - \boldsymbol{\beta}_b)$는 $\mathcal{H}_2$의 요소이다. 능동 절점 $\boldsymbol{\alpha}_i$ for $1 \le i \le N_a$의 기저 함수는 Dirichlet 절점에서 모두 0이다. 그러면, 이 기저 함수는 모두 $\mathcal{H}_2$의 요소이다. 마지막으로, $\boldsymbol{\beta}_h$는 이 기저 함수의 선형 결합이기 때문에, 그것 또한 $\mathcal{H}_2$의 요소이다.

능동 절점의 기저 함수 N_a를 기저로 가지는, $\mathcal{H}_2$의 유한 차원 부분 공간 $\mathcal{H}_{N_a}$를 정의하는 것이 편리하다. 그러면, $\boldsymbol{\beta}_h$는 $\mathcal{H}_{N_a}$의 요소이다.

5.2절에서 본 바와 같이, 대칭이며 정정(正定)인 쌍일차 범함수는 내적이다. 식 (6.2.1-12)에서 주어진 F의 정의로 출발하여 F가 이러한 성질을 가짐을 보인다. 먼

저 ν는 대칭 정정 tensor이거나 양(陽)의 scalar임을 상기한다. 그러면, F가 대칭, 즉

$$F(\mathbf{u}, \mathbf{w}) = F(\mathbf{w}, \mathbf{u}) \tag{6.2.2-1}$$

임을 보는 것은 쉽다.

F가 정정(正定, positive definite)임을 보는 것은 더 어렵다. 이것을 하기 위하여, $\mathcal{H}_2$ 내의 임의의 0이 아닌 요소 $\mathbf{u}$에 대하여, $F(\mathbf{u}, \mathbf{u})$의 표현식

$$\int_D (\nu\boldsymbol{\nabla}\boldsymbol{\gamma}) \cdot \boldsymbol{\nabla}\mathbf{u}\, dv + \int_{\partial N} \sigma\mathbf{u}^2 dS$$

이 양(陽)임을 보인다. 그 다음, $\mathbf{u}$가 0이 아니라고 가정한다. 그러면, $\mathbf{u}$가 Dirichlet 절점에서 0이어야 하며 D 내의 어떤 다른 점에서는 0이 아니어야 하기 때문에, 그러면 $\boldsymbol{\nabla}\mathbf{u}$는 D 내에서 0이 아니어야 한다. 이것과, ν가 양의 scalar이거나 정정 tensor라는 사실로부터, 위의 표현식에서 첫 번째 적분은 양(陽)이어야 함을 본다. σ(혼합 경계조건 부분에서)가 0이 아니어야 한다고 가정한다. 그러므로, $\mathcal{H}_2$ 내의 0이 아닌 $\mathbf{u}$에 대해, 위의 표현식은 양(陽)이어야 하며 F는 정정(正定)이어야 한다.

F가 대칭이며 정정이기 때문에, 그것은 내적이다. 특히 그것은 하첨자 2로 나타낸 $\mathcal{H}_2$의 내적이어서, $\mathcal{H}_2$의 임의의 요소 $\mathbf{u}$와 $\mathbf{w}$에 대해,

$$F(\mathbf{u}, \mathbf{w}) = \langle \mathbf{u}, \mathbf{w} \rangle_2 \tag{6.2.2-2}$$

이다. 이 식이 식 (6.2.1-12)에 대입되면, 이 내적을 정의하는

$$\langle \mathbf{u}, \mathbf{w} \rangle_2 = \int_D \nu\boldsymbol{\nabla}\mathbf{u} \cdot \boldsymbol{\nabla}\mathbf{w}\, dv + \int_{\partial N} \sigma\mathbf{u}\mathbf{w}\, dS \tag{6.2.2-3}$$

이 된다.

6.2.3 *Algorithm for Computing* $\boldsymbol{\beta}_h$

5.5절에서와 같이,

$$F(\boldsymbol{\beta}_F, \boldsymbol{\alpha}_i) = \int_D f\boldsymbol{\alpha}_i\, dv + \int_{\partial N} \mathbf{h}\boldsymbol{\alpha}_i\, dS, \quad 1 \le i \le N_a \tag{6.2.3-1}$$

가 되어 식 (6.2.1-15)를 만족하는($\boldsymbol{\gamma}$가 그런 것처럼) 유한요소 근사 장(有限要素 近似 場, finite element approximate field) $\boldsymbol{\beta}_F$를 만든다. 식 (6.2.1-4)($\boldsymbol{\beta}_F$를 $\boldsymbol{\beta}_b$와 $\boldsymbol{\beta}_h$의 합(合, sum)으로 표현하는)를 사용하고, $\boldsymbol{\beta}_b$가 계산의 최초에 고정된다는 것을 상기하여, 그것을 우변으로 옮긴다. 그러면, $\boldsymbol{\beta}_h$가 $\mathcal{H}_2$ 내에 있음을 상기하면,

$$F(\boldsymbol{\beta}_h, \boldsymbol{\alpha}_i) = \langle \boldsymbol{\beta}_h, \boldsymbol{\alpha}_i \rangle_2 = b_i, \quad 1 \le i \le N_a \tag{6.2.3-2}$$

를 가진다. 여기서

$$b_i = \int_D f \boldsymbol{\alpha}_i \, dv + \int_{\partial N} \mathbf{h}\boldsymbol{\alpha}_i \, dS - F(\boldsymbol{\beta}_b, \boldsymbol{\alpha}_i), \quad 1 \le i \le N_a$$

이다. 더욱이, $\boldsymbol{\beta}_b$를 식 (6.2.1-7)(Dirichlet 절점의 기저 함수의 선형 결합으로)로 나타내면,

$$b_i = \int_D f \boldsymbol{\alpha}_i \, dv + \int_{\partial N} \mathbf{h}\boldsymbol{\alpha}_i \, dS - \sum_{j=1+N_a}^{N} \beta_j F(\boldsymbol{\alpha}_j, \boldsymbol{\alpha}_i), \quad 1 \le i \le N_a \tag{6.2.3-3}$$

을 가진다.

그러면, b_i는 문제의 최초에서부터 계산될 수 있다(6.3절에서 전개된 식의 도움을 받아).

식 (6.2.1-6)이 (6.2.3-2)에 대입될 때, 푸는 계 방정식(system of equations)이

$$\sum_{j=1}^{N_a} \langle \boldsymbol{\alpha}_j, \boldsymbol{\alpha}_i \rangle_2 \, \beta_j = b_i, \quad 1 \le i \le N_a \tag{6.2.3-4}$$

와 같이 주어짐을 본다.

그리고 이 선형 계의 풀이(linear system solution)에 사용되는 행렬 M은

$$m_{ij} = \langle \boldsymbol{\alpha}_j, \boldsymbol{\alpha}_i \rangle_2, \quad 1 \le i, j \le N_a \tag{6.2.3-5}$$

와 같이 주어지는 요소 m_{ij}를 가진다.

이 식과 식 (6.2.2-3)으로 주어지는 이 내적의 정의를 사용하면

$$m_{ij} = \langle \boldsymbol{\alpha}_j, \boldsymbol{\alpha}_i \rangle_2 = F(\boldsymbol{\alpha}_j, \boldsymbol{\alpha}_i) = \int_D (\nu \nabla \boldsymbol{\alpha}_j) \cdot \nabla \boldsymbol{\alpha}_i \, dv + \int_{\partial N} \sigma \boldsymbol{\alpha}_j \boldsymbol{\alpha}_i \, dS, \quad 1 \le i, j \le N_a \tag{6.2.3-6}$$

을 준다

이것이 이러한 행렬 요소(行列 要素, matrix element)를 계산하기 위해 사용되는 식이다.

6.2.4 Demonstration that $\boldsymbol{\beta}_h$ is an Orthogonal Projection

이제 $\boldsymbol{\beta}_h$가 $(\boldsymbol{\gamma} - \boldsymbol{\beta}_b)$의 $\mathcal{K}_{N_a}$로의 정사영(正射影, orthogonal projection)으로 됨이 보여

진다. 식 (6.2.1-15)에서 (6.2.3-1)을 빼면(subtract),

$$F(\boldsymbol{\gamma} - \boldsymbol{\beta}_F, \boldsymbol{\alpha}_i) = \langle \boldsymbol{\gamma} - \boldsymbol{\beta}_F, \boldsymbol{\alpha}_i \rangle_2 = \langle (\boldsymbol{\gamma} - \boldsymbol{\beta}_b) - \boldsymbol{\beta}_h, \boldsymbol{\alpha}_i \rangle_2 = 0, \quad 1 \le i \le N_a \quad (6.2.4\text{-}1)$$

이 된다.

이 N_a개의 방정식의 집합으로부터 $(\boldsymbol{\gamma} - \boldsymbol{\beta}_b) - \boldsymbol{\beta}_h$는 $\mathscr{H}_{N_a}$에 직교(直交, orthogonal)임을 본다. $\boldsymbol{\beta}_h$가 $\mathscr{H}_{N_a}$의 요소이기 때문에, $\boldsymbol{\beta}_h$는 $\boldsymbol{\gamma} - \boldsymbol{\beta}_b$의 $\mathscr{H}_{N_a}$로의 정사영임을 본다(정사영은 5장의 5.8절에서 논의되었다).

5.8절은 또한 이 정사영이, 어떤 점에서(in a sense),

$$\mathbf{e} = \boldsymbol{\gamma} - \boldsymbol{\beta} = (\boldsymbol{\gamma} - \boldsymbol{\beta}_b) - \boldsymbol{\beta}_h$$

로 주어지는 오차(誤差, error) **e**를 최소로 함을 보인다.

특히, 정사영은 **e**의 자연(自然) 놈(natural norm)이 최소로 되는 $\mathscr{H}_{N_a}$의 요소인 것을 보증한다. 식 (6.2.2-3)을 사용하여, 최소로 되는 **e**의 norm이

$$||\mathbf{e}|| = \sqrt{\langle \mathbf{e}, \mathbf{e} \rangle_2} = \sqrt{\int_D (\nu \nabla \mathbf{e}) \cdot \nabla \mathbf{e} \, dv + \int_{\partial N} \sigma \mathbf{e}^2 \, dS} \quad (6.2.4\text{-}2)$$

로 주어짐을 본다.

이 식으로부터, 이 알고리즘에 의한 수법(手法, mechanism)이 오차를 최소로 함을 볼 수 있다. 단순함을 위하여, 이 경우에는 위의 식에 있는 σ와 두 번째 적분이 0과 같기 때문에, 혼합 경계조건은 사용되지 않는 것으로 가정한다. 이러한 상황에서는, **e**의 구배(勾配, gradient)는, 이 식에 따라, 문제 영역 D에 걸쳐 최소로 된다. 다음과 같은 방식으로 오차 **e**를 생각할 수 있다:

1. 각 Dirichlet 절점에서, **e**는 0이다.
2. D 내의 임의의 점에서의 오차는 Dirichlet 절점으로부터 그 점까지의 $\nabla\mathbf{e}$의 선적분(線積分, line integral)과 같다.

6.3 COMPUTATION OF LINEAR SYSTEM FOR FINITE ELEMENT METHOD

이 절(節)의 목적은 식 (6.2.3-3)에 나타난 항(項, term) b_i와 이 식과 식 (6.2.3-4)에 나타난 내적과 쌍일차 범함수 $\langle \boldsymbol{\alpha}_j, \boldsymbol{\alpha}_i \rangle$와 $F(\boldsymbol{\alpha}_j, \boldsymbol{\alpha}_i)$를 계산하려는 독자를 돕는 것이다. 6.3.1절은 이 내적과, 독자에게 이 항들에 대한 일반적인 "감각(感覺, feel)"이 준비되도록, 식 (6.2.3-3)에 나타난 항들을 논의한다. 이 절의 남은 소절(小節, subsection)은 어떤 일반적으로 사용되는 유한요소와 형상 함수를 위한 이 내적을 계산하는데

도움이 되는 해석적(解析的)으로 유도(誘導)된 정식화(定式化)(analytically derived formulation)를 나타낸다.

6.3.1 Preliminary Considerations

여기에서 식 (6.2.3-3)(b_i를 위한)과 (6.2.3-6)(내적을 위한)에 나타난 적분을 고려한다.

첫째로, 이 식이 기저 함수의 구배(勾配, gradient)를 포함하기 때문에, 피라미드-형 기저 함수를 사용해야 한다(그림 4-1 (b)를 보라)(펄스-형 기저 함수는, 그림 4-1 (a)와 같이, 유한 요소의 내부에서 0이며 유한요소의 경계에서 무한대(無限大, infinite)인 구배를 가진다).

둘째로, 이 식의 대부분의 항은 대부분의 경우 0이다. 이것은 주로 이 책에서 사용된 모든 기저 함수 α_i가 *국부 지원(局部 支援, local support)*을 가진다는 사실에 기인한다(국부 지원의 이런 성질은 4장에서 논의되었다). 기저 함수가 0이 아닌 그런 유한요소는 그것의 지원(支援, support)이라 불린다. 이 책에서의 기저 함수의 경우, 이 지원은 기저 함수의 절점을 내포하는 그런 유한요소만을 포함한다(그림 4-1을 보라). 기저 함수 α_i의 지원과 기저 함수 α_j의 지원이 공통으로 한 개 또는 그 보다 많은 유한요소를 공유한다면(그림 6-2 (a)에 보여진 것처럼), 그러면 이러한 기저 함수는 *교차(交叉)한다고(intersecting)* 말한다. 그런 두 개의 기저 함수의 지원이 공통으로 어떤 유한요소도 공유하지 않는다면, 그러면 이러한 기저 함수는 *교차하지 않는다(nonintersectiong)*(그림 6-2 (b)에 보여진 것처럼). 여기서 볼 수 있는 바와 같이, 서로 인접(隣接)해 있는 기저 함수만이 교차한다. 식 (6.2.3-6)에 나타난 적분

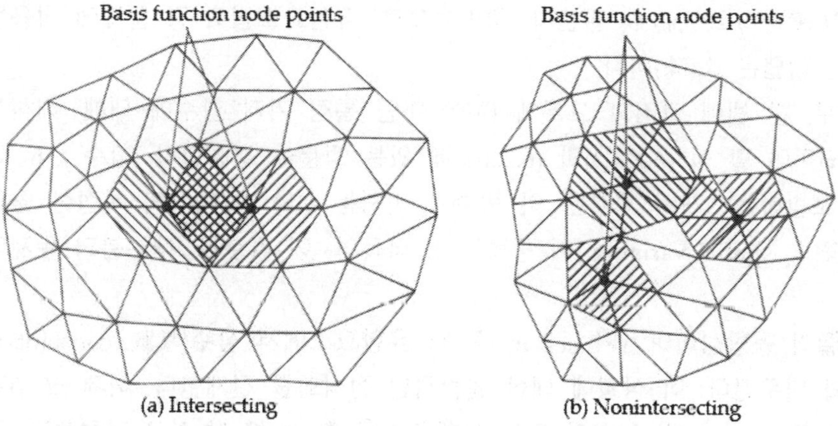

Fig. 6-2. Intersecting and nonintersecting basis functions.

$$\int_D \nabla\boldsymbol{\alpha}_i \cdot (\nu \nabla \boldsymbol{\alpha}_j)\, dv$$

는 $\boldsymbol{\alpha}_i$와 $\boldsymbol{\alpha}_j$가 교차할 때만 그리고 그 때에 한해서(필요충분) 0이 아니다. 적분

$$\int_D \boldsymbol{\alpha}_i f\, dv$$

는 f가 $\boldsymbol{\alpha}_i$의 지원에 걸쳐 0이 아닐 때에만 0이 아닐 수 있지만, 다루는 대부분의 문제의 경우, f는 전체 문제 영역(entire problem domain) D에 걸쳐 0이다. 적분

$$\int_{\partial N} \boldsymbol{\alpha}_i \,\mathbf{h}\, dS$$

는 $\boldsymbol{\alpha}_i$의 지원과 ∂N이 교차할 때에만, 그리고 그 다음 $\mathbf{h}$가 그 교점에 걸쳐 0이 아닐 때에만 0이 아닐 수 있다. 마지막으로, 적분

$$\int_{\partial N} \sigma \boldsymbol{\alpha}_i \boldsymbol{\alpha}_j\, dS$$

는 $\boldsymbol{\alpha}_i$, $\boldsymbol{\alpha}_j$의 지원과 ∂N이 교차하며 σ가 교점에서 0이 아닐 때에만 0이 아닐 수 있다. 다루는 문제의 대부분에서, Dirichlet 및 Neumann 경계조건만을 사용하며, σ는 0이다.

위로부터 N_a가 크다면—말하자면, 100 또는 그 보다 더 큰 차수(次數, order)의 (대부분의 실제 문제에서 일어나는)—그러면 대부분의 정수 쌍(整數 雙, pair of integers) i, j for $1 \le i, j \le N_a$에 대하여, 양(量) m_{ij}는 0과 같음을 볼 수 있다. 다른 방식으로 말하면, 행렬 M의 N_a^2 요소의 막대한 대부분이 0과 같다. 그러한 행렬은 *성기다고(소(疎)하다고, sparse)* 말한다. 일반적으로, 유한요소법이 장 문제에 적용될 때 생성되는 행렬은 소(疎)하다.

마지막으로, 한 번에 그리고 모두에 대해, 어떤 특정 기저 함수에 대해, 해석적으로, 수행되어야 할 식 (6.2.3-3)과 (6.2.3-6)에 있는 적분을 결정한다. 함수 f, $\mathbf{h}$, 그리고 σ를 포함하는 3개의 적분은 이 함수가 미치는 D와 ∂N에서의 특정한 공간 변화(空間 變化, spatial variation)에 종속된다. 더욱이, 이 적분은, 대부분의 문제에서, 0이다.

한편, 매질이 등방성이며, ν가 scalar, 즉 각 유한요소에서 상수(常數, constant)인 많은 문제와 마주친다. 이 상황에 대한 일반적인 정식화를 전개한다. 이제 $n(i, j)$가 $\boldsymbol{\alpha}_i$와 $\boldsymbol{\alpha}_j$의 지원(support)의 교차가 있는 유한요소의 총 수(總 數)라고 가정한다. 예

를 들어, 그림 6-2 (a)에서는, $n(i, j) = 2$이다. k를 이 교차에 있는 각 유한요소의 국부 지표(局部 指標, local index)라 하자. 그러면 ν가 각 유한요소에서 상수이기 때문에,

$$\int_D \boldsymbol{\nabla}\boldsymbol{\alpha}_i \cdot (\nu \boldsymbol{\nabla}\boldsymbol{\alpha}_j)\, dv = \sum_{k=1}^{n(i,j)} \nu_k \int_{A_k} \boldsymbol{\nabla}\boldsymbol{\alpha}_i \cdot \boldsymbol{\nabla}\boldsymbol{\alpha}_j\, dv \tag{6.3.1-1}$$

을 볼 수 있다. 여기서 A_k는 유한요소 k의 면적(또는 체적)이며 ν_k는 A_k에서의 ν의 값이다.

$\boldsymbol{\alpha}_i$와 $\boldsymbol{\alpha}_j$는, 식 (6.3.1-1)에서 사용된 것처럼, $\boldsymbol{\alpha}_i$와 $\boldsymbol{\alpha}_j$가 유한요소 A_k에서 정의된 형상 함수 만으로 실제로 구성된다. p_i와 p_j가, 영역 A_k에 대해 정의된, 이 형상 함수라면, 그러면 A_k 내에 있는 임의의 점 p에 대하여,

$$p_i(p) = \boldsymbol{\alpha}_i(p)$$
$$p_j(p) = \boldsymbol{\alpha}_j(p)$$

가 되어

$$\int_D \boldsymbol{\nabla}\boldsymbol{\alpha}_i \cdot \boldsymbol{\nabla}\boldsymbol{\alpha}_j\, dv = \int_{A_k} \boldsymbol{\nabla}p_j \cdot \boldsymbol{\nabla}p_i\, dv \tag{6.3.1-2}$$

이다.

$$\Gamma(\mathbf{u}, \mathbf{w}) = \int_{A_\Gamma} \boldsymbol{\nabla}\mathbf{u} \cdot \boldsymbol{\nabla}\mathbf{w}\, dv \tag{6.3.1-3}$$

에 의해 쌍일차 범함수 Γ를 정의하는 것이 편리하다. 여기서 함수 $\mathbf{u}$와 $\mathbf{v}$는 모두 같은 영역 A_Γ에 대해 정의된 형상 함수이다. ν가 각 요소에서 등방성이며 균일(均一, uniform)한 문제의 경우, 식 (6.3.1-1), (6.3.1-2), 그리고 (6.3.1-3)으로부터,

$$\int_D \boldsymbol{\nabla}\boldsymbol{\alpha}_i \cdot (\nu \boldsymbol{\nabla}\boldsymbol{\alpha}_j)\, dv = \sum_{k=1}^{n(i,j)} \nu_k\, \Gamma(p_i, p_j)$$

이며, 식 (6.2.3-6)과 함께,

$$m_{ij} = \sum_{k=1}^{n(i,j)} \nu_k\, \Gamma(p_i, p_j) + \int_{\partial N} \sigma \boldsymbol{\alpha}_i \boldsymbol{\alpha}_j\, dS \tag{6.3.1-4}$$

를 가진다.

계속되는 소절(小節)에서, Γ에 대한 정식화가 4장에서 취해진 서로 다른 차원(次元, dimension), 차수(次數, order), 그리고 모양(模樣, shape)의 여러가지 형상 함수에 대해 이루어진다.

6.3.2 Computation of Γ for Linear Shape Function over a Triangular Finite Element

4.4.2절에서 주어진 삼각형에 대한 선형 형상 함수의 경우의 Γ를 계산하는 것으로 나아간다. 일반적으로, Cartesian 좌표 x와 y의 함수인 임의의 2-차원 형상 함수의 경우, 식 (6.3.1-3)으로부터,

$$
\begin{aligned}
\Gamma(\mathbf{u}, \mathbf{w}) &= \int_{A_\Gamma} \nabla \mathbf{u}(x, y) \cdot \nabla \mathbf{w}(x, y)\, da \\
&= \int_{A_\Gamma} \left[\frac{\mathbf{u}(x, y)}{\partial x} \frac{\mathbf{w}(x, y)}{\partial x} + \frac{\mathbf{u}(x, y)}{\partial y} \frac{\mathbf{w}(x, y)}{\partial y} \right] da
\end{aligned} \tag{6.3.2-1}
$$

을 가진다. 식 (4.4.2-5), (4.4.2-6), (4.4.2-7), 그리고 (6.3.2-1)로부터,

$$\Gamma(p_1^1, p_1^1) = \frac{1}{4A_\Gamma}\left[(y_2 - y_3)^2 + (x_2 - x_3)^2\right] \tag{6.3.2-2}$$

$$\Gamma(p_2^1, p_2^1) = \frac{1}{4A_\Gamma}\left[(y_3 - y_1)^2 + (x_3 - x_1)^2\right] \tag{6.3.2-3}$$

$$\Gamma(p_3^1, p_3^1) = \frac{1}{4A_\Gamma}\left[(y_1 - y_2)^2 + (x_1 - x_2)^2\right] \tag{6.3.2-4}$$

$$\Gamma(p_1^1, p_2^1) = \frac{1}{4A_\Gamma}\left[(y_2 - y_3)(y_3 - y_1) + (x_2 - x_3)(x_3 - x_1)\right] \tag{6.3.2-5}$$

$$\Gamma(p_1^1, p_3^1) = \frac{1}{4A_\Gamma}\left[(y_2 - y_3)(y_1 - y_2) + (x_2 - x_3)(x_1 - x_2)\right] \tag{6.3.2-6}$$

$$\Gamma(p_2^1, p_3^1) = \frac{1}{4A_\Gamma}\left[(y_3 - y_1)(y_1 - y_2) + (x_3 - x_1)(x_1 - x_2)\right] \tag{6.3.2-7}$$

을 가진다.

6.3.3 Computation of Γ for Higher Order Shape Function over a Triangular Finite Element

4.4.5절에서, 심각형에서의 고차 형상 함수가 선형 형상 함수의 함수로써 구성되었다. 더욱이, 4.4.3절에서 보여진 바와 같이, 이 선형 형상 함수는 삼각형 면적 좌표와 같다. 이것을 염두에 두면, 식 (4.4.5-6)은

$$\tau_{ijk}^{(M)} = l_i^i(M\Lambda_1) l_j^j(M\Lambda_2) l_k^k(M\Lambda_3) \tag{6.3.3-1}$$

이 된다. 삼각형 면적 좌표 Λ_1, Λ_2, 그리고 Λ_3은 이 식에서 단순함을 위하여 삼각형에 대한 선형 형상 함수 p_1^1, p_2^1, 그리고 p_3^1을 대신하여 사용되었다. 이 식에서 기호 l은, 식 (4.4.4-6)부터 (4.4.4-10)에서 주어진 것과 같은, 정규화(正規化) 라그랑주 보간 함수(補間 函數)(normalized Lagrange interpolating function)를 나타낸다. 식 (6.3.3-1)에서 정수 i, j, 그리고 k는 $\tau_{ijk}^{(M)}$이 1(unity)과 같은 삼각형 내의 절점을 식별(識別)하는 지표(指標, index)를 나타냄에 유의하라.

$\tau_{ijk}^{(M)}$와 $\tau_{mno}^{(M)}$에 대한 Γ를 계산하는 방법이 이제 개략적으로 설명된다. 식 (6.3.1-3)으로부터,

$$\Gamma\left(\tau_{ijk}^{(M)}, \tau_{mno}^{(M)}\right) = \int_{A_\Gamma} \nabla\tau_{ijk}^{(M)} \cdot \nabla\tau_{mno}^{(M)}\, da \tag{6.3.3-2}$$

를 가진다. 식 (6.3.3-1)로부터,

$$\nabla\tau_{ijk}^{(M)} = \sum_{c=1}^{3} \left(\frac{\partial\tau_{ijk}^{(M)}}{\partial\Lambda_c}\right) \nabla\Lambda_c \tag{6.3.3-3}$$

과

$$\nabla\tau_{mno}^{(M)} = \sum_{q=1}^{3} \left(\frac{\partial\tau_{mno}^{(M)}}{\partial\Lambda_q}\right) \nabla\Lambda_q \tag{6.3.3-4}$$

를 가진다. 여기서 c와 q는 정수 지표(整數 指標, integer index)이다.

식 (6.3.3-2), (6.3.3-3), 그리고 (6.3.3-4)로부터,

$$\Gamma\left(\tau_{ijk}^{(M)}, \tau_{mno}^{(M)}\right) = \sum_{c=1}^{3}\sum_{q=1}^{3} \int_{A_\Gamma} \left(\frac{\partial\tau_{ijk}^{(M)}}{\partial\Lambda_c}\right)\left(\frac{\partial\tau_{mno}^{(M)}}{\partial\Lambda_q}\right) (\nabla\Lambda_c \cdot \nabla\Lambda_q)\, da \tag{6.3.3-5}$$

를 가진다. 여기서 A는 삼각형의 면적이다. 6.3.2절에서 본 바와 같이, 점적(點積, dot product; 내적(內積), inner product)

$$\nabla\Lambda_c \cdot \nabla\Lambda_q$$

는 A에 걸쳐 상수(常數, constant)이며, 더욱이,

$$\nabla\Lambda_c \cdot \nabla\Lambda_q = \frac{1}{A}\Gamma(\Lambda_c, \Lambda_q) = \frac{1}{A}\Gamma\left(p_c^1, p_q^1\right) \tag{6.3.3-6}$$

이다. 여기서 뒤의 것은 식 (6.3.2-2)부터 (6.3.2-7)에서 구해졌다. 그러면, 식 (6.3.3-5)로부터,

$$\Gamma\left(\tau_{ijk}^{(M)}, \tau_{mno}^{(M)}\right) = \sum_{c=1}^{3}\sum_{q=1}^{3} \nabla\Lambda_c \cdot \nabla\Lambda_q \int_A \left(\frac{\partial\tau_{ijk}^{(M)}}{\partial\Lambda_c}\right)\left(\frac{\partial\tau_{mno}^{(M)}}{\partial\Lambda_q}\right) da \tag{6.3.3-7}$$

이 된다. 식 (4.4.4-8)과 (6.3.3-1)로부터,

$$\frac{\partial\tau_{ijk}^{(M)}}{\partial\Lambda_c}, \quad 1 \le c \le 3$$

이 Λ_1, Λ_2, 그리고 Λ_3에 있는 다항식(多項式, polynomial)으로 표현될 수 있음을 본다. 같은 내용이

$$\frac{\partial\tau_{mno}^{(M)}}{\partial\Lambda_q}, \quad 1 \le q \le 3$$

과 식 (6.3.3-7)에 있는 피적분 함수(被積分 函數, integrand)의 경우에 대해서도 참(진(眞), true)이다. 즉, 이 피적분 함수는

$$\sum_{u=1}^{N_T} a_u \Lambda_1^{p(u)} \Lambda_2^{w(u)} \Lambda_3^{r(u)}$$

와 같이, 말하자면 N_T 다항식 항(多項式 項, polynomial term)의 선형 결합에 의해 표현될 수 있다. 여기서 $p(u), w(u)$, 그리고 $r(u)$는 정수 지수(整數 指數, integer exponent)이다. 식 (6.3.3-7)은

$$\Gamma\left(\tau_{ijk}^{(M)}, \tau_{mno}^{(M)}\right) = \sum_{c=1}^{3}\sum_{q=1}^{3} \nabla\Lambda_c \cdot \nabla\Lambda_q \sum_{u=1}^{N_T} \int_A \Lambda_1^{p(u)} \Lambda_2^{w(u)} \Lambda_3^{r(u)} da \tag{6.3.3-8}$$

이 된다. Silvester는 삼각형의 경우,

$$\int_A \Lambda_1^{p(u)} \Lambda_2^{w(u)} \Lambda_3^{r(u)} da = A \frac{p(u)!\, w(u)!\, r(u)}{[p(u) + w(u) + r(u) + 2]!} \tag{6.3.3-9}$$

이어서, 식 (6.3.3-8)이

$$\Gamma\left(\tau_{ijk}^{(M)}, \tau_{mno}^{(M)}\right) = \sum_{c=1}^{3}\sum_{q=1}^{3}\Gamma\left(\Lambda_c, \Lambda_q\right)\sum_{u=1}^{N_T} a_u \frac{p(u)!\, w(u)!\, r(u)}{[p(u)+w(u)+r(u)+2]!} \qquad (6.3.3\text{-}10)$$

이 됨을 보인다(Ref. 6, pp. 95-100, eq. 15).

6.3.4 Computation of Γ for a Shape Function over a Rectangular Finite Element

직사각형에서 고차 형상 함수에 대한 Γ의 계산이 아래에서 개략적으로 설명된다. 최저차 형상 함수의 경우는 그러면 이것의 간단한 예이다. 다시, 식 (6.3.2-1)로부터 출발하고 식 (4.4.6-2)를 사용하여,

$$\begin{aligned}\Gamma(p_{ij}, p_{op}) = \int_{y=0}^{y_n}\int_{x=0}^{x_m}\Bigg[& L_j^n(y)L_p^n(y)\frac{dL_i^m(x)}{dx}\frac{dL_o^m(x)}{dx} \\ &+ L_i^m(x)L_o^m(x)\frac{dL_j^n(y)}{dy}\frac{dL_p^n(y)}{dy}\Bigg]dxdy\end{aligned} \qquad (6.3.4\text{-}1)$$

이 된다. 여기서 A_Γ는, 이 경우에는, 그림 4-8에 있는 직사각형의 면적이며 L은 식 (4.4.4-1)에서 정의된 것과 같은 Lagrange 보간 함수를 나타낸다. 식 (6.3.4-1)로부터, 임의의 차수의 경우에 이 적분은, 개념적으로, 값을 구하기가 쉽지만–참으로 지루함*을–볼 수 있다.

6.4 SAMPLE PROBLEM

2, 3, 4장, 그리고 5장 뿐만 아니라, 6.2절과 6.3절에 표현된 정보가 어떻게 유한요소법을 풀기 위한 기초를 이루도록 함께 맞아지는 지에 대한 감각(感覺, feeling)을 독자에게 주기 위해 상당히 간단한 예제 문제가 이 절(節)에서 풀어진다.

6.4.1 Problem Definition

2-차원 내부 문제(內部 問題, interior problem)가 선택되었다. 6.2절에서 보여진 바와 같이, 유한요소법은 문제 영역이, 그 경계에 대해 적용되는 경계조건으로, 유계(有界)되어 있기(bounded) 때문에 내부 문제에 가장 적합하게 된다. 7장은 외부 문제(外部 問題, exterior problem)로의 유한요소법의 확장을 다룬다. 하지만, 볼 바와 같이, 외부 문제로의 이러한 확장은 매우 복잡하고 따라서 예제 문제의 목적에는 적합하지 않다.

---

* 적분의 이 같은 지루함은 때때로 가우스 구적 수치 적분(求積 數値 積分)(Gauss-quadrature numerical integration)을 만듦으로써 피할 수있다.

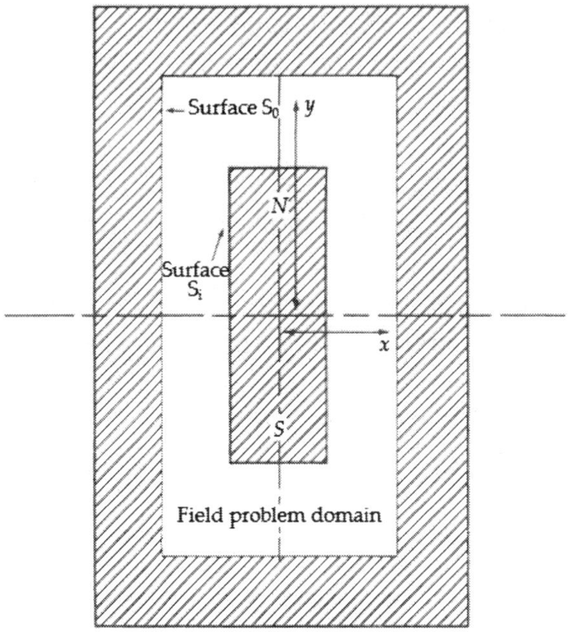

Fig. 6-3. Configuration for sample problem.

그림 6-3은 문제의 구성을 보인다. 기본적으로, 자유공간(自由空間, free space)으로 둘러싸이고, 이것이 다시 자성 물질(磁性 物質, permeable material)의 직사각 액자(直四角 額子, rectangular picture frame)에 둘러싸인 막대(bar) 모양의 영구자석(永久磁石, permanent magnet)이 있다. 막대 자석과 액자는 모두 무한대(無限大)의 투자율(infinitely permeable)로 가정한다. 이와 같이 둔 경우에는, 막대 자석의 외부와 액자의 내부에 대해 경계조건을 세울 수 있다. 그러면 문제 영역(이 경우에는 *장(場, field)* 문제 영역)은 정확히 막대 자석의 외부와 자성 액자의 내부인 자유공간이다. 문제 영역에는 흐르는 전류(電流, current)가 없기 때문에, 식 (2.2.2-1)로부터, **H**의 회전(回轉, curl, rotation)이 0과 같아, **H**를

$$\mathbf{H} = -\nabla\phi_m \tag{6.4.1-1}$$

로 나타낼 수 있다. 여기서 ϕ_m은 축소 스칼라 포텐셜(reduced scalar potential)이다. 더욱이, 이 영역에서는, 식 (2.2.1-3)으로부터,

$$0 = \nabla\cdot\mathbf{B} = \nabla\cdot\mu_0\mathbf{H} = \mu_0\nabla\cdot\mathbf{H}$$

이어서 문제 영역을 통하여

$$\nabla^2\phi_m = 0 \tag{6.4.1-2}$$

의 결과, 즉, Laplace 방정식이 얻어진다.

그림 6-3에 보여진 바와 같이, 막대 자석의 외표면(外表面, exterior surface) S_i와 액자의 내표면(內表面, interior surface) S_0 모두에 경계조건을 세워야 한다. 액자가 무한대의 투자율을 갖기 때문에, 액자에 접하는(tangential) 자계의 성분은 0이다. 그러면, 식 (6.4.1-1)로부터, ϕ_m은 액자 위에서 일정(一定)함을 본다. 이 상수를 0으로 취한다; 즉, 액자 위에서 $\phi_m = 0$이다. S_0에 대해 Dirichlet 경계조건을 세웠다.

막대 자석은, 다음에는, 감자 자계(減磁 磁界, demagnetizing field)를 생성하는 자화(磁化, magnetization)의 형태를 포함함을 안다(2.5.3절을 보라). 자화 **M**과 감자 자계 $\mathbf{H}_d$의 합(合, sum)은 자속밀도 **B**와 같다. **B**는 다시 S_i에 수직(垂直)인(normal) 0이 아닌 성분 B_n을 가지는데, 그 값을 안다고 가정한다. 이로부터 S_i 위의 임의의 점 P에 대한 Neumann 경계조건은

$$B_n(P) = -\mu_0 \frac{\partial \phi_m}{\partial n}(P) \tag{6.4.1-3}$$

이다. 막대 자석에서는, 자하밀도(磁荷密度, magnetic charge density)(식 (2.5.3-9)에 의해, **M**의 발산(發散, divergence)과 같은)는 그 끝 가까이로 집중된다. 즉, 양(陽, 정(正), positive)의 자하밀도는 막대 자석의 한 쪽 끝 가까이에 있으며 음(陰, 부(負), negative)의 자하밀도는 다른 쪽 끝 가까이에 있다. 이렇게 하는 것이 이 문제를 위한 충분히 좋은 근사이며,

$$\frac{\partial \phi_m}{\partial n} = y = \mathbf{h} \tag{6.4.1-4}$$

라 한다. 여기서 y는, 그림 6-3에 보여진 바와 같이, 막대 자석을 따른 공간 좌표이다.

6.4.2 *Construction of Hilbert Space for Problem*

위에서 논의된 바와 같이, Hilbert 공간 $\mathcal{H}$는 필수 경계조건을 만족하는 문제 영역에서 정의되는 모든 함수로 이루어진다. 이 경우에는, 필수 경계조건은 그림 6-3에서 표면 S_0에서의 Dirichlet 경계조건이다. 따라서, $\mathcal{H}$의 각 요소는 S_0에서 Dirichlet 경계조건을 만족하는 문제 영역(앞 절에서 정의된)에 대해 정의된 함수이다. 이 문제는 복합 경계조건(식 (3.7.1-3)에 주어진)을 사용하지 않기 때문에,

$$\sigma = 0 \tag{6.4.2-1}$$

이다. 그러면 식 (6.2.2-3)으로부터, $\mathcal{H}$의 두 요소 **u**와 **w** 사이의 내적은

$$\langle \mathbf{u}, \mathbf{w} \rangle = \int_D (\nu \nabla \mathbf{u}) \cdot \nabla \mathbf{w} \, dS \tag{6.4.2-2}$$

이다.

다음으로, $\mathcal{K}$의 N-차원 부분 공간 $\mathcal{K}_N$을 세워야 한다. 이것을 하기 위하여, 먼저 문제 영역을, 그림 6-4에 보여진 바와 같이, 삼각형 요소로 분할한다. 단순함을 위하여, 이 삼각형 요소에 대하여 선형 형상 함수를 사용한다. (앞 절(節)에서 논의된 바와 같이, 피라미드-형 기저 함수를 사용해야 한다. 그림 4-1 (b)는, 그러면, 백합(百合, lily) 처럼 보이는 기저 함수를 보인다.) 선형 형상 함수를 사용하기 때문에, 삼각형의 정점(頂點, vertex)에서만 절점(節點, node point)을 가진다.

6.4.3 *Construction of Linear System for Sample Problem*

이 절(節)에서는 곧 쓸 수 있는 문제에 대한 선형 계(線形 系, linear system)를 위하여 단순히 식 (6.2.3-4)를 적용한다. 이 문제가 혼합 경계조건을 가지지 않기 때문에, 식 (6.4.2-1)이 유효하고, 식 (6.3.1-4)로부터, 행렬 M의 요소는

$$m_{ij} = \sum_{k=1}^{n(i,j)} \nu_k \Gamma_k(p_i, p_j) \tag{6.4.3-1}$$

에 의해 주어진다. 이 식에서, i와 j는 기저 함수 $\boldsymbol{\alpha}_i$와 $\boldsymbol{\alpha}_j$(그리고 그 절점)의 전역 지표(全域 指標, global index)이다. 이 두 기저 함수의 지원(支援, support)의 교차(交叉, intersection)가 있는 유한요소의 수(數)는 $n(i, j)$이며, k는 이러한 유한요소의 각각을 나타내는데 사용되는 국부 지표(局部 指標, local index)이다.

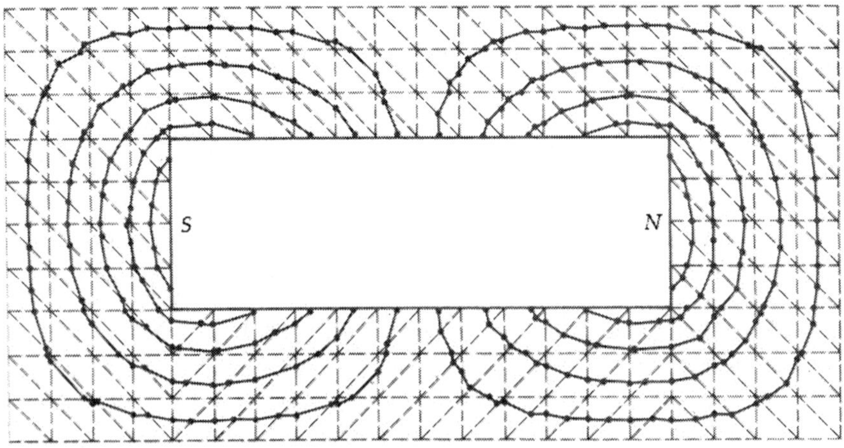

Fig. 6-4. Finite elements and computed results for sample problem.

식 (6.4.3-1)에서 기호 ν_k는 지원의 교차가 있는 각 유한요소의 비투자율(比透磁率, relative permeability)을 나타낼 수 있다(이것이 정전 문제(靜電 問題, static electric problem)라면, 그러면 ν_k는 이러한 유한요소 각각의 유전율(誘電率, permittivity)을 나타낼 수 있다). 즉, 서로 다른 유한요소의 매질이 다른 문제를 다룬다면, 그러면 그 차이는 ν_k의 다른 값에 의해 나타내어진다. 이 문제에서는, 전체 문제 영역이, 모든 유한요소의 ν_k가 1(unity)과 같은 결과로 되는 자유공간이며, 식 (6.4.3-1)은

$$m_{ij} = \sum_{k=1}^{n(i,j)} \Gamma_k(p_i, p_j) = \langle \boldsymbol{\alpha}_j, \boldsymbol{\alpha}_i \rangle_2 \tag{6.4.3-2}$$

가 된다.

행렬 M의 요소 m_{ij}는 식 (6.4.3-2)에 의해 주어진다. 이 식에서 $\Gamma_k(p_i, p_j)$에 대한 표현은 식 (6.3.2-2)부터 (6.3.2-7)과 같이 주어진다. (식 (6.4.3-2)에서 지표 i와 j는 그 절점의 전역 지표(global index)임에 유의하라. 식 (6.3.2-2)부터 (6.3.2-7)에 있는 지표는 삼각형 유한요소의 정점 1, 2, 그리고 3의 국부 지표(local index)이다. 즉, 한 개의 삼각형에 이 식들 중 한 개를 적용할 때 마다, 그 각 정점에 대한 전역 지표와 국부 지표를 모두 사용한다.)

마지막으로, 식 (6.2.3-4)에서 사용된 항 b_i를 계산하기 위하여 식 (6.2.3-3)을 사용한다. 이 응용에서는, 혼합 경계조건을 사용하지 않기 때문에, σ는 0과 같다. 자기 포텐셜 ϕ_m이 Laplace 방정식(식 (6.4.1-2))을 따르기 때문에, 그러면 f(식 (6.2.1-8)에 주어진 것과 같은)는 0과 같다. 더욱이, 0의 Dirichlet 경계조건이 S_0에 대해 요구되기 때문에, 그러면 $\boldsymbol{\beta}_b$(식 (6.2.1-4)에 있는)는 0과 같다. 이 사실과 식 (6.2.1-7)로부터,

$$\beta_i = 0, \quad 1 + N_a \le i \le N \tag{6.4.3-3}$$

을 가진다. 이 제약(制約, restriction)과 함께, 식 (6.2.3-3)은

$$b_i = \int_{\partial N} \boldsymbol{\alpha}_i \, \mathbf{h} \, dS \tag{6.4.3-4}$$

가 된다.

그러면, 식 (6.4.3-4)로부터 b_i for $1 \le i \le N_a$를 구하는 알고리즘을 전개하는 것이 남았다. 먼저, ∂N은 자연 경계조건이, 또는 이 경우에는 Neumann 경계조건이, 적용되는 경계의 일부임에 유의하라. 이 문제의 경우, 그러면, ∂N은 막대 자석의 외

표면 S_i와 같다. 더욱이, 이 경계조건은 식 (6.4.1-4)에 주어졌다. 그러면, 이 식과 식 (6.4.3-4)로부터,

$$b_i = \int_{S_i} \boldsymbol{\alpha}_i \, y \, dS \tag{6.4.3-5}$$

이다. b_i는 기저 함수 $\boldsymbol{\alpha}_i$가 경계 면(境界 面, boundary surface) S_i와 교차할 때만 식 (6.4.3-5)에 의해 주어짐에 유의하라. 그렇지 않으면, b_i는 0과 같다. 다시, 이 적분을 구하기 위하여, $\boldsymbol{\alpha}_i$를 그 지원에 대한 형상 함수로 쪼갠다. 즉, 식 (6.4.3-5)는

$$b_i = \sum_{k=1}^{n(i)} \int_{S_{ik}} p_{ik}^1(x, y) \, y \, dS, \quad 1 \le i \le N_a \tag{6.4.3-6}$$

이 된다. 이 식에서, $n(i)$는 S_i와 교차하는 기저 함수 i의 지원에 있는 유한요소의 수이며, k는 이 유한요소의 국부 지표이다. 그 위에, $p_{ik}(x, y)$는 절점 i에서 1(unity)과 같은 유한요소 k에 대한 선형 형상 함수이며, S_{ik}는 $p_{ik}(x, y)$와 S_i의 교차점이다. $p_{ik}(x, y)$와 y가 모두 S_{ik}에서 선형적으로 변화하기 때문에, 이 식에 있는 적분은 해석적으로 간단히 구해진다.

식 (6.4.3-2)와 (6.4.3-6)은, 다음에는, 다음 절(節)에서 나타낸 장 값(field value)을 계산하기 위해 풀어진 선형 계를 계산하기 위해 사용되었다.

6.4.4 Computed Results for Sample Problem

그림 6-4는 이 예제 문제에 대해 계산된 결과를 보인다. 실선 곡선(實線 曲線, solid curve)은, 같은 간격 수준(間隔 水準)(equally spaced level)으로 취한, 일정(一定) 축소(縮小) 자기(磁氣) 스칼라 포텐셜(constant reduced magnetic scalar potential)의 등고선(等高線, contour)이다. 파선(破線, dashed line)은, 다시, 사용된 삼각형 유한요소의 경계이다. 이 계산에서는, 총 198개의 절점이 사용되었다. 이 중에서, 액자를 따라서는 60개가 있으며 문제의 출발에서 0의 장 값(field value)이 이 절점에 부과되었다. 장(場)은 선형 계를 풂으로써 나머지 138개의 점에서 계산되었다. 총 304개의 유한요소가 사용되었다.

이 구성(構成, configuration)과 그 장(場)은 x와 y축(軸, axis) 모두에 대해 대칭임에 유의하라. 장(場)은, 그러면, 이것의 4분면(四分面, quadrant)중의 하나만을 계산함으로써 찾아졌을 수 있다. 이것은 계산기 시간(計算機 時間, computer time)과 계산기 기억 용량(計算機 記憶 容量, 컴퓨터 메모리, computer memory) 모두를 절약하는데 매우 효율적일 것이다.

REFERENCES

1. Mitchell, A. R. and Wait, R., *The Finite Element Method in Partial Differential Equations*, New York: John Wiley & Sons, 1977.
2. Zienkiewicz, O. C., *The Finite Element Method in Engineering Science*, 2nd ed., New York: McGraw-Hill Book Company, 1971.
3. Strang, G. and Fix, G. J., *An Analysis of the Finite Element Method*, Englewood Cliffs, N. J.: Prentice-Hall, Inc., 1973.
4. Wexler, Alvin, *Finite Elements for Technologists*, Winnipeg: Electrical Engineering Department, University of Manitoba, 1974.
5. Chari, M. V. K. and Silvester, P. P., Editors, *Finite Elements in Electrical and Magnetic Field Problems*, New York: John Wiley & Sons, 1980.
6. Silvester, P. P., "Symmetric Quadrature Formulae for Simplexes," *Mathematics of Computation*, January 1970, Vol. 24, No. 109.

7 Finite Element Method for Exterior Problems

7.1 INTRODUCTION

이 장(章)에서 나타내어지는 풀이를 위한 외부 문제(外部 問題, exterior problem)가 그림 7-1에 그려졌다. 보여진 바와 같이, 모든 매질 불연속성(媒質 不連續性, medium discontinuity)과 원천(源泉, source)은 어떤 폐곡면(閉曲面, closed surface) S_0 내부로 제한된다. 이 그림은 또한 문제 영역에서 제외되는 S_0 내부에 있는 영역 R_e를 보인다. 문제는 R_e의 경계 ∂R_e에 대한 적절한 경계조건을 포함한다. 아래에서 나타내는 알고리즘은 그러한 제외 영역이 한 개 또는 다수이거나, 또는 한 개도 없는 경우에도 적용될 수 있다.

여기서 나타내는 외부 문제의 풀이는 이것과 무한원(無限遠, infinity)에서의 원천의 추가(追加, addition)만이 다른 문제인 *산란* 장(*散亂* 場, *scattered* field)에 대해서도 사용될 수 있다.

6장에서 보여진 바와 같이, 유한요소법은 내부 문제에 쉽사리 적응된다. 방법을 외부 문제에 적응시키기 위하여, 내부 문제에서 사용하는 알고리즘을 확장한다. 이 확장(擴張, augmentation)은, 반복(反復, iteration)과 연립법(聯立法, simultaneous method) 둘 다에 의해, 여러 가지 방식으로 수행될 수 있다.

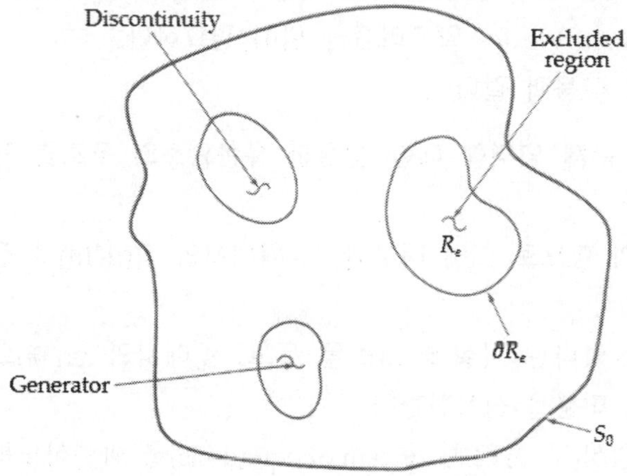

Fig. 7-1. General configuration for exterior problem.

반복법을 사용하면, 각 장(場, field)이 직전(直前)보다 더 정밀(精密)한 장(場)의 열(列)(연쇄 장(連鎖 場), sequence of fields)이 계산된다. 내부 문제에 대한 *유한차분* 풀이(*finite difference* solution)가 외부 문제의 풀이로 확장된 알고리즘이 보고되었다 (Ref. 1). 하지만, 사용된 확장 방법은 유한요소법에도 적용될 수 있다.

연립법을 사용하면, 내부 문제 알고리즘의 확장은 장(場)을 위해 풀어질 수 있는 연립방정식(聯立方程式, simultaneous equation)의 집합(集合, set)으로 귀결된다. 이 장(場)은 외부 문제에 대한 해(解, solution)이다.

연립법은 장이 여러 번 보다는 단 한번에 계산된다는 점에서 반복법보다 더 낫다. 이런 이유로, 아래의 설명은 세 가지 연립법으로 제한된다.

McDonald-Wexler 알고리즘(Ref. 2)과 Silvester 등의 알고리즘(Ref. 3)이 7.2절과 7.3절에 각각 설명된다. 7.4절은 이 책의 초판(初版)이 출판된 이후에 사용하게 된 어떤 사상(寫像) 알고리즘(mapping algorithm)을 설명한다.

7.2 MCDONALD-WEXLER ALGORITHM

그림 7-1에 보여진 문제에 대한 구성을 고려한다. 문제의 시작에서, 포텐셜 $\boldsymbol{\gamma}$ 뿐만 아니라 표면 S_0에서의 그것의 법선 미분(法線 微分)($\partial\boldsymbol{\gamma}/\partial n$)도 알지 못한다. 하지만, S_0의 외부에는 자유공간(自由空間, free space)만이 있다는 것을 안다. 그리고 바로 그 사실이 이 알고리즘의 열쇠(key)를 제공한다.

아래와 Appendix E에서 보여지는 바와 같이, 이 사실은, Green의 정리에 따라, S_0에서의 $\boldsymbol{\gamma}$의 값의 선형 변환(線形 變換, linear transformation)으로써 S_0에서의 법선 미분 $\partial\boldsymbol{\gamma}/\partial n$을 나타내는 것을 가능하게 한다. 이 선형 변환은, 그러면, 장(場)에 미치는 S_0 *외부(外部, outside)*의 자유공간의 효과를 표현한다. 덧붙여, S_0 *내부(內部, inside)*의 장(場)을 표현하기 위해 6장에서 전개된 어떤 식을 사용한다. S_0 내부의 장에 대한 이 식들은 모두 McDonald-Wexler 알고리즘을 위해 필요하다.

이 알고리즘에 포함되는 단계는 다음과 같다:

1. 그림 7-2에 보여진 바와 같이, 문제 영역에 대한 절점과 유한요소의 구조를 세운다.
2. S_0에 대한 장(場)의 법선 미분의 항으로 S_0의 내부와 S_0 위에서의 장(field)을 정식화한다.
3. S_0의 외부에는 자유공간 만이 있다는 사실에 기초를 두고, S_0에서의 장(場)의 항으로 S_0에 법선인 장(field)의 미분을 정식화한다.
4. 장(場)을 위해 풀어지는 계 방정식(系 方程式, system of equations)을 마련하도록 이 정식화(定式化, formulation)를 결합하고, 이 계(系)를 푼다.

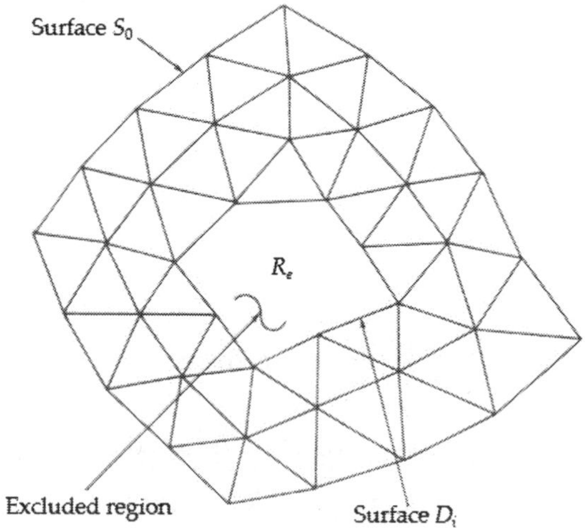

Fig. 7-2. Configuration for McDonald-Wexler algorithm.

7.2.1, 7.2.2, 7.2.3, 그리고 7.2.4절은 각각 항목(項目, item) 1, 2, 3, 그리고 4에 대해 논의한다.

7.2.1 *Structure of Node Points and Finite Elements*

그림 7-2는 이 알고리즘에서 사용되는 절점과 유한요소의 구조를 보인다. 거기에는 ∂E(Dirichlet 경계조건이 채용되는, 제외되는 영역 R_e의 경계의 일부인)를 따라 분포된 N_d개의 필수(必須, essential), Dirichlet 절점이 있다. 모든 나머지 절점은 *능동(능동, active)* 절점이다. N_a를 능동 절점의 수 그리고 N을 총 절점의 수라 하면,

$$N_a + N_d = N$$

을 가진다.

경계조건이 S_0(영역 D의 외부 경계)에 대해 부과되지 않음을 유의하라. 위에서 논의된 바와 같이, 이 알고리즘에서는 장(場) *그리고* 그것의 S_0에서의 법선 미분이 연립(聯立)으로(동시(同時)에, simultaneously) 계산된다(근사적으로).

그림 7-2에서 사용된 유한요소 그리고 그것들에 대해 정의된 형상 함수와 기저 함수는 4장에서 논의된 것처럼 세워진다.

6장에서와 같이, 요소가 이 문제의 영역 D에 대해 정의된 모든 연속 함수인 Hilbert 공간 $\mathscr{H}$를 가진다. 공간 $\mathscr{H}$는 6장에서 사용된 것과 같은 내적(內積, inner product)을 갖는다. 다시, $\mathscr{H}$의 요소인 완전해(完全解, exact solution) $\boldsymbol{\gamma}$와 근사 유한요소해(近似 有限要素解) $\boldsymbol{\beta}$를 가진다. 더욱이, $\boldsymbol{\beta}$는

$$\boldsymbol{\beta} = \sum_{i=1}^{N} \beta_i \boldsymbol{\alpha}_i \tag{7.2.1-1}$$

로 주어진다. 여기서 $\boldsymbol{\alpha}_i$는 4장에서 보여진 것과 같은 절점, 유한요소, 그리고 형상 함수로부터 세워진 기저 함수이다. 그러면 이 기저 함수

$$\boldsymbol{\alpha}_i, \quad 1 \le i \le N$$

은 $\mathcal{H}$의 유한 차원 부분 공간(有限 次元 部分 空間, finite dimensional subspace)인 Hilbert 공간 $\mathcal{H}_N$에 대한 기저를 구성한다.

5장과 6장에서처럼, $\boldsymbol{\beta}$는 $\boldsymbol{\beta}_h$와 $\boldsymbol{\beta}_b$로 분할된다. 여기서 $\boldsymbol{\beta}_h$는 능동 절점에 대응하는 기저 함수의 선형 결합이며, $\boldsymbol{\beta}_b$는 Dirichlet 절점의 기저 함수의 선형 결합이다. 편의를 위하여, 능동 절점에 지표 i for $1 \le i \le N_a$를 준다면, 그러면 $\boldsymbol{\beta}_h$와 $\boldsymbol{\beta}_b$는

$$\boldsymbol{\beta}_h = \sum_{i=1}^{N_a} \beta_i \boldsymbol{\alpha}_i \tag{7.2.1-2}$$

와

$$\boldsymbol{\beta}_b = \sum_{i=N_a+1}^{N} \beta_i \boldsymbol{\alpha}_i \tag{7.2.1-3}$$

에 의해 표현된다.

Dirichlet 절점에 대응하는 β_i는 Dirichlet 경계조건에 의해 고정됨에 유의하라. 그러므로, $\boldsymbol{\beta}_b$는 일단 절점, 유한요소, 형상 함수, 그리고 기저 함수가 정의되면 알려진다. 그 대신으로, $\boldsymbol{\beta}_h$에 대한 문제를 풀어야 한다.

7.2.2 *Formulation of the Field inside S_0*

이 문제에서는 $\boldsymbol{\gamma}$가 영역 D 내부에서(R_e를 제외한) 식

$$-\nabla \cdot k\boldsymbol{\nabla}\boldsymbol{\gamma} = f \tag{7.2.2-1}$$

과 S_0 외부에서

$$\boldsymbol{\nabla}^2\boldsymbol{\gamma} = 0 \tag{7.2.2-2}$$

를 만족할 것을 요구한다. 더욱이 $\boldsymbol{\gamma}$와 그 법선 미분은 ∂D에서 연속이다.

유도(誘導)는 유한요소법에 의한 내부 문제의 풀이의 정식화에 대해 6장에서 주어진 유도와 비슷하게 시작한다. 식 (7.2.2-1)을 사용하여,

$$\langle -\nabla \cdot k\boldsymbol{\nabla\gamma} - f, \boldsymbol{\alpha}_i \rangle = \int_D (-\nabla \cdot k\boldsymbol{\nabla\gamma} - f)\boldsymbol{\alpha}_i \, dv, \quad 1 \le i \le N_a \tag{7.2.2-3}$$

을 가진다. 여기서 $\boldsymbol{\alpha}_i$는 능동 절점에 대응하는 기저 함수이다. 이 식의 피적분 함수의 괄호(括弧, bracket) 속에 있는 첫 번째 항에 부분 적분을 적용하고

$$\int_D \boldsymbol{\nabla\alpha}_i \cdot k\boldsymbol{\nabla\gamma} \, dv = \int_D f\boldsymbol{\alpha}_i \, dv + \int_{\partial D_i} \boldsymbol{\alpha}_i \mathbf{n} \cdot k\boldsymbol{\nabla\gamma} \, dS + \int_{S_0} \boldsymbol{\alpha}_i \mathbf{n} \cdot k\boldsymbol{\nabla\gamma} \, dS \tag{7.2.2-4}$$

를 얻는다.

이 식에서, 그림 7-1과 7-2에 보여진 것처럼, ∂D_i는 제외되는 영역 R_e의 경계 표면이며, S_0는 영역 D의 외부 경계이다. 이제, ∂D_i는 정확히 ∂E와 ∂N의 두 부분으로 이루어져 있다. 더욱이, $\boldsymbol{\alpha}_i$(능동 절점의 기저 함수인)는 ∂E에서 0과 같다. 그러므로, 식 (7.2.2-4)의 첫 번째 표면(表面, surface) 적분의 적분 영역은 ∂D_i에서 ∂N으로 줄어들 수 있다. 더욱이, ∂N에는, 정의에 의해, Neumann 경계조건

$$h = \mathbf{n} \cdot k\boldsymbol{\nabla\gamma}$$

가 부과된다(6장에서 논의된 바와 같이). 그러면

$$\int_{\partial D_i} \boldsymbol{\alpha}_i \mathbf{n} \cdot k\boldsymbol{\nabla\gamma} \, dS = \int_{\partial N} \boldsymbol{\alpha}_i \mathbf{n} \cdot k\boldsymbol{\nabla\gamma} \, dS = \int_{\partial N} \boldsymbol{\alpha}_i h \, dS$$

를 가진다. 이 식이 식 (7.2.2-4)와 결합될 때,

$$\int_D \boldsymbol{\nabla\alpha}_i \cdot k\boldsymbol{\nabla\gamma} \, dv - \int_{S_0} \boldsymbol{\alpha}_i \mathbf{n} \cdot k\boldsymbol{\nabla\gamma} \, dS = C(\boldsymbol{\alpha}_i), \quad 1 \le i \le N_a \tag{7.2.2-5}$$

와 같이 쓸 수 있다. 여기서

$$C(\boldsymbol{\alpha}_i) = \int_D f\boldsymbol{\alpha}_i \, dv + \int_{\partial N} \boldsymbol{\alpha}_i h \, dS, \quad 1 \le i \le N_a \tag{7.2.2-6}$$

이다. f가 D에서 알려져 있고, h가 ∂N에서 알려져 있기 때문에, 이 식에서 C는, 사실, 선형 범함수(線形 汎函數, linear functional)임을 본다. 그것을 다른 방식에 적용하면, 임의의 주어진 $\boldsymbol{\alpha}_i$에 대해, $C(\boldsymbol{\alpha}_i)$는 알려진다. 이 두 식과 6장의 식 (6.2.1-14)

사이의 유일한 중요한 차이는 식 (7.2.2-5)에서는 S_0에 대한 적분을 포함한다는 것이다.

이 알고리즘에서는 2개의 근사 함수를 계산한다. 그 첫 번째는, 6장에서 논의된 것과 같이, $\boldsymbol{\gamma}$를 근사화하는 요구되는 스칼라 포텐셜 $\boldsymbol{\beta}$이다. 그 위에, 두 번째 함수 $\boldsymbol{\lambda}$는 S_0에 대해

$$-\mathbf{n} \cdot k\nabla\boldsymbol{\gamma}$$

를 근사화한다. 그러면, $\boldsymbol{\beta}$와 $\boldsymbol{\lambda}$가 식 (7.2.2-5)를 만족할 것을 요구하여,

$$\int_D \nabla\boldsymbol{\alpha}_i \cdot k\nabla\boldsymbol{\beta}\, dv + \int_{S_0} \boldsymbol{\alpha}_i \boldsymbol{\lambda}\, dS = C(\boldsymbol{\alpha}_i) \tag{7.2.2-7}$$

이 된다.

수치해(數値解, numerical solution)를 얻기 위하여, $\boldsymbol{\beta}$와 $\boldsymbol{\lambda}$는 모두 어떤 기저 함수의 선형 결합으로 표현되어야 한다. 이것이 $\boldsymbol{\beta}$에 대해서는 앞 절(節)에서 이루어졌다. $\boldsymbol{\lambda}$를

$$\boldsymbol{\lambda}(P_0) = \sum_{j=1}^{N_a} \lambda_j \boldsymbol{\alpha}_j(P_0) \tag{7.2.2-8}$$

로 나타낸다. 이 식에서, P_0는 S_0 위의 점이다. 즉, $\boldsymbol{\alpha}_j(P_0)$는 S_0와 $\boldsymbol{\alpha}_j$의 지원(支援, support)의 교차(交叉, intersection)를 따라 정의된다. 대부분의 절점 j의 경우, 그 기저 함수 $\boldsymbol{\alpha}_j$가 S_0와 교차하지 않는 지원을 가짐에 유의하라. 이러한 기저 함수의 경우,

$$\boldsymbol{\alpha}_j(P_0) = 0$$

이다.

이제 위에서 전개된 기저 함수로 된 $\boldsymbol{\beta}$와 $\boldsymbol{\lambda}$의 전개 식을 식 (7.2.2-7)에 끼워 넣는 것으로 나아간다. 하지만 먼저, 위에서 논의된 바와 같이, $\boldsymbol{\beta}_b$는 Dirichlet 절점에서 부과된 경계조건에 의해 출발에서 결정되는 한편, $\boldsymbol{\beta}_h$는 문제의 풀이에 의해 결정되기 때문에, $\boldsymbol{\beta}$를 $\boldsymbol{\beta}_h$와 $\boldsymbol{\beta}_b$로 분할하는 것이 도움이 된다. 그러면, 식 (7.2.2-7)은

$$\int_D \nabla\boldsymbol{\alpha}_i \cdot k\nabla\boldsymbol{\beta}_h\, dv + \int_{S_0} \boldsymbol{\alpha}_i \boldsymbol{\lambda}\, dS = C(\boldsymbol{\alpha}_i) - \int_D \nabla\boldsymbol{\alpha}_i \cdot k\nabla\boldsymbol{\beta}_b\, dv, \quad 1 \le i \le N_a$$

가 되며 식 (7.2.1-2), (7.2.1-3), 그리고 (7.2.2-8)과 함께

$$\begin{aligned}&\sum_{j=1}^{N_a} \beta_i \int_D \boldsymbol{\nabla\alpha}_i \cdot k\boldsymbol{\nabla\alpha}_j \, dv + \sum_{j=1}^{N_a} \lambda_j \int_{\partial S_0} \boldsymbol{\alpha}_i \boldsymbol{\alpha}_j \, dS \\ &= C(\boldsymbol{\alpha}_i) - \sum_{j=N_a+1}^{N} \beta_i \int_D \boldsymbol{\nabla\alpha}_i \cdot k\boldsymbol{\nabla\alpha}_j \, dv, \quad 1 \le i \le N_a\end{aligned} \tag{7.2.2-9}$$

를 가진다. 위의 두 식의 좌변은 문제의 풀이에 의해 결정되는 한편, 우변은 출발에서 알려짐에 유의하라.

계산의 목적으로 식 (7.2.2-9)를 행렬형(行列形, matrix form)으로 두는 것이 편리하다:

$$S\hat{\boldsymbol{\beta}} + G\hat{\boldsymbol{\lambda}} = \mathbf{b} \tag{7.2.2-10}$$

식 (7.2.2-9)와 (7.2.2-10)의 비교는 S와 G가 모두 요소로서

$$S_{ij} = \int_D \boldsymbol{\nabla\alpha}_i \cdot k\boldsymbol{\nabla\alpha}_j \, dv, \quad 1 \le i, j \le N_a \tag{7.2.2-11}$$

과

$$g_{ij} = \int_{S_0} \boldsymbol{\alpha}_i \boldsymbol{\alpha}_j \, dS, \quad 1 \le i, j \le N_a \tag{7.2.2-12}$$

를 갖는 차수(次數, order) N_a의 정방행렬(正方行列, square matrix)임을 보인다. 더욱이, $\hat{\boldsymbol{\beta}}$와 $\hat{\boldsymbol{\lambda}}$는 모두 각각 $1 \le i \le N_a$에 대하여 요소 β_i와 λ_i를 갖는 N_a 요소의 vector이다. Vector $\mathbf{b}$는 요소

$$b_i = C(\boldsymbol{\alpha}_i) - \sum_{j=N_a+1}^{N} \beta_i \int_D \boldsymbol{\nabla\alpha}_i \cdot k\boldsymbol{\nabla\alpha}_j \, dv, \quad 1 \le i \le N_a \tag{7.2.2-13}$$

을 가진다.

7.2.3 *Formulation for the Derivative of Field Normal to S_0 in Terms of the Field on S_0*

S_0 외부의 영역은 자유공간이며, 모든 원천이 없다고 가정되었다(무한원(無限遠, infinity)을 포함하여). 따라서, 포텐셜 $\boldsymbol{\gamma}$는 Laplace 방정식에 따른다. Appendix E는

이 상황의 경우, 장점(場點, field point) $\mathbf{r}_f$가 S_0 *위에서* 취해진다면, 그러면 식

$$\frac{1}{2}\boldsymbol{\gamma}(\mathbf{r}_f) = \int_{S_0} \boldsymbol{\gamma}(\mathbf{r}_s)\frac{\partial G_3}{\partial n}(\mathbf{r}_s, \mathbf{r}_f)\, dS_s - \int_{S_0} G_3(\mathbf{r}_s, \mathbf{r}_f)\frac{\partial \boldsymbol{\gamma}(\mathbf{r}_s)}{\partial n}\, dS_s \qquad (7.2.3\text{-}1)$$

을 가짐을 보인다. 이 식에서, 법선 미분은 S_0로부터 *바깥으로의(외향(外向), outward)* 방향으로 취해지며, S_0에 대한 적분은 원천점(源泉點, source point) $\mathbf{r}_s$의 변화로 취해진다. 자유공간의 Green 함수 G_3는

$$G_3(\mathbf{r}_s, \mathbf{r}_f) = \frac{1}{4\pi|\mathbf{r}_s - \mathbf{r}_f|}$$

로 주어진다. 2차원에서의 문제의 경우에는, 이것은

$$G_2(\mathbf{r}_s, \mathbf{r}_f) = \frac{-1}{2\pi}\ln|\mathbf{r}_s - \mathbf{r}_f|$$

로 주어지는 2차원에서의 자유공간의 Green 함수 G_2로 대체된다.

식 (7.2.3-1)에 $\boldsymbol{\alpha}_i$가 곱해지고 장점(場點) $\mathbf{r}_f$의 변화에 의해 S_0에 대해 적분되면,

$$\begin{aligned}\int_{S_0} \boldsymbol{\alpha}_i(\mathbf{r}_f)\bigg[\frac{1}{2}\boldsymbol{\gamma}(\mathbf{r}_f) &- \int_{S_0} \boldsymbol{\gamma}(\mathbf{r}_s)\frac{\partial}{\partial n}G_3(\mathbf{r}_s, \mathbf{r}_f)\, dS_s \\ &+ \int_{S_0} G_3(\mathbf{r}_s, \mathbf{r}_f)\frac{\partial}{\partial n}\boldsymbol{\gamma}(\mathbf{r}_s)\, dS_s\bigg] dS_f = 0\end{aligned} \qquad (7.2.3\text{-}2)$$

를 얻는다.

앞 절(節)에서와 같이, 이 식에서, $\boldsymbol{\gamma}$와 그것의 법선 적분을 각각 $\boldsymbol{\beta}_h$와 $\boldsymbol{\lambda}$에 의해 근사화한다. 이것이 행해지고, 식 (7.2.1-2)와 (7.2.2-8)에서 주어진 $\boldsymbol{\beta}_h$와 $\boldsymbol{\lambda}$에 대한 전개 식이 사용될 때,

$$\begin{aligned}&\sum_{j=1}^{N_a} \beta_j \int_{S_0} \boldsymbol{\alpha}_i(\mathbf{r}_f)\left[\frac{1}{2}\boldsymbol{\alpha}_j(\mathbf{r}_f) - \int_{S_0} \boldsymbol{\alpha}_j(\mathbf{r}_s)\frac{\partial}{\partial n}G_3(\mathbf{r}_s, \mathbf{r}_f)\, dS_s\right] dS_f \\ &-\sum_{j=1}^{N_a} \lambda_j \int_{S_0} \boldsymbol{\alpha}_i(\mathbf{r}_f)\int_{S_0} G_3(\mathbf{r}_s, \mathbf{r}_f)\boldsymbol{\alpha}_j(\mathbf{r}_s)\, dS_s\, dS_f = 0, \quad 1 \le i \le N_a\end{aligned} \qquad (7.2.3\text{-}3)$$

을 가진다.

다시, 이 식은 행렬-벡터형(matrix-vector form)으로 두어진다:

$$C\hat{\boldsymbol{\beta}} - Z\hat{\boldsymbol{\lambda}} = \mathbf{0} \tag{7.2.3-4}$$

여기서 C와 Z는, 요소로서

$$c_{ij} = \int_{S_0} \boldsymbol{\alpha}_i(\mathbf{r}_f) \left[\frac{1}{2} \boldsymbol{\alpha}_j(\mathbf{r}_f) - \int_{S_0} \boldsymbol{\alpha}_j(\mathbf{r}_s) \frac{\partial}{\partial n} G_3(\mathbf{r}_s, \mathbf{r}_f)\, dS_s \right] dS_f \tag{7.2.3-5}$$

와

$$z_{ij} = \int_{S_0} \boldsymbol{\alpha}_i(\mathbf{r}_f) \int_{S_0} G_3(\mathbf{r}_s, \mathbf{r}_f) \boldsymbol{\alpha}_j(\mathbf{r}_s)\, dS_s\, dS_f \tag{7.2.3-6}$$

을 가지는, 차수(次數, order) N_a의 정방행렬이며 $\hat{\boldsymbol{\beta}}$와 $\hat{\boldsymbol{\lambda}}$는 위에서 주어진 정의(定義, definition)를 가진다. 식 (7.2.3-4)에서, $\mathbf{0}$은 각 요소가 0과 같은 N_a 요소의 vector이다.

7.2.4 *Linear System for Solution*

마지막 두 소절(小節)에서 유도된 정식화는 $\hat{\boldsymbol{\beta}}$와 $\hat{\boldsymbol{\lambda}}$를 계산하기 위해 함께 결합될 수 있다. 식 (7.2.2-10)과 (7.2.3-4)를 사용하여, 행렬-vector 계(系, system)

$$\begin{bmatrix} S & G \\ C & -Z \end{bmatrix} \begin{bmatrix} \hat{\boldsymbol{\beta}} \\ \hat{\boldsymbol{\lambda}} \end{bmatrix} = \begin{bmatrix} \mathbf{b} \\ \mathbf{0} \end{bmatrix} \tag{7.2.4-1}$$

을 가진다. 이 식에서 첫 번째 괄호 쌍(雙, pair)은 S, G, C, 그리고 Z가 부분 행렬(部分 行列, submatrix)인 차수 $2N_a$의 정방행렬을 내포(內包)한다. 두 번째 두 괄호 쌍은 각각 $2N_a$ 요소의 vector를 내포한다. 그러므로, 표준 기법(標準 技法, standard technique)으로 $\hat{\boldsymbol{\beta}}$와 $\hat{\boldsymbol{\lambda}}$에 대해 풀어질 수 있는 차수 $2N_a$의 선형 계(線形 系, linear system)를 가진다. 위에서 보인 바와 같이, $\hat{\boldsymbol{\beta}}$의 요소는 $\boldsymbol{\beta}_h$의 전개 식에 있는 계수(係數, coefficient)이며 그러므로 원하는 것이다. 그 대신으로, $\hat{\boldsymbol{\lambda}}$는 S_0 위에서의 법선 미분을 근사화하기 위해서만 사용될 수 있기 때문에, 보통은 원하는 것이 아니다.

식 (7.2.4-1)에서 만들어질 수 있는 어떤 실제적인 단순화(practical simplification)가 있다. 그것은 부분 행렬 G, C, 그리고 Z의 요소가 모두 S_0에 대한 적분으로 표현된다는 사실에 기인한다. 더욱이, 이 적분에 있는 $\boldsymbol{\alpha}_i$와 $\boldsymbol{\alpha}_j$의 값이 $\boldsymbol{\alpha}_i$와 $\boldsymbol{\alpha}_j$의 지원(支援, support)이 S_0와 교차할 때만 0이 아니다. 이로부터, 임의의 i에 대해, $\boldsymbol{\alpha}_i$의 지원이 S_0와 교차하지 않는다면, 그러면 이 부분 행렬의 i번째 행(行)(ith row)이 0과 같음을 본다. 그리고, 임의의 j에 대해, $\boldsymbol{\alpha}_j$의 지원이 S_0와 교차하지 않는다면,

그러면 이 부분 행렬의 j번째 열(列)(jth column)이 0과 같다. 0의 행과 열을 제거함으로써, 식 (7.2.4-1)의 선형 계의 차수는 $2N_a$에서 N_a+M으로 줄어들 수 있다. 여기서 M은 S_0와 교차하는 지원을 가지는 기저 함수의 수(數)이다. 이 경우에 G는 N_a행과 M열을 가지는 부분 행렬이 되고, C는 M행과 N_a열을 가지는 부분 행렬이 되며, Z는 M행과 M열을 가지는 부분 행렬이 된다. M행과 M열의 Z 부분 행렬은 0의 행 또는 열을 내포하지 않기 때문에, 그것은 정칙(正則, 비특이(非特異), nonsingular)이며, 역(逆, inverse) Z^{-1}이 존재한다. 덧붙여, $\hat{\boldsymbol{\lambda}}$는 M 요소의 vector로 줄어든다.

다른 단순화는 행렬 조작(行列 操作, matrix manipulation)에 의한 문제로부터의 $\hat{\boldsymbol{\lambda}}$의 소거(消去, elimination)에 기인한다. 식 (7.2.3-4)에 Z^{-1}을 곱하면,

$$\hat{\boldsymbol{\lambda}} = Z^{-1}C\,\hat{\boldsymbol{\beta}} \tag{7.2.4-2}$$

를 가진다. 이것과 식 (7.2.2-10)을 결합하면

$$\left[S + GZ^{-1}C\right]\hat{\boldsymbol{\beta}} = \mathbf{b} \tag{7.2.4-3}$$

을 산출한다. 이것은 직접 $\hat{\boldsymbol{\beta}}$에 대해 풀어질 수 있는 차수 N_a의 선형 계이다.

$\boldsymbol{\gamma}$와 $-\mathbf{n}\cdot k\nabla\boldsymbol{\gamma}$가 그런 것과 같은 방식으로 D에서 $\boldsymbol{\beta}$와 S_0에서 $\boldsymbol{\lambda}$가 식 (7.2.2-7)과 (7.2.3-2)를 만족함에 유의하라. 이 사실로부터, $\boldsymbol{\beta}$는 $\boldsymbol{\alpha}_i$ for $1 \le i \le N$가 기저인 유한차원 선형 공간으로의 $\boldsymbol{\gamma}$의 사영(射影, projection)임을 볼 수 있다.

7.2.5 *Steps of the Algorithm*

이 알고리즘은, 아래에 주어진 것과 같이, 그 단계의 목록(目錄, listing)을 정당화하기 위해 충분한 세목(細目, detail)을 포함한다:

1. 문제를 정의한다. 장(場)에 의해 만족되어야 하는 식이 식 (7.2.2-1)이라고 가정하면, 폐곡면(閉曲面, closed surface) S_0와 임의의 제외 영역을 정의해야 한다. S_0의 외부에는 자유공간 만이 있게 하여, 가능한 한 가장 작은 양(量)의 공간을 둘러싸도록 S_0을 선택한다. 임의의 제외 영역에 대해서는, 경계조건을 정의해야 한다(Dirichlet이거나 Neumann이거나 또는 두 가지 모두).
2. 문제 영역(그림 7-1과 7-2에 보여진 바와 같은, S_0 내부와 임의의 제외 영역 외부 공간)에 대해 절점과 유한요소를 배치한다. 어느 절점이 Dirichlet 절점이며 어느 절점이 능동 절점인지를 표시한다. Dirichlet 절점에 장 값(field value)을 할당한다.

3. 4장에서 주어진 정보를 사용하여, 유한요소에 대한 형상 함수와, 이로부터, 피라미드-형 기저 함수를 정의한다.
4. 식 (7.2.2-6)에 의해 $C(\boldsymbol{\alpha}_i)$ for $1 \le i \le N_a$를 계산한다.
5. 부분 행렬 S, G 그리고 $\mathbf{b}$를 각각 식 (7.2.2-11), (7.2.2-12), 그리고 (7.2.2-13)에 의해 계산한다. 계산한 G에서, 그것이 N_a행과 M열을 갖도록 0인 *열(列, column)*을 제거한다.
6. 부분 행렬 C와 Z를 식 (7.2.3-5)와 (7.2.3-6)에 의해 계산한다. 계산한 C와 Z에서, C와 Z의 0인 *행(行, row)*과 Z의 0인 *열(column)*을 제거한다. 그러면 C는 M행과 N_a열을 가지며, Z는 M행과 M열을 가진다.
7. 행렬-vector 방정식 (7.2.4-3)으로부터 vector $\hat{\boldsymbol{\beta}}$를 계산한다.
8. 식 (7.2.1-2)와 (7.2.1-3)을 사용하여, 공간에서 임의의 원하는 점에서의 $\boldsymbol{\beta}_h$와 $\boldsymbol{\beta}_b$를 계산한다. 식 (7.2.1-2)에서 사용된 계수 β_i는 vector $\hat{\boldsymbol{\beta}}$의 요소이며, 식 (7.2.1-3)에 있는 계수 β_i는, 위의 단계 2에서 계산된, Dirichlet 절점 장(場, field)이다. 그러면 $\boldsymbol{\beta}$는 바로 $\boldsymbol{\beta}_h$와 $\boldsymbol{\beta}_b$의 합(合, sum)이다.

7.3 SILVESTER ET AL. ALGORITHM

7.3.1 General Approach

이 알고리즘은, 모든 방향으로 멀리까지, S_0의 외부로 확장된 유한요소의 구조에 사용한다. 포텐셜 장(場)(potential field)은 그러면 가장 바깥의 모든 절점에서 0으로 두어지고, 장(field)이 계산된다. 이 가장 바깥의 장 점(場 點, field point)은 관심 있는 영역(모든 발생기(發生機, generator)를 포함한)으로부터 매우 멀기 때문에, 이 점에서의 정확한 장(exact field)은 무시할 수 있을 정도로 작다. 그 결과로서, 이 점에서 장을 0으로 둠에 기인하는 오차는 무시할 수 있다. 결과로서 나타나는 장은 그러면 외부 문제인 경우의 정확한 장에 대한 좋은 근사가 될 수 있다.

7.3.2 Configuration of Node Points and Finite Elements

그림 7-3은 이 알고리즘에서 사용되는 절점과 유한요소 구조의 중앙 부분(中央 部分, central portion)을 보인다. 다시, 모든 매질 불균일(媒質 不均一, medium nonuniformity)과 발생기(發生機, generator)는 S_0 내부로 제한된다. S_0의 외부에는 자유공간만 있다. 그림 7-3에 있는 구조를 세우는데 사용되는 단계는 다음과 같다:

1. 대략 S_0 내부 영역의 중심(重心, centroid)이 있는 점 P를 선택한다.
2. 수(數, number) $K > 1$을 선택한다(말하자면, 대략 1.5).

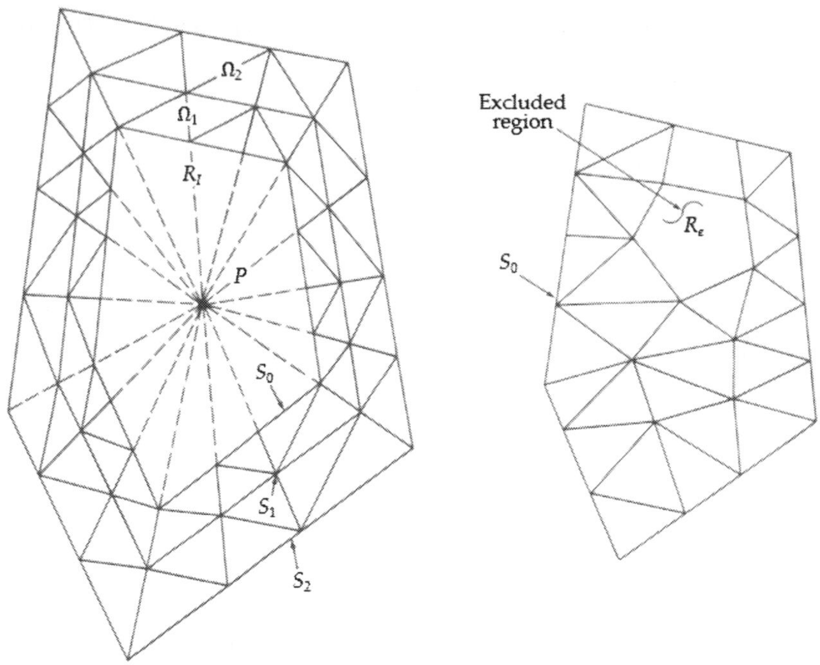

(a) Exterior finite elements (b) Region R with interior finite elements

Fig. 7-3. Configuration of Domain for Silvester et al. algorithm.

3. 점 P로부터 S_0를 따라 있는 모든 절점을 통과하여 외부로 확장하는 방사상 선(放射狀 線)을 둔다(lay out radial).
4. 각 방사상 선에 대해, 점 P와 방사상 선이 S_0와 교차하는 절점 사이의 거리(距離, distance) R을 측정한다. 그 다음 점 P로부터 거리 KR인 방사상 선 위에 절점을 둔다.
5. 이 새로운 절점을 통과하는 새로운 표면 S_1을 수립한다. S_0와 S_1 사이의 환상영역(環狀 領域, annular region)은 Ω_1이라 불린다.
6. S_0 위의 절점과 새로이 수립된 절점을 사용하여, Ω_1을 유한요소로 분할한다.
7. 이제 각 방사상 선을 따라 점 P로부터 거리 K^2R인 절점을 두고 이 절점을 통과하는 새로운 표면 S_2를 수립한다. S_1과 S_2 사이의 영역은 Ω_2라 불린다.
8. Ω_1이 분할된 것과 같은 방식으로 Ω_2를 유한요소로 분할한다.

Ω_2에 있는 각 유한요소는 Ω_1에 있는 꼭 한 개의 유한요소와 대응하며, 서로 대응하는 유한요소는 닮은 꼴(similar)임이 명백하다. 더욱이, Ω_2에 있는 임의의 삼각형의 모든 변(邊, side)은 Ω_1에 있는 대응하는 삼각형의 대응하는 변보다 정확하게 비(比, ratio) K로 더 크다. 그러므로, 전체 영역 Ω_2는, Ω_2에 있는 *모든* 치수(*every* dimension)가 비 K로 Ω_1에 있는 대응하는 치수보다 큰, 영역 Ω_1과 닮은 영역이다.

따라서, K를 Ω_1로부터 Ω_2로의 *사상* 인자(*寫像* 因子, *mapping* factor)라 부른다.

7.3.3 *Hypothetical Algorithm*

Silvester 알고리즘을 이해하기 위해서는, 먼저 다음과 같은 가설(假說) 알고리즘(hypothetical algorithm)을 고려하는 것이 가장 좋다. 이 가설 알고리즘은 실제 알고리즘보다 이해하기가 더 쉽지만, 같은 해(解, solution)를 가진다.

1. 위에서 논의된 방법으로, 환형(環形, annulus) Ω_1와 Ω_2 뿐만 아니라, M이 어떤 매우 큰 정수(整數, integer)인, $\Omega_3, \Omega_4, \cdots, \Omega_M$에 대해서 세운다. 이러한 환형의 구성은 그 내부에 있는 절점과 유한요소의 구성을 포함한다. 이러한 환형의 합집합(合集合, union)은 그러면 내부로는 표면 S_0에 의해 그리고 외부로는 표면 S_M에 의해 유계(有界)되는(bounded) 영역이다.
2. 이 환형에 있는 유한요소에 대해 기저 함수의 계(系, system)를 세운다. 이 기저 함수는, S_0 내부의 영역을 메우는 기저 함수를 더하여, 이 문제의 Hilbert 공간 $\mathcal{K}_N$의 기저를 구성한다.
3. S_M의 절점에서의 장(field)을 0으로 둔다.
4. S_M *내부에*(*inside*) 있는 모든 절점(S_0 위와 내부에 있는 절점과 S_0 외부에 있는 절점 모두)에서의 장 값(field value)에 대한 선형 계 방정식(線形 系 方程式, system of linear equations)을 세우고 푼다.

위에서의 단계들로부터, 이 가설 알고리즘은, 사실, 6.2절에서 논의된 유한요소 내부 문제(finite element interior problem)의 알고리즘과 꼭 같음을 본다. 문제 영역은 S_M의 내부와 S_0의 내부에 있을 수도 있는 임의의 제외 영역의 외부에 있는 전(全, all) 공간이다. 0의 Dirichlet 경계조건은 S_M 위에 존재한다.

아래에서 보여지는 바와 같이, 정수 M(단계 1에서)을 매우 크게 만드는 것이 상당히 실제적이다. 더욱이, 점 P로부터 어떤 방사상 선을 따라 S_M 위에 있는 절점까지의 거리 D_M은

$$D_M = RK^M \tag{7.3.3-1}$$

이다. 여기서 R은 P로부터 그 방사상 선과 S_0의 교차에 있는 절점까지의 거리이다. 2장의 식 (2.4.2-3), (2.5.1-4), (2.5.3-10), 그리고 (2.5.4-13)의 사용에 의해, 푸는 scalar potential이 반경(半徑, radius)의 제곱에 반비례(反比例, reciprocal)함으로서 무한원(無限遠, infinity)에서 없어짐을 볼 수 있다. 따라서, 정확한 장(exact field) $\boldsymbol{\gamma}$가, S_M 위의 절점에서, D_M^{-2}으로서 없어짐을 볼 수 있다. 그러면 M을 증가시킴으로써 이

정확한 장을 이 절점에서 원하는 만큼 작게 만들 수 있다. 다음에는, S_M에 적용된 경계조건에서의 오차에 기인한, S_M *내부의*(*inside*) 장 오차는 S_M에서의 이 경계치 오차의 최대를 초과해서는 안된다는 것을 볼 수 있다. 이렇게 하여, 이 특별한 오차는, 실제 방식에서, 전체 문제 영역을 통하여, 원하는 만큼 작게 만들어짐을 본다.

7.3.4 Actual Algorithm

여기서 설명되는 실제 알고리즘에서는, S_0 위와 내부의 절점에서의 장 값 *만을* 위한 선형 계를 세우고 푼다. 하지만, 이 알고리즘이 생성하는 장 값은 가설 알고리즘이 그 점에서 생성했을 장 값과 정확히 같다. 즉, 가설 알고리즘으로부터 실제 알고리즘으로 가는데 있어서, 훨씬 적은 계산을 요구하지만 같은 해(解)를 가지는 알고리즘으로 간다. 어떤 면에서는, 이것은, 각각이 바로 앞의 것보다 풀기가 더 쉬운 선형 계의 연속 배열(連續 配列, sequence)을 세우고, 모든 계(系)가 같은 해를 가지는, 선형 계 방정식의 가우스 소거법(消去法)(Gaussian elimination method)과 비슷하다.

실제 알고리즘을 전개하는데에는 3단계가 있다:

1. 단일 환형(單一 環形, single annulus)에 대한 절점 포텐셜 값 사이의 관계를 정식화(定式化)한다.
2. 가설 알고리즘으로부터 S_0 외부에 있는 절점의 포텐셜 값을 소거(消去)한다.
3. S_M 위와 내부에 있는 (즉, 그림 7-3 (a)의 영역 R_I 내에 있는) 절점의 포텐셜 값으로 계 방정식을 정식화한다.

7.3.5절, 7.3.6절, 그리고 7.3.7절은 단계 1, 2, 그리고 3을 각각 달성한다.

7.3.5 Formulation of the Annulus Ω_1

그림 7-3 (a)에서 환형 Ω_1에 있는 모든 삼각형의 정점이 표면 S_0 또는 표면 S_1 어느 쪽에든 있음을 본다. 최저차 형상 함수가 사용된다면, 그러면 단지 이 정점(頂點, vertex)들이 Ω_1 내에서 가지는 절점을 구성할 것이다. 하지만, 고차 기저 함수가 사용되면, 변(邊, side)을 따른 중간(中間, midway)과 어쩌면 이 삼각형의 내부에 추가 절점을 가질 것이다. 이 추가 절점의 어떤 것은 S_0의 *외부*이고 S_1의 *내부*일 것이다. Ω_1의 정식화는 그러면 고차 형상 함수로 하는 것이 최저차 형상 함수로 하는 것보다 더 복잡하다. Ω_1에 대한 정식화가 어느 경우에든 명백하기 때문에, 먼저 고차 형상 함수의 경우에 대해 풀릴 것이다. 그 후에, 최저차 형상 함수의 경

우로 간략화할 것이다.

내부 문제에 대해 6.2절에서 전개된 것과 비슷한 정식화를 사용한다. S_0 외부에는 자유공간만이 있기 때문에, 그러면, 모든 환형 $\Omega_1, \Omega_2, \cdots, \Omega_M$에 대해, 식 (6.2.1-1)에서,

$$\nu = 1$$

과

$$f = 0$$

을 가진다. 6.2절에서와 같이, 근사해 $\boldsymbol{\beta}_F$는 식 (6.2.1-4)에 의해 표현된다:

$$\boldsymbol{\beta}_F = \boldsymbol{\beta}_h + \boldsymbol{\beta}_b$$

여기에서, $\boldsymbol{\beta}_h$는 능동 절점의 기저 함수의 선형 결합이며, $\boldsymbol{\beta}_b$는 Dirichlet 절점의 기저 함수의 선형 결합이다. Dirichlet 절점의 기저 함수의 지원(支援, support)은, 그림 7-3 (a)에 보여진 바와 같이, 환형 $\Omega_1, \Omega_2, \cdots$의 어느 것과도 교차할 수 없다. 그러므로, 이러한 환형 모두에 대해,

$$\boldsymbol{\beta}_b = 0$$

과

$$\boldsymbol{\beta}_F = \boldsymbol{\beta}_h$$

이다. 식 (6.2.1-14)의 유도와 비슷한 방식으로, Ω_1에 대해,

$$\int_{\Omega_1} (\nabla \boldsymbol{\alpha}_i \cdot \nabla \boldsymbol{\beta}_h)\, dv = \int_{S_0} \frac{\partial \boldsymbol{\gamma}}{\partial n_1} \boldsymbol{\alpha}_i\, dS + \int_{S_1} \frac{\partial \boldsymbol{\gamma}}{\partial n_1} \boldsymbol{\alpha}_i\, dS, \quad 1 \le i \le N_i \tag{7.3.5-1}$$

를 가진다. 이 식에서, 기저 함수 $\boldsymbol{\alpha}_i$ for $1 \le i \le N_i$는 Ω_1에서 0이 아닌 기저 함수이며,

$$\boldsymbol{\beta}_h = \sum_{i=1}^{N_i} \beta_i \boldsymbol{\alpha}_i \tag{7.3.5-2}$$

이다.

(a) S_0 위, (b) S_0 외부이지만 S_1 내부, (c) S_1 위에 있는 절점에 대응하는 기저 함

수가 각각 vector $\hat{\boldsymbol{\alpha}}_0, \hat{\boldsymbol{\alpha}}_M$, 그리고 $\hat{\boldsymbol{\alpha}}_1$의 요소라고 하자(이 세 vector의 요소의 합(合)은 그러면 N_i이다). 비슷하게, $\hat{\beta}_0, \hat{\beta}_M$, 그리고 $\hat{\beta}_1$을 $\hat{\boldsymbol{\alpha}}_0, \hat{\boldsymbol{\alpha}}_M$, 그리고 $\hat{\boldsymbol{\alpha}}_1$의 계수를 가져오는 vector라 하자(식(7.3.5-2)에서처럼). 그러면, 이 식으로부터,

$$\boldsymbol{\beta}_h = \hat{\boldsymbol{\alpha}}_0^T\hat{\beta}_0 + \hat{\boldsymbol{\alpha}}_M^T\hat{\beta}_M + \hat{\boldsymbol{\alpha}}_1^T\hat{\beta}_1 = \hat{\beta}_0^T\hat{\boldsymbol{\alpha}}_0 + \hat{\beta}_M^T\hat{\boldsymbol{\alpha}}_M + \hat{\beta}_1^T\hat{\boldsymbol{\alpha}}_1 \tag{7.3.5-3}$$

을 가진다. Vector $\hat{\boldsymbol{\alpha}}_0, \hat{\boldsymbol{\alpha}}_M$, 그리고 $\hat{\boldsymbol{\alpha}}_1$을 식 (7.3.5-1)에 대입하면,

$$\int_{\Omega_1} \nabla\hat{\boldsymbol{\alpha}}_0 \cdot \nabla\boldsymbol{\beta}_h \, dv = \int_{S_0} \frac{\partial\boldsymbol{\gamma}}{\partial n_1}\hat{\boldsymbol{\alpha}}_0 \, dS \tag{7.3.5-4}$$

$$\int_{\Omega_1} \nabla\hat{\boldsymbol{\alpha}}_M \cdot \nabla\boldsymbol{\beta}_h \, dv = 0 \tag{7.3.5-5}$$

와

$$\int_{\Omega_1} \nabla\hat{\boldsymbol{\alpha}}_1 \cdot \nabla\boldsymbol{\beta}_h \, dv = \int_{S_1} \frac{\partial\boldsymbol{\gamma}}{\partial n_1}\hat{\boldsymbol{\alpha}}_1 \, dS \tag{7.3.5-6}$$

을 얻는다. 이 세 개의 식에 도달함에 있어서, $\hat{\boldsymbol{\alpha}}_M$과 $\hat{\boldsymbol{\alpha}}_1$은 S_0에서 0이며, $\hat{\boldsymbol{\alpha}}_0$과 $\hat{\boldsymbol{\alpha}}_M$은 S_1에서 0이라는 사실을 사용하였다. 식 (7.3.5-3)을 식 (7.3.5-4), (7.3.5-5), 그리고 (7.3.5-6)에 대입함으로써,

$$A_{00}\hat{\beta}_0 + A_{0M}\hat{\beta}_M + A_{01}\hat{\beta}_1 = \int_{S_0} \frac{\partial\boldsymbol{\gamma}}{\partial n_1}\hat{\boldsymbol{\alpha}}_0 \, dS \tag{7.3.5-7}$$

$$A_{M0}\hat{\beta}_0 + A_{MM}\hat{\beta}_M + A_{M1}\hat{\beta}_1 = 0 \tag{7.3.5-8}$$

$$A_{10}\hat{\beta}_0 + A_{1M}\hat{\beta}_M + A_{11}\hat{\beta}_1 = \int_{S_1} \frac{\partial\boldsymbol{\gamma}}{\partial n_1}\hat{\boldsymbol{\alpha}}_1 \, dS \tag{7.3.5-9}$$

를 얻는다. 이 식에서 행렬 $A_{00}, A_{0M}, A_{01}, A_{M0}, A_{MM}, A_{M1}, A_{10}, A_{1M}$, 그리고 A_{11}은, 예를 들어,

$$A_{M0} = \int_{\Omega_1} \nabla\hat{\boldsymbol{\alpha}}_M \cdot \nabla\hat{\boldsymbol{\alpha}}_0^T \, dv \tag{7.3.5-10}$$

에 의해 정의된다. 식 (7.3.5-8)로부터,

$$\hat{\beta}_M = -A_{MM}^{-1}A_{M0}\hat{\beta}_0 - A_{MM}^{-1}A_{M1}\hat{\beta}_1 \tag{7.3.5-11}$$

을 가지며, 이 식이 식 (7.3.5-7)과 (7.3.5-9)에 대입될 때,

$$B_{00}^{(1)}\hat{\beta}_0 + B_{01}^{(1)}\hat{\beta}_1 = \int_{S_0} \frac{\partial \boldsymbol{\gamma}}{\partial n_1} \widehat{\boldsymbol{\alpha}}_0 \, dS \tag{7.3.5-12}$$

와

$$B_{10}^{(1)}\hat{\beta}_0 + B_{11}^{(1)}\hat{\beta}_1 = \int_{S_1} \frac{\partial \boldsymbol{\gamma}}{\partial n_1} \widehat{\boldsymbol{\alpha}}_1 \, dS \tag{7.3.5-13}$$

을 가진다. 여기서 행렬 $B_{00}^{(1)}$, $B_{01}^{(1)}$, $B_{10}^{(1)}$, 그리고 $B_{11}^{(1)}$은

$$B_{00}^{(1)} = A_{00} - A_{0M}A_{MM}^{-1}A_{M0} \tag{7.3.5-14}$$

$$B_{01}^{(1)} = A_{01} - A_{0M}A_{MM}^{-1}A_{M1} \tag{7.3.5-15}$$

$$B_{10}^{(1)} = A_{10} - A_{1M}A_{MM}^{-1}A_{M0} \tag{7.3.5-16}$$

과

$$B_{11}^{(1)} = A_{11} - A_{1M}A_{MM}^{-1}A_{M1} \tag{7.3.5-17}$$

에 의해 주어진다. 위의 식들은 고차 형상 함수가 사용될 때 적용하는 정식화를 준다.

한편, 최저차 형상 함수가 사용되면, 식 (7.3.5-14)에서 (7.4.5-17)까지가

$$B_{00} = A_{00} \tag{7.3.5-18}$$

$$B_{01} = A_{01} \tag{7.3.5-19}$$

$$B_{10} = A_{10} \tag{7.3.5-20}$$

과

$$B_{11} = A_{11} \tag{7.3.5-21}$$

에 의해 대체됨을 본다.

7.3.6 Elimination of Node Points Outside S_0 from Problem

식 (7.3.5-12), (7.3.5-13)과 비슷하지만, 환형 Ω_2에 대한 식의 쌍(雙, pair)을 적는 것으로 나아간다. Ω_2가 Ω_1과 닮은 꼴이란 사실로부터(앞에서 논의된 바와 같이), 행렬 B_{00}, B_{01}, B_{10}, 그리고 B_{11}은 또한 Ω_2에도 적용됨을 볼 수 있다. 이 식은 그러면

$$B_{00}^{(1)}\hat{\beta}_1 + B_{01}^{(1)}\hat{\beta}_2 = \int_{S_1} \frac{\partial \boldsymbol{\gamma}}{\partial n_2} \widehat{\boldsymbol{\alpha}}_1 \, dS \tag{7.3.6-1}$$

과

$$B_{10}^{(1)}\hat{\beta}_1 + B_{11}^{(1)}\hat{\beta}_2 = \int_{S_2} \frac{\partial \boldsymbol{\gamma}}{\partial n_2} \hat{\boldsymbol{\alpha}}_2 \, dS \tag{7.3.6-2}$$

이다. S_1 위에서, 법선 방향(法線 方向, normal direction) n_1과 n_2는 서로 반대여서,

$$\frac{\partial \boldsymbol{\gamma}}{\partial n_1} + \frac{\partial \boldsymbol{\gamma}}{\partial n_2} = 0 \tag{7.3.6-3}$$

이다. 식 (7.3.5-13)과 (7.3.6-1)이 더해지면, 이 식을 사용하여,

$$B_{10}^{(1)}\hat{\beta}_0 + (B_{11}^{(1)} + B_{00}^{(1)})\hat{\beta}_1 + B_{01}^{(1)}\hat{\beta}_2 = 0$$

을 가져

$$\hat{\beta}_1 = -(B_{00}^{(1)} + B_{11}^{(1)})^{-1} B_{10}^{(1)}\hat{\beta}_0 - (B_{00}^{(1)} + B_{11}^{(1)})^{-1} B_{01}^{(1)}\hat{\beta}_2 \tag{7.3.6-4}$$

와 같이 조작(操作)된다. $\hat{\beta}_1$가 이 식으로부터 식 (7.3.5-13)와 (7.3.6-2)에 대입되면,

$$B_{00}^{(2)}\hat{\beta}_0 + B_{01}^{(2)}\hat{\beta}_2 = \int_{S_0} \frac{\partial \boldsymbol{\gamma}}{\partial n_1} \hat{\boldsymbol{\alpha}}_0 \, dS \tag{7.3.6-5}$$

와

$$B_{10}^{(2)}\hat{\beta}_0 + B_{11}^{(2)}\hat{\beta}_2 = \int_{S_2} \frac{\partial \boldsymbol{\gamma}}{\partial n_2} \hat{\boldsymbol{\alpha}}_2 \, dS \tag{7.3.6-6}$$

을 가진다. 여기서

$$B_{00}^{(2)} = B_{00}^{(1)} - B_{01}^{(1)}(B_{00}^{(1)} + B_{11}^{(1)})^{-1} B_{10}^{(1)} \tag{7.3.6-7}$$

$$B_{01}^{(2)} = -B_{01}^{(1)}(B_{00}^{(1)} + B_{11}^{(1)})^{-1} B_{01}^{(1)} \tag{7.3.6-8}$$

$$B_{10}^{(2)} = -B_{10}^{(1)}(B_{00}^{(1)} + B_{11}^{(1)})^{-1} B_{10}^{(1)} \tag{7.3.6-9}$$

와

$$B_{11}^{(2)} = B_{11}^{(1)} - B_{10}^{(1)}(B_{00}^{(1)} + B_{11}^{(1)})^{-1} B_{01}^{(1)} \tag{7.3.6-10}$$

이다.

식 (7.3.5-12), (7.3.5-13), (7.3.6-1), 그리고 (7.3.6-2)로부터 식 (7.3.6-5)에서 (7.3.6-10)까지를 얻는 위의 조작에 의해, Ω_1과 Ω_2의 합집합(合集合, union)인 환형을 정식화하였다. 그리고 문제로부터 vector $\hat{\beta}_1$을 소거하였다. 비슷한 조작에 의해,

$$B_{00}^{(2)}\hat{\beta}_2 + B_{01}^{(2)}\hat{\beta}_4 = \int_{S_2} \frac{\partial \boldsymbol{\gamma}}{\partial n_3} \hat{\boldsymbol{\alpha}}_2 \, dS \tag{7.3.6-11}$$

$$B_{00}^{(2)}\hat{\beta}_2 + B_{11}^{(2)}\hat{\beta}_4 = \int_{S_4} \frac{\partial \boldsymbol{\gamma}}{\partial n_4} \hat{\boldsymbol{\alpha}}_4 \, dS \tag{7.3.6-12}$$

가 얻어지도록 Ω_3과 Ω_4의 합집합을 정식화할 수 있다(이 과정(過程, process)에서는, $\hat{\beta}_3$을 소거한다). 식 (7.3.6-5), (7.3.6-6), (7.3.6-11), 그리고 (7.3.6-12)로부터 출발하여, 비슷한 과정에 의해, 이 과정에서는 $\hat{\beta}_2$를 소거하여, Ω_1, Ω_2, Ω_3, 그리고 Ω_4의 합집합을 정식화할 수 있다. 이 과정을 계속하면, 다음에는 8개 환형의 합집합, 그 다음 16개 환형, 등등으로 정식화할 수 있다. 이 과정의 각 반복에서는, 앞서 보다 2배로 많은 환형을 정식화한다. 마지막, 말하자면, k번째 반복에서는

$$M = 2^k \tag{7.3.6-13}$$

인 M 환형의 합집합을 정식화했을 것이다. 식 (7.3.3-2)와 (7.3.6-13)으로부터, 점 P로부터 어떤 방사상 선을 따른 S_M 위의 절점까지의 거리 D_M은

$$D_M = RK^{2^k} \tag{7.3.6-14}$$

이다. 명백히, 가설 알고리즘의 문제 영역의 크기는, 단 몇 번의 반복 후에도, 참으로, 매우 빠르게 증가할 수 있다. 더욱이, 2장으로부터 볼 수 있는 바와 같이, 풀기 위한 scalar 포텐셜은 반경의 제곱에 반비례함으로써 무한원(無限遠, infinity)에서 없어진다. 따라서 정확한 장(場) $\boldsymbol{\gamma}$는

$$|\boldsymbol{\gamma}| < \frac{C}{D_M^2} = \frac{C}{\left(RK^{2^k}\right)^2} \tag{7.3.6-15}$$

에 의해 무한원에서 유계됨을 볼 수 있다. 여기서 C는 어떤 정(正, 양(陽))의 상수(positive constant)이다.

k빈 반복 후에, 그러면, (식 (7.3.6-5)와 (7.3.6-6)의 확장으로서)

$$B_{00}^{(k)}\hat{\beta}_0 + B_{01}^{(k)}\hat{\beta}_k = \int_{S_0} \frac{\partial \boldsymbol{\gamma}}{\partial n_1} \hat{\boldsymbol{\alpha}}_0 \, dS \tag{7.3.6-16}$$

$$B_{10}^{(k)}\hat{\beta}_0 + B_{11}^{(k)}\hat{\beta}_k = \int_{S_M} \frac{\partial \boldsymbol{\gamma}}{\partial n_k} \hat{\boldsymbol{\alpha}}_k \, dS \tag{7.3.6-17}$$

을 가진다. 각 반복의 순환성(循環性, recursive nature)으로부터, 그리고 식 (7.3.6-7)에서 (7.3.6-10)으로부터, 이 식의 행렬은

$$B_{00}^{(k+1)} = B_{00}^{(k)} - B_{01}^{(k)}\left(B_{00}^{(k)} + B_{11}^{(k)}\right)^{-1} B_{10}^{(k)} \tag{7.3.6-18}$$

$$B_{01}^{(k+1)} = -B_{01}^{(k)}\left(B_{00}^{(k)} + B_{11}^{(k)}\right)^{-1} B_{01}^{(k)} \tag{7.3.6-19}$$

$$B_{10}^{(k+1)} = -B_{10}^{(k)}\left(B_{00}^{(k)} + B_{11}^{(k)}\right)^{-1} B_{10}^{(k)} \tag{7.3.6-20}$$

과

$$B_{11}^{(k+1)} = B_{11}^{(k)} - B_{10}^{(k)}\left(B_{00}^{(k)} + B_{11}^{(k)}\right)^{-1} B_{01}^{(k)} \tag{7.3.6-21}$$

에 의해 순환적으로(recursively) 풀어질 수 있음을 본다.

이제 k가 다룬 마지막 반복의 수라고 가정한다. 그러면, 표면 S_M 위에서, $|\boldsymbol{\gamma}|$와 $|\partial\boldsymbol{\gamma}/\partial n_k|$는 무시할 수 있을 정도로 작으며, 좋은 근사가 되어,

$$\hat{\beta}_k = 0 \tag{7.3.6-22}$$

라고 말할 수 있다. 그것으로부터, 내친 김에, $\left\|B_{10}^{(k)}\right\|$가 매우 작아야 한다는 것을 추단(推斷)하는 외에는 식 (7.3.6-17)을 무시한다. 식 (7.3.6-16)과 (7.3.6-22)로부터,

$$B_{00}^{(k)}\hat{\beta}_0 = \int_{S_0} \frac{\partial \boldsymbol{\gamma}}{\partial n_1} \hat{\boldsymbol{\alpha}}_0 \, dS \tag{7.3.6-23}$$

을 가진다.

7.3.7 Development of System of Equations for Actual Algorithm

그림 7-3 (b)에서 보여진 바와 같이, 영역 R_I는 문제 영역에서 제외되는 영역인 영역 R_e를 제외한 표면 S_0 내부의 모든 공간을 포함한다. 7.2절에서와 같이, 일반적으로, R_e의 경계 ∂R_e의 일부는 Dirichlet (그리고 필수) 경계조건이 부과되는 ∂E인 것으로 가정한다. ∂R_e의 나머지는 혼합, 또는 Neumann (그리고 자연) 경계조건이 부과되는 ∂N이다. 앞 절(節)에서, S_0 위에 있는 절점의 기저 함수는 vector $\hat{\boldsymbol{\alpha}}_0$의 요소이며, 그 절점에서의 장 값(field value)은 vector $\hat{\beta}_0$의 요소이다. S_0 *내부의* 절점에 관련된 비슷한 vector를 정의한다. 거기에는 그 절점의 기저 함수를 요소로 갖

는 vector $\hat{\boldsymbol{\alpha}}_I$가 있다. 그리고 그 점에서의 potential 값을 요소로 갖는 vector $\hat{\beta}_I$가 있다. 그러면 $\boldsymbol{\beta}_h$는, R_I 내에서,

$$\boldsymbol{\beta}_h = \hat{\beta}_0^T\hat{\boldsymbol{\alpha}}_0 + \hat{\beta}_I^T\hat{\boldsymbol{\alpha}}_I = \hat{\boldsymbol{\alpha}}_0^T\hat{\beta}_0 + \hat{\boldsymbol{\alpha}}_I^T\hat{\beta}_I \tag{7.3.7-1}$$

로 주어진다. 식 (6.2.1-14)를 사용하여, 위에서 정의된 vector에 따라,

$$\int_{R_I} \nabla\hat{\boldsymbol{\alpha}}_I \cdot (\nu\nabla\boldsymbol{\beta}_h)\, dv + \int_{\partial N} \sigma\hat{\boldsymbol{\alpha}}_I\boldsymbol{\beta}_h\, dS = \hat{g}_I \tag{7.3.7-2}$$

와

$$\int_{R_I} \nabla\hat{\boldsymbol{\alpha}}_0 \cdot (\nu\nabla\boldsymbol{\beta}_h)\, dv = \hat{g}_0 + \int_{S_0} \frac{\partial\boldsymbol{\gamma}}{\partial n_0}\, dS \tag{7.3.7-3}$$

을 가진다. 여기서

$$\hat{g}_I = \int_{R_I} [\hat{\boldsymbol{\alpha}}_I f - \nabla\hat{\boldsymbol{\alpha}}_I \cdot \nu\nabla\boldsymbol{\beta}_b]\, dv + \int_{\partial N} \hat{\boldsymbol{\alpha}}_I[h - \sigma\boldsymbol{\beta}_b]\, dS \tag{7.3.7-4}$$

와

$$\hat{g}_0 = \int_{R_I} \hat{\boldsymbol{\alpha}}_0 f\, dv \tag{7.3.7-5}$$

이다. 식 (7.3.7-3)에서, 미분 $\partial\boldsymbol{\gamma}/\partial n_0$는 S_0에서 외향 법선(外向 法線, normally outward)으로 취하여,

$$\int_{S_0} \frac{\partial\boldsymbol{\gamma}}{\partial n_0}\hat{\boldsymbol{\alpha}}_0\, dS + \int_{S_0} \frac{\partial\boldsymbol{\gamma}}{\partial n_1}\hat{\boldsymbol{\alpha}}_0\, dS = 0 \tag{7.3.7-6}$$

이며, 이 식으로부터 그리고 식 (7.3.6-23)과 (7.3.7-3)을 더하여,

$$\int_{R_I} \nabla\hat{\boldsymbol{\alpha}}_0 \cdot (\nu\nabla\boldsymbol{\beta}_h)\, dv + B_{00}^{(k)}\hat{\beta}_0 = \hat{g}_0 \tag{7.3.7-7}$$

을 가진다. 위의 식은 이제 $\hat{\beta}_0$와 $\hat{\beta}_I$에 대해 풀어지는 행렬-vector 방정식을 적는데 사용될 수 있다. 식 (7.3.7-1), (7.3.7-2), 그리고 (7.3.7-7)로부터,

$$\begin{bmatrix} (C_{00} + B_{00}^{(k)}) & C_{0I} \\ (C_{I0} + D_{I0}) & (C_{II} + D_{II}) \end{bmatrix} \begin{bmatrix} \hat{\beta}_0 \\ \hat{\beta}_I \end{bmatrix} = \begin{bmatrix} \hat{g}_0 \\ \hat{g}_I \end{bmatrix} \qquad (7.3.7\text{-}8)$$

을 가진다. 여기서 부분 행렬 C_{00}, C_{0I}, C_{I0}, 그리고 C_{II}는, 예를 들어,

$$C_{0I} = \int_{R_I} \nabla\hat{\boldsymbol{\alpha}}_0 \cdot \nabla(\nu\hat{\boldsymbol{\alpha}}_I^T)\, dv \qquad (7.3.7\text{-}9)$$

에 의해 정의되며, 부분 행렬 D_{I0}과 D_{II}는, 예를 들어,

$$D_{I0} = \int_{\partial N} \sigma\hat{\boldsymbol{\alpha}}_I\hat{\boldsymbol{\alpha}}_0^T\, dS \qquad (7.3.7\text{-}10)$$

에 의해 정의되고, $\hat{g}_0$과 $\hat{g}_I$는 식 (7.3.7-5)와 (7.3.7-4)로 주어진다.

7.3.8 Summary of Algorithm

요약하면, 알고리즘은 다음과 같은 단계로 이루어진다:

1. 그림 7-3 (a)에서와 같이, 영역 R_I의 중심(重心, centroid) 가까이에 점 P를 선택하고, 사상 인자(寫像 因子, mapping factor) K(말하자면, 대략 1.5)를 선택한다.
2. 그림 7-3에 보여진 바와 같이, 영역 R_I와 환형(環形, annulus) Ω_1을 절점, 유한요소, 형상 함수, 그리고 기저 함수로 채우고, vector $\hat{\boldsymbol{\alpha}}_I, \hat{\boldsymbol{\alpha}}_0, \hat{\boldsymbol{\alpha}}_1$, 그리고 $\hat{\boldsymbol{\alpha}}_M$을 형성한다(고차 형상 함수가 사용되었다면).
3. 행렬 A_{00}, A_{01}, A_{10}, 그리고 A_{11} (그리고 고차 형상 함수가 사용되었다면, 행렬 $A_{0M}, A_{M0}, A_{M1}, A_{1M}$, 그리고 A_{MM})을 계산하기 위해 식 (7.3.5-20)을 사용한다.
4. 고차 형상 함수가 사용되었다면 식 (7.3.5-14)에서 (7.3.5-17), 또는 최저차 형상 함수가 사용되었다면 식 (7.3.5-18)에서 (7.3.5-21)에 의해 행렬 $B_{00}^{(1)}, B_{01}^{(1)}, B_{10}^{(1)}$, 그리고 $B_{11}^{(1)}$을 계산한다.
5. 식 (7.3.6-18)에서 (7.3.6-21)의 순환적(循環的)인 사용(recursive use)에 의해, 충분히 큰 정수(整數, integer) k에 대해 행렬 $B_{00}^{(k)}$를 계산한다.
6. 식 (7.3.7-9)와 (7.3.7-10)의 사용에 의해 행렬 $C_{00}, C_{0I}, C_{II}, D_{I0}$, 그리고 D_{II}를 계산한다.
7. 식 (7.3.7-5)와 (7.3.7-4)를 사용하여 vector $\hat{g}_0$와 $\hat{g}_I$를 계산한다.
8. 행렬-vector 방정식 (7.3.7-8)을 풂으로써 $\hat{\beta}_0$와 $\hat{\beta}_I$를 계산한다.

McDonald-Wexler 알고리즘에서와 같이, 이 긴 일련(一連)의 단계(series of steps)는, 단지 한 번만 고려되는 것이 필요하기 때문에—컴퓨터 프로그램을 작성할 때—보

이는 것처럼 놀라운 것은 아니다.

7.3.9 *Error*

오차(誤差, error)는 가설 알고리즘(hypothetical algorithm)의 항(項)으로 논의되었다. 가설과 실제 알고리즘이 같은 해(解)를 갖기 때문에, 같은 오차를 가진다. 더욱이, 위에서 보여진 바와 같이, 가설 알고리즘은, 사실, 6장에서 논의된 것과 같은, 내부 문제를 풀기 위해 사용된 알고리즘과 동일하다. 그러므로, 6.2.4절에서 표현된 오차 놈(error norm)이 이 문제에도 마찬가지로 적용될 수 있다.

가설 알고리즘의 문제 영역 R_M은 제외 영역 R_e를 제외한 표면 S_M 내의 모든 공간으로 이루어진다.

$\boldsymbol{\gamma}$는 정확한 장(場)이며 $\boldsymbol{\gamma}_0$는 장이 S_M에서 0이 되는 것을 요구할 때 R_M을 통하여 얻을 정확한 내부 문제 해(exact interior problem solution)라고 가정한다.

$$\mathbf{e}_M = |\boldsymbol{\gamma} - \boldsymbol{\gamma}_0| \qquad (7.3.9\text{-}1)$$

이라 하자. 그러면, $\mathbf{e}_M$은, R_M을 통하여, S_M 위의 $\mathbf{e}_M$의 최대에 의해 유계(有界)됨을 볼 수 있다. S_M 위에서

$$\mathbf{e}_M = |\boldsymbol{\gamma}|$$

이기 때문에, 그러면 $\mathbf{e}_M$은 S_M 위에서 $|\boldsymbol{\gamma}|$에 의해 유계된다. 부등식(不等式) (7.3.6-15)로부터, $|\boldsymbol{\gamma}|$를 무시할 수 있을 정도로 작게 만드는 것이 실제적임을 본다(Ref. 3에서 Silvester에 의해 지적(指摘)된 것처럼). 그러므로, $\mathbf{e}_M$을 무시할 수 있는 것으로 받아들인다.

가설 알고리즘에서는 장(場)이 S_M에서는 0이 되는 것으로 취하였기 때문에, 그러면 이 알고리즘은 norm $\|\boldsymbol{\gamma}_0 - \boldsymbol{\beta}_F\|$를 최소화한다. 여기서 $\boldsymbol{\beta}_F$는 유한요소 해(有限要素 解, finite element solution)이다. 이 norm은

$$\|\mathbf{e}_0\| = \sqrt{\int_{R_M} \nabla\mathbf{e}_0 \cdot \nu\nabla\mathbf{e}_0 \, dv + \int_{\partial N} \sigma \mathbf{e}_0^2 \, dS} \qquad (7.3.9\text{-}2)$$

에 의해 정의된다(식 (6.2.4-2)를 사용하여). 식 (7.3.9-2)에서, ∂N은 혼합 경계조건이 적용되는 R_e의 경계의 부분이다. 마지막으로, 식 (7.3.9-1)의 $\mathbf{e}_M$을 R_M에 걸쳐 무시할 수 있도록 취할 수 있기 때문에, 그러면, 실제적인 목적으로, 해(解)가 R_M에 걸쳐 $\|\boldsymbol{\gamma} - \boldsymbol{\beta}_F\|$를 최소화한다고 말할 수 있다.

7.4 *MAPPING ALGORITHMS*

이 책의 초판(初版, first edition)이 쓰여진 이후에 외부 문제를 위한 몇 가지 가치 있는 알고리즘이 사용되게 되었다. 이 중 몇 가지는 Emson에 의한 논문에서 인용되었다(Ref. 4). 이 새로운 알고리즘 중 가장 많이 알려진 것은 *사상(寫像)* 알고리즘(*mapping* algorithm)이다.

사상 알고리즘에서는, 다음과 같은 단계를 취한다:

1. 문제에서 모든 발생기(發生機, generator)와 매질 불연속(media discontinuities)의 외부에 가설 경계(假說 境界, hypothetical boundary) C를 만든다. (2-차원 문제에서는 C가 보통 원(圓, circle)이며, 3-차원 문제에서는 보통 구(球, sphere)이다.) C 내부의 모든 공간을 내부 영역(內部 領域, interior domain) D_i로 나타내고, C 외부의 모든 공간(무한원(無限遠, infinity)까지)을 외부 영역(外部 領域, exterior domain) D_e로 나타낸다. D_e를 통해서는 자유공간만 있다. 그림 7-4 (a)를 보라.
2. 다음과 같은 성질을 가지는, (그림 7-4 (b)에 보여준 바와 같은,) 경계 C_h를 가진 가설 내부 문제 영역 D_h를 만든다:
   (a) D_h 내의 모든 점(點, point)은 D_e에 있는 대응하는 점을 정확히 사상한다.
   (b) C_h 위에 있는 모든 점은 C 위에 있는 점을 정확히 사상한다.
   (c) D_h 내에 있는 모든 점에서의 매질은 아래에서 설명된 것과 같이 선택한다.
3. 요구하는 포텐셜(potential)과 법선 자속밀도(자계의 경우)가 C와 C_h에서 정합(整合)하도록 D_i와 D_h의 합집합(合集合, union)을 통하여 모든 점에서의 장(場, field)을 계산한다.
4. D_e에 있는 점에서의 포텐셜이 D_h에 있는 대응하는 사상 점(寫像 點, mapping point)에서의 포텐셜과 같게 만든다.

위의 단계 2 (c)에서 D_h를 옳은 매질로 채우는 것이 매우 중요하다. 이것을 하기 위한 어떤 방법이 아래의 7.4.1과 7.4.2절에서 설명된다.

일단 이것이 수행되고 위의 단계가 취해지면, 그러면 D_i와 D_e에서 계산되는 포텐셜은, D_e 내에 있는 점에서의 포텐셜이 D_h 내에 있는 대응하는 사상 점(寫像 點)

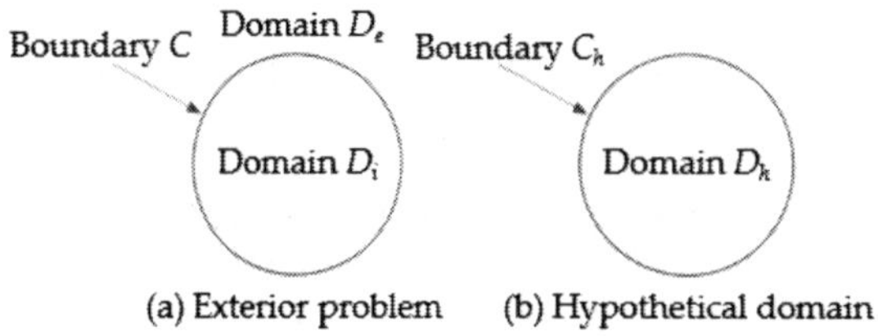

Fig. 7-4. Configuration for two-dimensional mapping algorithm.

에서의 포텐셜과 같은 값인, 외부 문제의 해(解, solution)이다.

실제적인 효과에서, 일단 C, C_h, 그리고 D_h(그리고 그것의 적절한 매질)가 세워지면, 이 외부 문제는 유한요소 *내부* 문제와 같은 방식으로 풀어질 수 있게 한다. 이것은 이 장(章)에서 더 일찍 논의된 외부 문제 알고리즘을 넘어서 어떤 실제의 이점(利點)을 가진다:

1. 사상 알고리즘은 유한요소 *내부* 문제 *만을* 위해 세워진 컴퓨터 프로그램으로 수행될 수 있다.
2. 사상 알고리즘에서 사용되는 전체 행렬은 *소(疎)하다(sparse)*. 이 장(章)에서 더 일찍 논의된 알고리즘에서 사용되는 행렬을 *밀(密)하다(dense)*.
3. 이 사상 알고리즘은, D_e 내에 있는 점의 각각에서, 포텐셜이 D_h 내의 그것의 사상 점에서의 포텐셜과 같기 때문에, D_e 내에 있는 모든 점에서의 포텐셜을 제공한다.

이런 이유때문에, 지금은 사상 알고리즘이 많은 장 계산(field computation)을 위한 상용(商用)으로 이용할 수 있는 많은 컴퓨터 프로그램에서 외부 문제를 풀기 위해 사용된다. 소절(小節, subsection) 7.4.1은 Lowther, Freeman, 그리고 Forghani에 의해 보고된 2차원에서의 사상 알고리즘을 설명한다(Ref. 5). 소절 7.4.2는 Freeman과 Lowther에 의해 보고된 3차원에서의 사상 알고리즘을 논의한다(Ref. 6). 마지막으로, 소절 7.4.3은 그 이후의 논문에서 보고된 이 알고리즘의 확장을 논의한다.

7.4.1 *Two-Dimensional Mapping Algorithm*

먼저 Boothroyd, Cherry, 그리고 Makar에 의해 보고된 전해조(電解槽, electrolytic tank)의 사용에 의한 외부 문제의 아날로그 해(解)(analog solution)을 고려하는 것이 Lowther, Freeman, 그리고 Forghani의 알고리즘을 이해하는데 매우 도움이 된다(Ref. 8). 이 전해조는 원형(圓形)이다(circular). 그 위(top)와 옆 모습(side view)이 그림 7-5에 보여졌다. 보여진 바와 같이, 수조(水槽, tank)는 전해액(電解液, electrolyte)으로 채워져 있으며, 두 층(層)이 반경(半徑, radius) a인 원형 절연 박판(圓形絶緣 薄板, circular insulating sheet)에 의해 분리(分離)된, 위 층(upper layer)과 아래 층(lower layer)을 가진다. 수조의 반경은 단지 a보다 약간 더 클 뿐이다. 그러므로 전해액을 통한 전기 전도(電氣 傳導, 전도(電導), electrical conduction)는 절연 박판의 바깥 단부(端部)(outer edge)와 수조의 옆 벽(壁)(side wall) 사이의 이 얇은 환형(環形)(thin annulus) 만을 통하여 위 층과 아래 층 사이에서 생길 수 있다. 전해액의 높이(height)는, 물론, 위 층과 아래 층 둘 다에서 균일하다. 이 문제의 모든 발생기(generator)와 매질 불균일은 위 층에 있다. 아래 층은 전해액 만을 담고있다.

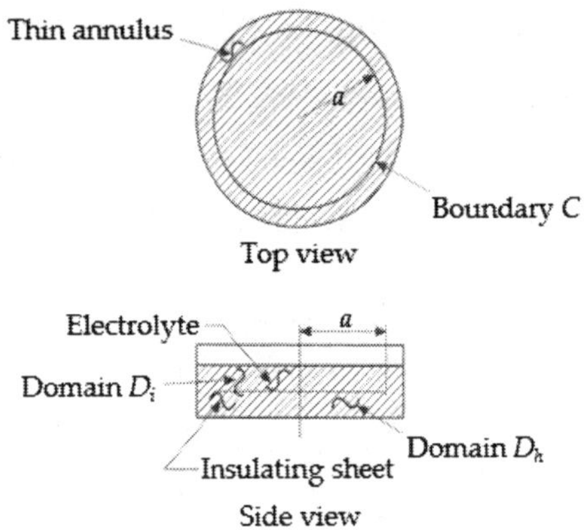

Fig. 7-5. Electrolytic tank for electrostatic and magnetostatic analog solutions to exterior problems.

다음의 논의에서는, 그림 7-5에 보여진 전해조를 위에서 논의되고 그림 7-4에 보여진 영역 및 경계와 관련시키는 것이 편리하다. 수조의 위 층과 아래 층은 각각 영역 D_i와 D_h이다. 경계 C와 C_h는 서로 일치(一致)하며 전해조에 있는 절연 박판의 원주(圓周, circumference)이다.

전해조로부터의 analog 해를 얻기 위하여, 다음과 같은 단계를 취한다:

1. 위 층(영역 D_i) 내에 모든 발생기와 매질 불균일을 구성한다.
2. 위 층과 아래 층(영역 D_i와 D_h) 내의 관심있는 모든 점(點, point)에서의 potential을 탐측(探測)한다(probe).

아래에서 보는 바와 같이, 위 층에 있는 모든 점에서 측정된 potential은 그 점에서의 실제 potential을 나타낸다. 더욱이, 아래 층에서 측정된 potential은 영역 D_e 내에서 적절(適切)하게 사상된 점에서의 potential과 같다.

아래 층에서의 매질이 균일(均一, uniform), 선형(線形, linear), 그리고 등방성(等方性, isotropic)이기 때문에, 그 potential ψ_h는

$$\nabla^2\psi_h = 0 \tag{7.4.1-1}$$

에 따른다. 극좌표계(極座標系, polar coordinates) r_h와 θ에서 이 방정식의 해(解, solution)는

$$\psi_h = \sum_{n=1}^{\infty} r_h^n F_{hn}(\theta) \tag{7.4.1-2}$$

이다. 여기서 $F_{hn}(\theta)$는

$$F_{hn}(\theta) = a_{hn}\cos(n\theta) + b_{hn}\sin(n\theta) \tag{7.4.1-3}$$

에 의해 주어진다.

식

$$r_e = \frac{a^2}{r_h} \tag{7.4.1-4}$$

에 의해 D_h로부터 D_e로 사상한다. 여기서 r_e는 D_e에 있는 점에 이르는 반경이며 r_h는 D_h에 있는 대응하는 점에 이르는 반경이다.

이 식으로부터, $r_e = r_h = a$(그림 7-4에서의 경계 C와 등가)에서,

$$\psi_e(a) = \psi_h(a) \tag{7.4.1-5}$$

를 본다. 여기서 ψ_e는 D_e에 있는 점에서의 potential이다.

식 (7.4.1-4)를 (7.4.1-2)에 대입하면,

$$\psi_h(r_h) = \psi_e(r_e) = \sum_{n=1}^{\infty} r_e^{-n} F_{en}(\theta) \tag{7.4.1-6}$$

을 가진다. 여기서

$$F_{en}(\theta) = a^{2n} F_{hn}(\theta) \tag{7.4.1-7}$$

이다. 식 (7.4.1-6)이 극좌표계에서의 Laplace의 방정식, 즉,

$$\nabla^2 \psi_e(r_e) = 0 \tag{7.4.1-8}$$

에 대한 외부 해(外部 解, exterior solution)를 줌을 본다. 마지막으로, 식 (7.4.1-2)에서 (7.4.1-7)을 통하여,

$$\left.\frac{\partial \psi_h}{\partial r_h}\right|_{r_h=a} = -\left.\frac{\partial \psi_e}{\partial r_e}\right|_{r_e=a} \tag{7.4.1-9}$$

를 본다. 식 (7.4.1-5)와 (7.4.1-9)로부터, ψ는 반경 a의 원에 걸쳐 적절히 정합됨을 본다. 또한, 식 (7.4.1-8)은 ψ_e가 D_e 내에서 Laplace의 방정식을 만족함을 보인다.

7.4절의 도입부(導入部, introduction)에서 논의된 사상 알고리슴의 단계 3은 D_i와 D_h의 합집합(union)을 통한 장(場, field)에 대한 풀이(solution)이다(물론, 그 경계 C도 포함하여). C *바로 안쪽의(just inside)* D_i 내에서의 해는 총(總) 스칼라 포텐셜(total scalar potential) ψ_i에 의해 표현될 수 있다*. 그러면 $D_i \cup D_h$를 통한 해(解)는

$$\psi_i(a) = \psi_h(a) \tag{7.4.1-10}$$

과

$$\left.\frac{\partial \psi_h}{\partial r_h}\right|_{r_h=a} = -\left.\frac{\partial \psi_i}{\partial r_i}\right|_{r_i=a} \tag{7.4.1-11}$$

을 요구할 것이다.

식 (7.4.1-5)와 (7.4.1-10)으로부터, 경계 C에서

$$\psi_i(a) = \psi_e(a) \tag{7.4.1-12}$$

와 식 (7.4.1-9)와 (7.4.1-11)로부터,

$$\left.\frac{\partial \psi_e}{\partial r_e}\right|_{r_e=a} = -\left.\frac{\partial \psi_i}{\partial r_i}\right|_{r_i=a} \tag{7.4.1-13}$$

을 가진다.

이제 D_i 내에서 해(解)를 가지며, 식 (7.4.1-8)에 의해, D_e 내에서 해를 가진다. 더욱이, 식 (7.4.1-12)와 (7.4.1-13)은 이 해가 경계 C에 걸쳐 적절히 정합됨을 본다. 그러므로, 원하는 바와 같이, 이 사상 알고리즘이 작동하여, $D_i \cup D_e$를 통한 Laplace의 방정식에 대한 해를 가진다.

식 (7.4.1-8)과 (7.4.1-9)로부터, 어떻게 Ref. 8의 전해조와 Ref. 5의 알고리즘이 외부 문제의 해를 산출하도록 작동하는지 볼 수 있다. 전해조의 아래 층에서 C 위의 potential이 실제 외부 문제(actual exterior problem)의 C 위에서의 potential과 같다고 가정한다. 그러면, 식 (7.4.1-9)로부터, 아래 층에서의 *외향(外向)* 법선 방향 포텐셜(potential directed normally *outward*)의 구배(勾配, gradient)가 외부 영역 D_e로부터 C 위에서의, *내향(內向)* 법선 방향 포텐셜(potential directed normally *inward*)의 구배와 같음을 본다. 이것이 정확히 갖기를 원하는 조건이다. 이 개념(概念, concept)을 C에 수직(垂直, normal)인 전계 벡터(electric field vector)의 항으로 표현하자. 예를 들어, 이 vector가 외부 문제에서 C 위의 어떤 점에서 *외향* 법선 방향으로 된다면, 그러면 그것은 영역 D_h(즉, 전해조의 아래 층) 내의 C 위에서 *내향* 법선 방향으로 된다. 전해조 내의 C 위에 있는 이 점에서 전류밀도(電流密度, current density)의 항으로, 원하는 바와 같이, 위 층의 *바깥으로(out of)* 흐르는 같은 전류밀도가 아래 층 *안으로(into)* 흐른다.

---

* 정자기 문제(靜磁氣 問題, static magnetic problem)에 대한 이 알고리즘의 응용에서는, 원(圓, circle) C는 D_i 안에 (그리고 C 내부에) 전류의 흐름이 없는, 얇은 환형(環形)(thin annulus)이 있도록 충분히 크게 만들 수 있다. 이 환형 내에서는, 총 자기 스칼라 포텐셜(total magnetic scalar potential)이 정의될 수 있다.

Ref. 5에서 보고된 알고리즘을 고찰하는 한 가지 방법은, 유한요소법을 사용하여, 전해조의 위 층과 아래 층에서의 포텐셜 분포(分布)(potential distribution)를 모의(模擬)하는(simulate) 것이다. 이 방법에서는, 2차원에서 외부 문제의 유한요소 해를 제공한다.

전해조의 위 층과 아래 층을 통하여 균일한 전해액의 사용에 의해, 또한 D_e와 D_h 둘 다도 자유공간 매질로 모의함에 유의하라.

7.4.2 Three-Dimensional Mapping Algorithm

이 소절(小節)은 Lowther와 Freeman에 의해 보고된 3-차원 알고리즘을 나타낸다(Ref. 6). 그들의 논문은 그 알고리즘을 정자기(靜磁氣) 포텐셜(static magnetic potential)에 적용하여 나타냈기 때문에, 여기에서의 논의도 그렇다. 하지만, 이 알고리즘이 정전(靜電) 포텐셜(static electric potential)에도 마찬가지로 적용될 수 있음을 보기가 쉽다. 이 알고리즘은 7.4.1절에서 논의된 것과 2가지 점에서 다르다:

1. 해(解, solution)가 전해조(2-차원 상(場) 만을 모의할 수 있는) 내에서의 포텐셜 분포를 모의하지 않는다.
2. 이 알고리즘을 위한 영역 D_h는, 아래에서 정의되는 바와 같이, 자유공간으로 채워지지는 않지만, 반경 방향으로(radially) 변화하는 매질로 채워진다.

이 알고리즘에서는, 경계 C(그림 7-4에 있는)는 반경 a의 구(球, sphere)이다. 영역 D_i는 C 내부의 모든 공간을 포함하며, 속에 모든 발생기(發生機, generator)와 매질 불균일(媒質 不均一, medium nonuniformity)을 갖고 있다. 영역 D_e는 구(球) C 외부의 모든 공간을 포함한다. D_e를 통한 매질은 자유공간뿐이다. 경계 C_h는 또한 반경 a의 구이며 가설 영역(假說 領域, hypothetical domain) D_h는 C_h 내부의 모든 공간을 포함한다. 구 경계(球 境界, sphere boundary) C와 C_h는 일치(一致)하는 것으로 고려될 수 있다.

D_e 내에 있는 점 P_e는 구 좌표(球 座標, spherical coordinate) r_e, θ, 그리고 ϕ를 가지며 D_h 안으로 사상하는 점 P_h는 좌표 r_h와 같은 값 θ와 ϕ를 가진다.

$$r_e = \frac{a^2}{r_h} \tag{7.4.2-1}$$

에 의해 D_e 내에 있는 이 점으로부터 D_h 내에 있는 그것의 대응하는 점으로 사상한다. 아래에서 보여지는 바와 같이,

$$\mu_h(P_h) = \left(\frac{r_e}{a}\right)^2 \mu_e(P_e) \tag{7.4.2-2}$$

의 요구에 의해 D_h 내의 potential과 D_e 내의 potential 사이의 원하는 사상을 얻는다.

영역 D_e와 D_h 둘 다 전류(電流)가 없기(current free) 때문에, 그 내부에서의 자계 **H**는

$$\mathbf{H}_h = -\nabla\psi_h$$
$$\mathbf{H}_e = -\nabla\psi_e$$

로써 표현될 수 있다. 여기서 ψ_h와 ψ_e는 총 자기 스칼라 포텐셜(total magnetic scalar potential)이다. D_h 내에서, $\mathbf{H}_h$는

$$\mathbf{B}_h = \mu_h\mathbf{H}_h$$

에 의해 자속밀도(磁束密度, magnetic flux densaity) $\mathbf{B}_h$와 관련된다.

$$\nabla\cdot\mathbf{B}_h = 0$$

를 사용하고 이 식을 결합할 때,

$$\nabla\cdot(\mu_h\nabla\psi_h) = 0$$

을 가진다. 구좌표계(球座標系, spherical coordinates)에서, 이 식은

$$0 = \frac{\partial}{\partial r_h}\left(\mu_h r_h^2\frac{\partial\psi_h}{\partial r_h}\right) + \frac{1}{\sin^2\theta}\frac{\partial}{\partial\phi}\left(\mu_h\frac{\partial\psi_h}{\partial\phi}\right) + \frac{1}{\sin\theta}\frac{\partial}{\partial\theta}\left(\mu_h\sin\theta\frac{\partial\psi_h}{\partial\theta}\right) \quad (7.4.2\text{-}3)$$

이다. 사상 법칙(寫像 法則, mapping rule)에 의해,

$$\psi_e(P_e) = \psi_h(P_h) \quad (7.4.2\text{-}4)$$

이다. 식 (7.4.2-1)과 (7.4.2-4)를 사용하여, 경계 C(여기서 $r_e = r_h = a$) 위에 있는 점 P_c에서,

$$\psi_h(a) = \psi_e(a) \quad (7.4.2\text{-}5)$$
$$\left.\frac{\partial\psi_e}{\partial r_e}\right|_{r_e=a} = -\left.\frac{\partial\psi_h}{\partial r_h}\right|_{r_h=a} \quad (7.4.2\text{-}6)$$

과 식 (7.4.2-1)와 함께

$$\mu_h(a) = \mu_e(a) \quad (7.4.2\text{-}7)$$

을 가진다. 더욱이, 식 (7.4.2-6)과 (7.4.2-7)로부터, $r_e = r_h = a$에서,

$$\mathbf{n}_e \cdot \mathbf{B}_e = -\mathbf{n}_e \cdot (\mu_e \boldsymbol{\nabla} \psi_e) = \mathbf{n}_h \cdot (\mu_h \boldsymbol{\nabla} \psi_h) = -\mathbf{n}_h \cdot \mathbf{B}_h \tag{7.4.2-8}$$

이다.

이 절(節)의 도입부(導入部, introduction)에서 논의된 것과 같은 사상 알고리즘의 단계 3은, 경계 C에 걸친 영역 D_i와 D_h의 합집합(union)을 통한 장(場, field)의 계산에 있어서,

$$\psi_i = \psi_h \tag{7.4.2-9}$$

와

$$\mathbf{n}_i \cdot \mathbf{B}_i = -\mathbf{n}_h \cdot \mathbf{B}_h \tag{7.4.2-10}$$

을 요구한다. 경계 C에 걸쳐, 식 (7.4.2-5)와 (7.4.2-9)로부터

$$\psi_e = \psi_i \tag{7.4.2-11}$$

과 식 (7.4.2-8)과 (7.4.2-10)으로부터

$$\mathbf{n}_i \cdot \mathbf{B}_i = \mathbf{n}_e \cdot \mathbf{B}_e \tag{7.4.2-12}$$

를 본다. 식 (7.4.2-3)은 식 (7.4.2-1), (7.4.2-2), 그리고 (7.4.2-4)에 의해

$$0 = \frac{\partial}{\partial r_e}\left(\mu_e r_e^2 \frac{\partial \psi_e}{\partial r_e}\right) + \frac{1}{\sin^2\theta}\frac{\partial}{\partial \phi}\left(\mu_e \frac{\partial \psi_e}{\partial \phi}\right) + \frac{1}{\sin\theta}\frac{\partial}{\partial \theta}\left(\mu_e \sin\theta \frac{\partial \psi_e}{\partial \theta}\right) \tag{7.4.2-13}$$

으로 변환(變換)된다. 이 식은

$$\nabla \cdot (\mu_e \boldsymbol{\nabla} \psi_e) = \boldsymbol{\nabla} \cdot \mathbf{B}_e = 0 \tag{7.4.2-14}$$

의 구좌표계에서의 표현식이다.

식 (7.4.2-11)과 (7.4.2-12)는 $D_i \cup D_e$에서의 장(場, field)이 경계 C에 걸쳐 근사적으로 정합(整合)됨을 보인다. 그리고 식 (7.4.2-14)는 자기(磁氣) 스칼라 포텐셜(magnetic scalar potential) ψ_e가 영역 D_e에서 적절하게 작용(作用)함을 보인다. 더욱이, 7.4절의 도입부의 단계 3에 의해, 해(解, solution)가 영역 D_i에서 찾아졌다, 그러므로, $D_i \cup D_e$를 통한 Maxwell의 방정식에 대한 해를 가진다. 이것이 이 알고리즘이 작동하는 것을 보인다.

REFERENCES

1. Steele, Charles W., "Convergent Algorithm for Unbounded, Two-Dimensional, Linear Eddy Current Problems," *COMPUMAG Conference*, Grenoble, France, September 1978.
2. Chari, M. V. K. and Silvester, P. P., Editors, *Finite Elements in Electrical and Magnetic Field Problems*, New York: John Wiley & Sons, 1980, pp. 179-186.
3. Silvester, P. P., Lowther, D. A., Carpenter, C. J. and Wyatt, E. A., "Exterior Finite Elements for 2-Dimensional Field Problems with Open Boundaries," *Proc. IEE*, December 1977, Vol. 124, No. 12.
4. Emson, C. R. I., "Method for the Solution of Open-Boundary Electromagnetic Field Problems," *Proc. IEE*, 1988, Vol. 135, pp. 151-158.
5. Lowther, D. A., Freeman, E. M. and Forghani, B., "A Sparse Matrix Open Boundary Method for Finite Element Analysis," *IEEE Trans. on Magnetics*, July 1989, Vol. MAG-25, No. 4, pp. 2810-2812.
6. Freeman, E. M. and Lowther, D. A., "An Open Boundary Technique for Axisymmetric and Three-Dimensional Magnetic and Electric Field Problems," *IEEE Trans. on Magnetics*, September 1989, Vol. MAG-25, No. 5, pp. 4135-4137.
7. Steele, Charles. W., "Uniqueness Theorem for a Static Electric or Magnetic Field in a Saturable Medium," *Journal of Applied Physics*, August 1973, Vol. 44, No. 8. pp. 3790-3791.
8. Boothroyd, A. R., Cherry, E. C. and Makar, R., "An Electrolytic Tank for the Measurement of Steady-State Response, Transient Response, and Allied Properties of Networks," *Proc. IEE*, 1949, Vol. 96, pp. 163-177.
9. Imhoff, J. F., Meunier, G. and Sabonnadier, J. C., "Finite Element Modeling of Open Boundary Problems," *IEEE Trans. on Magnetics*, March 1990, Vol. MAG-26, No. 2, pp. 588-591.
10. Imhoff, J. F., Meunier, G., Bruonotte, X. and Sabonnadier, J. C., "An Original Solution for Unbounded Electromagnetic 2D and 3D Problems Throughout the Finite Element Method," *IEEE Trans. on Magnetics*, September 1990, Vol. MAG-26, No. 5, pp. 1659-1661.
11. Stochniol, A., "A General Transformation for Open Boundary Finite Element Method for Electromagnetic Problems," *IEEE Trans. on Magnetics*, March 1992, Vol. MAG-28, No. 2, pp. 1679-1681.

8 Automatic and Adaptive Mesh Generation

8.1 INTRODUCTION

수치 장 계산(數値 場 計算, numerical field computation)을 위한 알고리즘은 문제의 구성(configuration), 그리고 특히 장(場)의 구성에 대해 절점의 구조를 적합하게 해야 할 필요에 의해 강하게 영향을 받았다. 전형적인 장 계산에서, 문제 영역의 일부에서는 장이 매우 느리게 변할 뿐이고, 따라서 넓은 간격의 절점이 허용된다. 그 대신으로, 문제 영역의 다른 일부에서는 장이 매우 급하게 변하고, 매우 정확하게 알려져야 한다. 이런 장소에서는 절점의 간격을 가깝게 두어야 한다.

장 계산에 있어서, 1970년대에 유한요소법(有限要素法, finite element method)의 사용의 증가와 유한차분법(有限差分法, finite difference method)의 사용의 감소를 이끈 것이 장(場)에 맞추어 절점 간격을 바꾸는 이 필요성이었다.

유한차분법은, 보통 실행된 바와 같이, 각 반복에서 직전보다 더 정확한 해(解)의 연속(連續)(sequence of solution)을 계산하는, 반복 완화 과정(反復 緩和 過程, iterative relaxation procedure)에 의한 해를 요구하였다. 이 알고리즘에서는, 0이 아닌 행렬 계수(nonzero matrix coefficient)가 실제로 각 *사용(use)*에서 *재계산(再計算)되었다(recomputed)*. 이것은 불규칙적(不規則的)인 망(網)(irregular mesh)이 사용되었다면, 재계산 행렬 요소(recomputing matrix element)의 계산 비용(計算 費用, computational cost)이 과대하게 됨을 뜻했다. 행렬 요소를 재계산하기 위해 요구되는 시간을 허용되는 값으로 떨어뜨리는 것을 유지하기 위해, 절점의 구성이 몹시 단순하였다. 2-차원 문제에서는, 예를 들어, 전체 문제 영역은 전형적으로 정사각형(正四角形, square)으로 분할되었으며, 그림 8-1에 보여진 바와 같이, 절점은 이 정사각형의 정점(頂點, vertex)에만 위치하였다. 실제 장 문제에서는, 그러한 절점 구성이 빠른 장 변화의 영역에서는 충분히 잘지(fine) 못하였으며(공간 좌표(空間 座標, spatial coordinates)로), 장의 느린 변화의 영역에서는 너무 잘았다(too fine).

절점 위치 선정의 문제는 유한요소법의 출현(出現, advent)으로 크게 줄었다. 단체(單體, simplex)가 유한요소로 사용되었다면 (2차원에서 삼각형(triangle) 또는 3차원에서 사면체(四面體, tetrahedron)) 그러면 절점은 문제 영역 내에서 원하는 어디

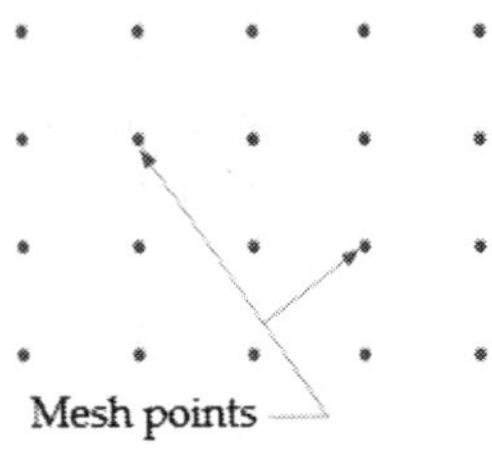

Fig. 8-1. Rectangular mesh of node points for finite difference method.

에든 위치될 수 있었다. 항상 이 능력의 이점을 전적으로 취한다. 더욱이, 실제 문제에서는 전형적으로 천 단위(千 單位, order of a thousand)의 절점이 필요하기 때문에, 불규칙한 간격이지만, 이 점들을 위치시키기 위해 컴퓨터를 사용한다. 오로지 절점을 위치시키고 유한요소를 생성하는 목적으로 설계된 교묘(巧妙)한 컴퓨터 프로그램이 개발되었다.

그렇다 하더라도, 절점 배치(節點 配置, node point placement)는 매우 어려운 문제였다. 이 문제에 대한 연구가 계속되고 있으며, 지난 몇 년 동안에 이루어진 주요 진보(主要 進步, major advance)를 소개하는 것이 이 장(章)의 목적이다.

절점 배치와 유한요소 구성을 위한 알고리즘의 전개에 있어서 열망하는 목표는 다음과 같다:

1. 절점 배치와 유한요소 구성을 완전히 자동(自動)으로 만든다. 정밀도(精密度, accuracy)를 개선(改善)하기 위하여 손으로(manually) 개입(介入)해야 한다면 사용자(使用者, user)가 보기 위한 수치 장 해(數値 場 解, numerical field solution)를 구하는데 경험이 있을 필요가 없게 만든다.
2. 그것에 의해 구성되는 유한요소가 좋은 모양을 이루는 것을 보장(保障)한다. 2차원에서는, 삼각형 유한요소가, 가능한 한 대부분이, 등변삼각형(等邊三角形, 정삼각형(正三角形), equilateral triangle) 비슷한 모양이어야 할 것이다.
3. 장 오차(場 誤差, field error)는 문제 영역을 통하여 허용 한계(許容 限界, tolerable limit) 이내(以內)로 유지될 것을 보장한다.

위에서 나타내어진 목표를 만나기 위하여, 자동(自動) 및 적응 망 생성(適應 網 生成)(automatic and adaptive mesh generation)을 모두 갖는, 그림 8-2에 있는 흐름도로 된(flow-charted) 알고리즘이 필요하다. 자동 망 생성에 의해, 일단 사용자가 컴퓨터에 문제를 정의하면, 자동적인 절점 배치와 유한요소 구성으로써 간단히 망의 구성을 꾀한다. 적응 망 생성에 의해, 문제 영역을 통하여 적당한 범위(範圍)(suitable bounds) 내로 수치적으로 계산된 장(場)에 포함된 오차를 제한하기 위하여 존재하는 망의 개선(改善, 세분화(細分化), refinement)을 꾀한다.

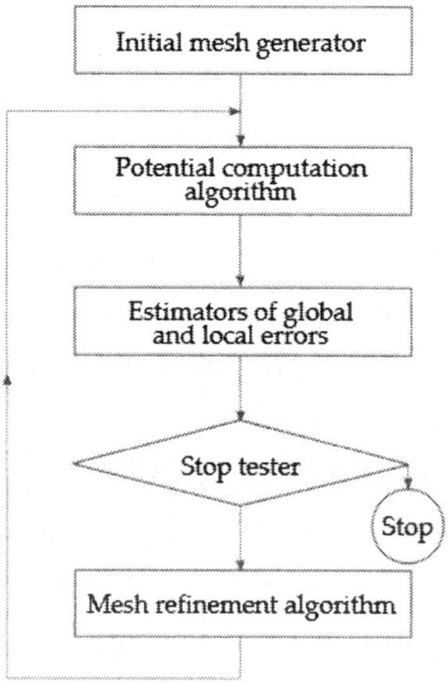

Fig. 8-2. Automatic and adaptive algorithm for mesh generation.

그림 8-2에 보여진 초기 망 생성기(初期 網 生成器, initial mesh generator)의 기능(機能, function)은 문제의 초기 기하 명세(初期 幾何 明細, initial specification of geometry) 만을 기초로 하여 절점과 유한요소의 초기 망을 고안(考案)하는(create) 것이다. (이 초기 망 생성기는 적응 망 생성이 사용되지 않았더라도 사용될 것이다.) 이 초기 망 생성기에서 사용되는 알고리즘은 8.2와 8.2절에서 설명된다. 8.2절은 예비적 방법(豫備的 方法, preliminary way)으로 문제 영역을 절점과 유한요소로 분할하는 알고리즘을 설명한다. 8.3절은 어떻게 하여, 이 절점에서 출발하여, 유한요소의 개선된 집합(improved set)이 구성되는 지를 보인다.

적응 망 생성은 문제 영역에 걸친 포텐셜 배치(配置)(potential configuration)가 적당한 범위 내로 오차를 제한하도록 하는 방식으로 망을 적응시키는 것을 꾀한다. 이를 하기 위하여, 몇 가지 단계의 반복 과정을 사용해야 하며, 이 단계의 각각에서, 이 potential을 다시 계산하고 그 다음 이 망(網, mesh)을 더욱 더 개선해야 한다. 그림 8-2를 참조하면, 반복 알고리즘의 단계는 다음과 같다:

1. 포텐셜 계산 알고리즘(Potential Computation Algorithm): 이 알고리즘의 예(例)는 6장에서 소개된 Poisson 방정식의 수치 풀이(numerical solution)에 대한 것이다.
2. 전역(全域) 및 국부 오차(局部 誤差) 추정기(推定器)(Estimators of Global and Local Errors): 이 알고리즘은 (a) 전체 문제 영역에 걸쳐 총(전역) 오차(總(全域) 誤差, total (global) error); 그리고 (b) 각 유한요소 내의 (국부) 오차를 추정(推定)한

다. 이 두 가지 추정된 오차는 서로 다른 목적에 사용된다. 전역 오차는 알고리즘의 다음 단계인 정지 검사기(停止 檢査器, Stop Tester)에서 사용되며, 국부 오차는 다음 알고리즘인 망 개선(網 改善) 알고리즘(Mesh Refinement Algorithm)에서 국부 오차를 적당히 줄이기 위해 세분(細分)되어야 하는 유한요소를 확인하는데 사용된다. 이 오차 추정기에서 사용된 알고리즘은 8.4절에서 논의된다. 몇 가지 적응 망(適應 網) 알고리즘(adaptive mesh algorithm)에서는 오차가 각 유한요소에서 개별적(個別的)으로 추정된다(Ref. 1). 다른 적응 망 알고리즘에서는, 추정된 오차가 각 *절점(節點, node point)*에 관련된다(Ref. 2).

3. 정지 검사기(停止 檢査器, Stop Tester): 이 알고리즘은 위의 단계 2에서 계산된 전역 오차 추정이 어떤 미리 정해진 값의 아래로 떨어졌을 때 계산을 정지한다. 이 알고리즘은 다음의 질문에 답(答)한다: 전역 오차가 계산이 종결(終結)될 수 있도록 충분히 낮은가? 답이 *'그렇다(yes)'*이면 그러면 적당히 잘게 세분된 망(suitably fine mesh)이 만들어졌을 *뿐만 아니라* 적당히 정밀한 장 계산(suitably accurate field computation)*도* 이루어졌다.
4. 망 개선 알고리즘(Mesh Refinement Algorithm): 이 알고리즘은 과대(過大)한 국부 오차를 갖는 것으로 찾아진 유한요소 내에 새로운 절점과 유한요소를 삽입(挿入)한다. 8.5절은 8.3절에서 논의된 들로니 모자이크 배열(配列)(Delaunay Tessellation)이 이 새로운 유한요소를 구성하기 위해 어떻게 사용되는지를 보인다.

8.2 PRELIMINARY MESH GENERATION

2-차원 문제 영역을 유한요소로 나누는데 있어서의 기본적인 접근(basic approach)은 다각형(多角形, polygon)의 모양인 문제 영역으로부터 출발하고, 한 번에 한 개씩, 이 다각형의 부분들(parts)을 다각형의 바깥 쪽에서부터 유한요소의 모양으로(이 경우, 보통 삼각형) 잘라내는 것이다. 이것이 행해질 때마다, 물론, 잘라내어진 부분 영역은 새로운 유한요소가 된다. 이 과정은 원래 다각형의 남은 모든 부분이 유한요소의 모양(즉, 삼각형)인 부분 영역으로 될 때까지 계속된다. 이것은 그러면 마지막 유한요소의 모양으로 된다. 이 알고리즘을 조금 바꾼 것(minor variation)은 다각형으로 시작하고 그것을 2개의 다각형으로 나누는 것이다. 이 다각형은 어떤 새로이 생성되는 다각형이 유한요소의 모양을 가질 때까지 (그리고 그것은, 물론, 유한요소가 된다) 다시 나누어진다. 이러한 목적의 알고리즘이 Shephard(Ref. 3)와 Reichert, Skoczylas, 그리고 Tarnhuvud(Ref. 4)에 의해 보고되었다.

3-차원 문제 영역을 사면체(四面體, tetrahedron) 또는 삼각기둥(삼각주(三角柱), triangular prism)으로 분할하는 비슷한 알고리즘도 보고되었다.

8.3 DELAUNAY TESSELLATION

앞서의 소절(小節)에서 논의된 바와 같이, 모양이 좋은(well-formed) 유한요소를 갖는 것이 중요하다. 예를 들어, 삼각형 요소가 사용되었다면, 그것들이 정삼각형(正三角形, 등변삼각형(等邊三角形), equilateral triangle)으로 되는 것이 더할 나위없이 좋을 것이다. 그 대신으로, 삼각형이 홀쭉하다면, 그러면 문제를 일으킨다. 이것은 계산되는 potential(또는 장(field))이 potential을 어느 정도 근사화하는 형상 함수에 의해 맞춰질 수 없는 가장 긴 변(邊, side)을 따라 변화할 수 있다.

홀쭉한 삼각형의 문제를 논의하는데 있어서는, 삼각형에 대해

$$Q = \frac{2r_i}{r_c} \tag{8.3-1}$$

에 의해 정의되는 질계수(質係數, 양호도(良好度), quality factor)의 개념을 도입하는 것이 편리하다. 이 식에서 r_i는 삼각형에 내접(內接)하는 원의 반경이다; 즉, 그것은, 그림 8-3에 보여진 바와 같이, 삼각형의 내부에 둘 수 있는 가장 큰 원이다. 그 다음 r_c는 외접원(外接圓, circumscribing circle)의 반경이다; 즉, 삼각형의 세(3) 정점(頂點, vertex)을 통과하는 원이다. 정삼각형의 경우, $Q=1$임을 보이는 것은 쉽다. 홀쭉한 삼각형의 경우, Q는 0으로 접근할 수 있다. 낮은 Q 값의 삼각형이 가능한 한 많이 피해지도록 망(mesh)을 구성하는 것을 원한다. Shenton과 Cendes(Ref. 5)는 이 목적을 달성하기 위한 "들로니 모자이크 배열(Delaunay Tessellation)"이라 불리는 알고리즘을 논의한다.

주어진 절점의 집합의 경우, 그 절점을 정점으로 가지는 삼각형의 망을 세우는 데에는 한 가지 이상의 방법이 있음이 명백하다. 예를 들어, 그림 8-4에 있는 사변형(四邊形, quadrilateral)을 2가지 다른 방법으로 2개의 삼각형으로 쪼갤 수 있다. 이것을 점 (1)과 (3)을 연결하는 대각선(對角線, diagonal) 조각을 더해서 하거나, 점 (2)와 (4)를 연결하는 대각선을 더할 수 있다. 더욱이, 점 (1)과 (3) 사이의 대각

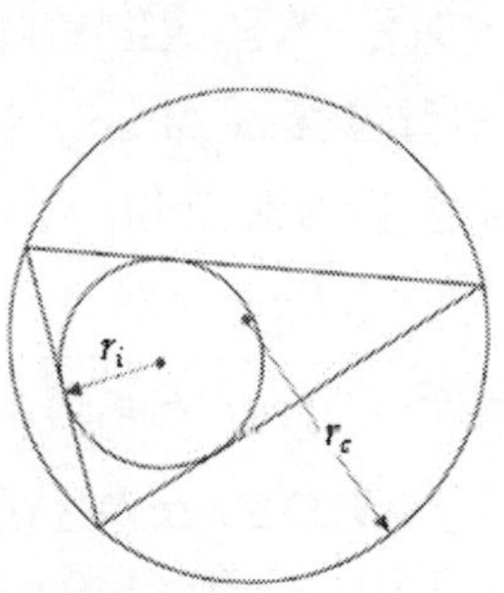

Fig. 8-3. Inscribing and circumscribing circles of triangle.

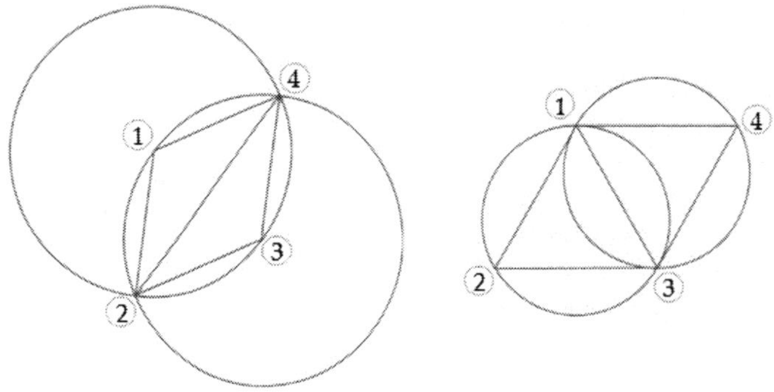

(a) Non-Delaunay triangles (b) Delaunay triangles

Fig. 8-4. Quadrangle split into non-Delaunay and Delaunay triangles.

선을 더함으로써 찾아진 삼각형은 점 (2)와 (4) 사이의 대각선을 더함으로써 이루어진 삼각형보다 더 좋다.

Shenton과 Cendes에 의해 소개된 알고리즘은 다음과 같은 관념으로 주어진 절점의 집합에 대한 삼각화(三角化, triangulation)를 최적화(最適化)한다. 주어진 절점의 집합의 서로 다른 삼각화 T의 각각에 대해 각 요소가 각 삼각형의 최소각(最小角, smallest angle)인 vector N을 세운다고 가정한다. 그리고 게다가, 이 요소는 가장 작은 각(角)에서 가장 큰 각으로 순서(順序)가 매겨진다. T^D가 들로니 삼각화(Delaunay triangulation)라면, N^D의 모든 요소는 임의의 다른 삼각화 T에 대한 N의 대응하는 요소보다 더 크거나 같다.

Shenton과 Csendes는 Delaunay 모자이크 배열에 대한 2가지 알고리즘을 소개한다. 이 알고리즘의 첫 번째는 절점의 집합으로 단순하게 시작한다. 그 다음 이 절점에 기초를 둔 보로노이 다각형(多角形)(Voronoï Polygon)이라 불리는 것으로 문제 영역을 메운다. 마지막으로, 이 Voronoï 다각형에 기초를 둔 들로니 삼각형(Delaunay triangle)을 구성한다.

이 알고리즘의 두 번째는 문제 영역에 대한 절점 집합의 삼각화 T를 가지고 직접 출발한다. 그 다음 Delaunay 삼각화를 이루도록 이 삼각화를 개정(改正)한다. 이 알고리즘은 다음과 같은 방식으로 작동(作動)한다. 2개의 인접(隣接, adjacent) 삼각형으로 된 각 사각형에 대하여(그림 8-4와 같이), 다음과 같은 단계로 한다:

1. 한 개의 삼각형의 세 정점에 외접하는 원을 구성한다.
2. 사각형의 네 번째 정점이 이 외접원 안에 있는지를 판단한다. 만약 그렇다면, 그러면 사각형의 대각선(對角線, diagonal)(원래의 2개의 삼각형으로 쪼개는)은 다른 대각선(그림 8-4에 보여진 바와 같이, 2개의 다른 삼각형으로 쪼개는)으로 대체(代替)된다.

이 그림에 보여진 바와 같이, 대각선이 바뀌면, 원래의 2개의 삼각형은 2개의 새로운 삼각형으로 대체된다. 이 새로운 삼각형 각각은 다음의 성질을 가진다: 이 새로운 삼각형의 외접원은 사각형의 4번째 정점을 둘러싸지 않을 것이다. 이 성질은 이러한 새로운 삼각형이 Delaunay 삼각형이기 위한 성질을 만족함을 의미한다. Appendix C는, 그림 8-4 (a)를 참조하여, 점 (1), (2), 그리고 (4)의 외접원이 점 (3)을 둘러싼다면, 그러면 점 (2), (3), 그리고 (4)의 외접원은 점 (1)을 둘러쌀 것임을 보인다. 그 대신으로, 그림 8-4 (b)를 참조하여, 점 (1), (2), 그리고 (3)의 외접원이 점 (4)를 둘러싸지 않는다면, 그러면 점 (1), (3), 그리고 (4)의 외접원은 점 (2)를 둘러싸지 않는다. 그것을 다른 방식으로 말하면, 이 사각형의 *모든(both)* 삼각형이 Delaunay 삼각형이거나, *어느 것도(neither)* Delaunay 삼각형이 아니다.

이 삼각형들이 이 특정한 사각형 안에 있는 Delaunay 삼각형의 요구조건을 만족한다고 하더라도 이 새로운 삼각형이 *인접 사각형 안에 있는(within adjoining quadrangles)* Delaunay 삼각형 임을 의미하지는 않는다. 따라서, 이 알고리즘은 모든 삼각형이 *모든 사각형(all quadrangles)* 안에 있는 Delaunay 삼각형이 될 때까지 반복되어야 한다.

8.4 AN ALGORITHM FOR LOCAL AND GLOBAL ERROR ESTIMATION

적응 망 생성에 대한 더 중요한 알고리즘의 한 가지는 Shenton과 Csendes에 의해 소개되었다(Ref. 1). 이 알고리즘은 일반적으로

$$\nabla^2 \boldsymbol{\gamma} = \mathbf{f} \tag{8.4.1-1}$$

에 의해 기술(記述)되는 문제에 적용한다. 여기서 $\mathbf{f}$는 문제 영역에 걸쳐 정의된 알려진 강제 함수(强制 函數, forcing function)이다. 알고리즘의 본질적인 특징은 다음과 같다:

1. 각 삼각형에 대해

$$\mathbf{e} = \boldsymbol{\beta} - \boldsymbol{\gamma} \tag{8.4.1-2}$$

로 주어지는 오차 $\mathbf{e}$를 계산한다. 여기서 $\boldsymbol{\beta}$는 근사 유한요소 해(近似 有限要素 解, approximate finite element solution)이다.

2. 그 다음 각 삼각형에 대해 $\mathbf{e}$의 놈(norm) $\|\mathbf{e}\|$을 계산한다.
3. $\|\mathbf{e}\|$의 최대 값을 가지는 한 개 또는 그보다 많은 수(數)의 삼각형을 선택한다.
4. 단계 3에서 선택된 각 삼각형에 대해, 삼각형의 외심(外心, circumcenter)에 새로

운 절점을 둔다. 그 다음 이 새로운 절점에서 삼각형의 세 정점까지의 선 조각(line segment)을 구성하여, 그것에 의해 원래의 삼각형을 3개의 새로운 삼각형으로 대체한다. 이러한 새로운 삼각형이 만들어지고 난 후, Delaunay 알고리즘이 재가동(再稼動)된다.

식 (4.2-1)에서 보여진 바와 같이, 근사 유한요소 해 **β**는 기저 함수(基底 函數, basis function) **α**의 선형 결합(線形 結合, linear combination)이다. 더욱이, 이 기저 함수는 라그랑주 형상 함수(形狀 函數)(Lagrange shape function)(4장의 4.3절에서 논의된)로 만들어져, 각 형상 함수는 단일 삼각형 유한요소(單一 三角形 有限要素, single triangular finite element)에 대해 정의된다. Lagrange 형상 함수가 사용되었기 때문에, 유한요소 사이의 경계에서의 법선 미분(法線 微分, normal derivative)은 불연속(不連續)이다(discontinuous). 이것은 이 경계에서 $\nabla^2\boldsymbol{\beta}$를 무한대(無限大, infinite)로 만든다. 덧붙여, 4장에서 보여진 바와 같이, 선형(linear) 또는 1차 형상 함수(一次 形狀 函數, first-order shape function)의 구배(勾配, gradient)는 그 유한요소에서 상수(常數, constant)이다. 그러므로, 선형 함수가 사용되었다면, $\nabla^2\boldsymbol{\alpha}$와 $\nabla^2\boldsymbol{\beta}$는 모두 각 유한요소의 *내부(內部, interior)*에서 0이 될 것이다.

하지만, 2차 라플라스 형상 함수(second-order Laplacian shape function)가 사용되었다면, 그러면 $\nabla^2\boldsymbol{\alpha}$와 $\nabla^2\boldsymbol{\beta}$는 유한요소의 내부에서 상수이지만 0이 아니다(Appendix D의 D.2절에서 보여진 바와 같이). 이것과 그리고 다른 이유들로 Csendes와 Shenton은 이 알고리즘에서 2차 형상 함수를 사용한다. 유한요소 사이의 경계에 있는 점에서 $\nabla^2\boldsymbol{\beta}$ 또는 잔차(殘差, residual) **r**을 계산할 수 없다. 하지만, 이 알고리즘의 사용자의 경험으로는 이 사실이 그것의 유용성(有用性, usefulness)을 손상하지 않는다.

이 알고리즘에 사용된 정식화(定式化, formulation)는 Appendix D에서 유도되고 보여졌다. D.1절은 **e**와 그것의 norm $\|\mathbf{e}\|$를 계산하기 위한 정식화를 준다. D.2절은 **e**를 계산하기 위해 필요한 $\nabla^2\boldsymbol{\beta}$를 계산하기 위한 정식화를 준다.

8.5 MESH REFINEMENT ALGORITHM

Delaunay 모자이크 배열은 또한 망 개선(網 改善) 알고리즘(mesh refinement algorithm)에도 사용된다. 이 알고리즘에서는, 그림 8-5에 보여진 바와 같이, 새로운 절점이 삼각형의 내부에 추가된다. Shenton과 Csendes는 이 새로이 추가되는 점의 최적 위치(最適 位置, optimum location)가 삼각형의 외접원(外接圓, circumcircle)의 중심(中心 center)(외심(外心))임을 보인다(Ref. 1). 위의 8.2절에서 논의된 바와 같이, 그리고 그림 8-2에서와 같이, 그러한 점의 추가는 적응 망 생성(適應 網 生成) 알

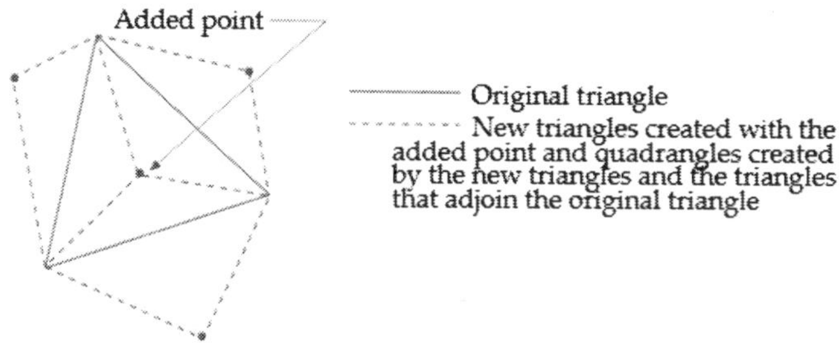

Fig. 8-5. Addition of a new point and resulting new triangles.

고리즘(adaptive mesh generation algorithm)의 한 부분이다. 그림 8-5에 보여진 바와 같이, 3개의 새로운 삼각형을 이루도록 선 조각(line segment)이 이 새 점(new point)에서부터 둘러싸는 삼각형의 세 개의 정점까지 확장된다. 더욱이, 이 세 개의 삼각형 각각은 원래의 삼각형에 인접하는 삼각형 중의 한 개와 사각형을 이루도록 결합된다. 그 다음 위의 들로니 알고리즘(Delaunay algorithm)이 이 세 개의 사각형 각각에 적용된다. 더욱이, 이 사각형의 대각선이 바뀐다면, 그러면 새로운 삼각형이 형성(形成)된다. 다시, 문제 영역의 모든 삼각형이 Delaunay 삼각형이 될 때까지 Delaunay 알고리즘이 *모든* 사각형에 적용되어야 한다.

REFERENCES

1. Csendes, Zoltan J. and Shenton, David, "Max-An Expert System for Automatic Adaptive Magnetics Modeling," *IEEE Trans. on Magnetics*, September 1986, Vol. MAG-22, No. 5, pp. 805-807.
2. Wehl, T. W. and Field, D. A., "Adaptive Refinement of First Order Tetrahedral Meshes for Magnetostatics Using Local Delaunay Subdivisions," *IEEE Trans. on Magnetics*, September 1991, Vol. MAG-27, No. 5, pp. 4193-4196.
3. Shephard, M. S., "Automatic and Adaptive Mesh Generation," *IEEE Trans. on Magnetics*, November 1985, Vol. MAG-21, No. 6, pp. 2484-2489.
4. Reichert, K., Skoczylas, J. and Tarnhuvud, "Automatic Mesh Generation Based on Expert-System Methods," *IEEE Trans. on Magnetics*, September 1991, Vol. MAG-27, No. 5, pp. 4197-4200.
5. Shenton, D. N. and Csendes, Z. J., "Three-Dimensional Finite Element Mesh Generation Using Delaunay Tessellation," *IEEE Trans. on Magnetics*, November 1985, Vol. MAG-21, No. 6, pp. 2535-2538.

9 Integral Equation Method

9.1 INTRODUCTION

적분방정식법(積分方程式法, integral equation method)에 의해 행해지는 각 장 문제(field problem)는 다음과 같은 단계를 가진다:

1. 그린의 정리(Green's theorem) 또는 헬름홀츠의 정리(Helmholtz's theorem)(2.5절을 보라)를 사용하여 어떤 원천(源泉, source)에 대한 적분으로써 계산되는 장(場)에 대한 적절한 표현식을 전개한다. 이 원천은 실제(實際, real) 또는 등가 전류(等價 電流, equivalent current)이거나 전하(電荷, charge), 또는 장(場, field)이나 스칼라 포텐셜(scalar potential)일 수 있다.
2. 이 원천을, 다음에는, 계산되는 장(field)의 항으로 표현한다. 이것은 장의 항으로거나 아니면 원천의 항으로 된 적분방정식으로 이끈다.
3. 적분이 취해지는 체적(體積, volume) 또는 면(面, surface)의 분할(分割, partition)을 전개한다. 즉, 이 체적 또는 면을 적당하게 많은 수의 부분(a number of subdivisions)으로 분할한다.
4. 이 분할과 적분방정식을 사용하여, 적분되는 체적 또는 면에 걸쳐 원천 또는 장에 대해 풀어지는 계 방정식(系 方程式, system of equations)을 유도한다. 매질(媒質, medium)이 선형이라면, 이것은 선형 계 방정식(linear system of equations)이다. 매질이 비선형(非線形)이라면, 이것은 비선형 계 방정식이다. 좌우간, 적분되는 체적 또는 면에 대한 원천을 계산한다.
5. 이 원천 또는 장, 분할, 그리고 단계 1에서 전개된 적분 표현을 사용하여, 공간의 임의의 원하는 점에서의 장(field)을 계산한다.

이 단계들은 9.9절에서 계산되는 실례 문제(實例 問題, sample problem)에서 예증(例證)된다.

외부 문제의 경우, 적분법(積分法, integral method)은 원천에 대한 적분으로써 표현되는 장(field)이 무한원(無限遠, infinity)에서 적질하게 떨어진나는 이섬(利點, advantage)을 갖는다. 그것은, 어떤 문제의 경우, 유한요소법과 비교하여, 위의 단계 4와 5의, 2가지 주 계산 단계(two major computational step)를 요구한다는 약점(弱點, disadvantage)을 갖는다*. 한편, 유한요소법에서는, 공간에서 원하는 점에서의 장(場)을 계산하는, 단지 하나의 주 계산 단계(just one computational step)가 있다.

적분방정식법은, 일반적으로, 매우 광범위(廣範圍)한 문제에 적용될 수 있다. 그것은, 내부(interior) 및 외부 문제(exterior problem) 둘 다에서 그리고 다양한 매질의 경우에, 벡터 장(vector field)이든 스칼라 포텐셜(scalar potential)이든, 정적(靜的, static), 준-정적(準-靜的, quasi-static), 그리고 동적 장(動的 場, dynamic field)을 계산하기 위해 사용될 수 있다. 이러한 응용의 모두를 논의하는 것은 이 책의 범위(範圍, scope)를 넘어선다. 동적 문제에 대한 응용은, 예를 들어, 다른 전거(典據, source)에서 찾아질 수 있다. 여기에서의 논의는, 하지만, 독자들이 이 장(章)에서 논의되는 것을 넘어선 응용으로 방법을 확장하는 것을 확실히 가능하게 할 것이다. 이 장(章)에서는, 응용이 다음으로 제한된다:

1. 정적 문제(靜的 問題, static problem).
2. "구분 연속(區分 連續, piecewise continuous)" 매질(媒質, media)을 가진 문제. 즉, 문제 영역이 어떤 부분 영역(部分 領域, subdomain)으로 나누어지면, 그러면 매질은 이 부분 영역을 통하여 연속이다.
3. Scalar potential을 계산함으로써 풀어질 수 있는 문제.
4. 매질이 등방성(等方性, isotropic)인 문제.

이 책의 나머지에서는, 위의 제한 2의 부분 영역이 "연속 부분 영역(連續 部分 領域, continuity subdomain)"이라 불린다.

9.2절은 연속 부분 영역에서 선형(線形, linear)이며, 균일(均一, uniform)한 매질을 가진 문제(종종 비포화(非飽和, 불포화(不飽和)) 매질(nonsaturable media)과 함께 나타나는)를 논의한다. 9.3절은 연속 부분 영역에서 비선형(非線形, nonlinear)이며 불균일(不均一, nonuniform)한 매질을 가진 문제(종종 가포화(可飽和) 매질(saturable media)과 함께 나타나는)를 논의한다. 9.4절은 9.2와 9.3절에서 나타내어진 적분방정식에 대한 근사 수치해(近似 數値解, approximate numerical solution)를 얻기 위해 사용된 알고리즘을 일반적(一般的)으로(in generality) 논의한다. 9.5, 9.6, 9.7, 그리고 9.8절은 그 알고리즘을 이행(履行)하기 위해 필요로 하는 상세(詳細)한 정보(情報)(detailed information)를 준다. 마지막으로, 9.9절은 적분방정식법을 위한 알고리즘을 정의(定義)하고, 정식화(定式化)하며, 구성(構成)하기 위해 필요로 하는 모든 단계를 예증(例證)하고, 그것에 의해 장 문제(場 問題, field problem)를 푸는 간단한 실례 문제(實例 問題)(simple sample problem)를 나타낸다.

---

* 단계 5는 어떤 계산에서는 필요로 하지 않는다. 예를 들어, 정전용량기(靜電容量器, 커패시터, capacitor)의 정전용량(靜電容量, 커패시턴스, capacitance)을 계산하는 경우, 단계 4는 원천(源泉, source)(그 극판(極板, plate)에서의 전하밀도(電荷密度, charge density))을 계산하며 그것이 필요로 하는 모두이다.

9.2 LINEAR AND UNIFORM MEDAI IN CONTINUITY SUBDOMAINS

9.2.1 General Formulation

이 절(節)은 각 연속 부분 영역의 내부를 통하여 선형(線形, linear), 균일(均一, uniform, 그리고 등방성(等方性, isotropic) 매질을 가진 정적 장 문제(靜的 場 問題, static field problem)의 정식화(定式化, formulation)를 논의한다. 이 문제는 매질이 포화(飽和)되지 않는(unsaturated) 구성(構成, configuration)의 전형(典型)이다. 가정된 구성이 그림 9-1에 보여진다. 문제 영역은 모든 유한 공간(有限 空間)(all of finite space)이다. 거기에는 유계 영역(有界 領域, bounded region) R_1과 유계되지 않은 영역(unbounded region) R_2(무한원(無限遠, infinity)까지 확장된) 등 2개의 연속 부분 영역이 있다. 그것들은 면(面, surface) S에 의해 분리(分離)된다. 이 영역의 각각을 통하여, 매질은 균일, 등방성, 그리고 선형이다.

유한 공간을 통하여 전류(電流, electric current) 또는 전하(電荷, charge)가 없다고 가정한다. 그러므로, 전계(電界, electric field)든 자계(磁界, magnetic field)든 보존적(保存的, conservative)이며, 어느 장(場, field)이든 총(總) 스칼라 포텐셜(total scalar potential)의 구배(勾配, gradient)로 나타내어질 수 있다. 정확(正確)한 총 스칼라 포텐셜(exact total scalar potential)은 R_1에서 $\boldsymbol{\gamma}_1$이며 R_2에서 $\boldsymbol{\gamma}_2$이다. 모든 *인가* 원천(*印加* 源泉, *applied* source)은 그러면 무한원(infinity)에 있으며, 무한원에서 0으로 되지 않는 *인가* 스칼라 포텐셜(*applied* scalar potential) $\boldsymbol{\gamma}_a$에 의해 표현된다. 사실, R_1이 0으로 간다면, 그러면 모든 공간을 통하여

$$\boldsymbol{\gamma}_2 = \boldsymbol{\gamma}_a$$

를 가질 것이다.

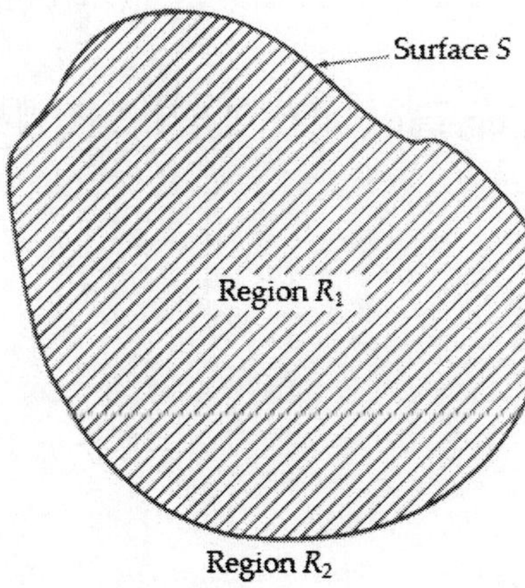

Fig. 9-1. Configuration for field problem with linear and uniform media in continuity subdomain.

2장에서 표현된 식을 사용하여, 이 구성의 경우,

$$\nabla^2 \boldsymbol{\gamma}_1 = \nabla^2 \boldsymbol{\gamma}_2 = 0 \tag{9.2.1-1}$$

임을 보이는 것은 쉽다. R_1 내에든 유한한 R_2 내에든 실제(實際, real) 또는 등가 원천(等價 源泉, equivalent source)이 있을 수 없지만, S 위에는 그러한 원천이 있을 수 있다. $\boldsymbol{\gamma}_1$과 $\boldsymbol{\gamma}_2$가 둘 다 라플라스 방정식(Laplace's equation)에 따른다는 사실은 적분방정식 정식화(積分方程式 定式化, integral equation formulation)를 전개하는데 있어서 큰 융통성(融通性)(great deal of flexibility)을 허용한다. Appendix E에 보여진 바와 같이, 이 사실은

$$\alpha_1 \boldsymbol{\gamma}_1 (\mathbf{r}_f) = K\boldsymbol{\gamma}'_{1S} - L\boldsymbol{\gamma}_{1S} \tag{9.2.1-2}$$

$$(1-\alpha_1) \boldsymbol{\gamma}_2 (\mathbf{r}_f) = -K\boldsymbol{\gamma}'_{2S} + L\boldsymbol{\gamma}_{2S} + \boldsymbol{\gamma}_a \tag{9.2.1-3}$$

을 보이는 것을 가능하게 한다. 여기서 하첨자(下添字, subscript) S는 면 S에서 취한 양(量, quantity)을 가리키며

$$\alpha_1 = \begin{cases} 1 & \text{if } \mathbf{r}_f \text{ is inside } R_1 \\ \dfrac{1}{2} & \text{if } \mathbf{r}_f \text{ is on boundary } S \\ 0 & \text{if } \mathbf{r}_f \text{ is inside } R_2 \end{cases} \tag{9.2.1-4}$$

이다. 식 (9.2.1-2)와 (9.2.1-3)에서, K와 L은

$$K\boldsymbol{\gamma}'(\mathbf{r}_f) = \int_S \boldsymbol{\gamma}'(\mathbf{r}_s) G(\mathbf{r}_s, \mathbf{r}_f)\, dS \tag{9.2.1-5}$$

$$L\boldsymbol{\gamma}(\mathbf{r}_f) = \int_S \boldsymbol{\gamma}(\mathbf{r}_s) \mathbf{n} \cdot \nabla_s G(\mathbf{r}_s, \mathbf{r}_f)\, dS \tag{9.2.1-6}$$

에 의해 주어지는 선형 연산자(線形 演算子, linear operator)이다. 여기서, 2.4절에서와 같이, 2-차원 문제의 경우에는

$$G(\mathbf{r}_s, \mathbf{r}_f) = G_2(\mathbf{r}_s, \mathbf{r}_f) = -\frac{1}{2\pi} \ln|\mathbf{r}_s - \mathbf{r}_f|$$

이며, 3-차원 문제의 경우에는

$$G(\mathbf{r}_s, \mathbf{r}_f) = G_3(\mathbf{r}_s, \mathbf{r}_f) = \frac{1}{4\pi|\mathbf{r}_s - \mathbf{r}_f|}$$

이고,

$$\boldsymbol{\gamma}'(\mathbf{r}_s) = \frac{\partial}{\partial n}\boldsymbol{\gamma}(\mathbf{r}_s)$$

이다. 이 절(節)의 방법에서는, 적분이 경계 S 위에서만 수행되는 것이 필요하기 때문에, 과정(過程, process)이 "경계적분법(境界積分法, boundary integral method)"이라 불린다.

경계면(境界面, boundary surface) S에서 Dirichlet와 Neumann 경계조건을 정합(整合)시킨다. S 위에서

$$\boldsymbol{\gamma}_{1S} = \boldsymbol{\gamma}_{2S} = \boldsymbol{\gamma}_S \tag{9.2.1-7}$$

와

$$\nu_1\boldsymbol{\gamma}'_{1S} = \nu_2\boldsymbol{\gamma}'_{2S} \tag{9.2.1-8}$$

을 가진다. 등가 표면 전하밀도(等價 表面 電荷密度, equivalent surface charge density) σ_e를

$$\sigma_e = \boldsymbol{\gamma}'_{2S} - \boldsymbol{\gamma}'_{1S} \tag{9.2.1-9}$$

에 의해 정의하고

$$\nu_r = \frac{\nu_1}{\nu_2} \tag{9.2.1-10}$$

으로 두면

$$\boldsymbol{\gamma}'_{1S} = \frac{\sigma_e}{\nu_r - 1} \tag{9.2.1-11}$$

$$\boldsymbol{\gamma}'_{2S} = \frac{\nu_r\sigma_e}{\nu_r - 1} \tag{9.2.1-12}$$

를 가진다. 그러면 식 (9.2.1-7), (9.2.1-11), 그리고 (9.2.1-12)를 식 (9.2.1-2)와 (9.2.1-3)에 대입하면,

$$\alpha_1\boldsymbol{\gamma}_1 = K\left(\frac{\sigma_e}{\nu_r - 1}\right) - L\boldsymbol{\gamma}_S \tag{9.2.1-13}$$

$$(1 - \alpha_1)\boldsymbol{\gamma}_2 = -K\left(\frac{\nu_r\sigma_e}{\nu_r - 1}\right) + L\boldsymbol{\gamma}_S + \boldsymbol{\gamma}_a \tag{9.2.1-14}$$

를 가진다. 장 점(場 點, field point) $\mathbf{r}_f$가 S 위에서 취해질 때,

$$\alpha_1 = \frac{1}{2}$$

$$\boldsymbol{\gamma}_1 = \boldsymbol{\gamma}_2 = \boldsymbol{\gamma}_S$$

이며 식 (9.2.1-13)과 (9.2.1-14)는

$$\frac{\boldsymbol{\gamma}_S}{2} = K\left(\frac{\sigma_e}{\nu_r - 1}\right) - L\boldsymbol{\gamma}_S \tag{9.2.1-15}$$

와

$$\frac{\boldsymbol{\gamma}_S}{2} = L\boldsymbol{\gamma}_S - K\left(\frac{\nu_r\sigma_e}{\nu_r - 1}\right) + \boldsymbol{\gamma}_a \tag{9.2.1-16}$$

으로 된다.

9.2.2 *Exterior Problem*

Lindholm(Ref. 1)에 의해 논의된 바와 같이, 이 문제를 풀 수 있는 몇 가지 방법이 있다. 첫째로, $\boldsymbol{\gamma}_S$와 σ_e의 분포(分布, distribution)에 대하여 식 (9.2.1-15)와 (9.2.1-16)을 연립(聯立)으로(simultaneously) 풀 수 있다. 그러면 식 (9.2.1-13)과 (9.2.1-14)를 사용하여 $\boldsymbol{\gamma}_1$(S의 내부)과 $\boldsymbol{\gamma}_2$(S의 외부)에 대하여 풀 수 있다. 그 대신으로, 처음부터 이 4개의 모든 방정식으로부터 σ_e를 소거(消去)할 수 있다. 이것은 S 위에서 $\boldsymbol{\gamma}_S$에 대해 풀 수 있는 적분방정식을 줄 것이다. 그러면 식 (9.2.1-13)과 (9.2.1-14)의 수정형(修正形, revised version)으로부터 $\boldsymbol{\gamma}_1$과 $\boldsymbol{\gamma}_2$에 대해 풀 수 있다. 마지막으로, 4개의 모든 식으로부터 $\boldsymbol{\gamma}_S$를 소거(消去)할 수 있다. 이것은 S 위에서 σ_e에 대해 풀 수 있는 적분방정식을 줄 것이다. 그러면 식 (9.2.1-13)과 (9.2.1-14)의 수정형으로부터 $\boldsymbol{\gamma}_1$과 $\boldsymbol{\gamma}_2$를 계산할 수 있다. Lindholm은 상당히 상세하게 이러한 모든 가능성(可能性, possibility)을 제시(提示)하고 논의한다. 이 알고리즘의 한 가지가 아래에서 소개된다. 그것은 이행(履行)하기가 비교적 쉬우며 매우 큰 ν_r의 값일지라도 잘 작동(作動)한다는 이점(利點)을 겸비(兼備)한다.

처음에 연산자 K가 이 식들로부터 소거된다. 식 (9.2.1-13)에 ν_r이 곱해지고 식 (9.2.1-14)와 더해지면,

$$\alpha_1\nu_r\boldsymbol{\gamma}_1 + (1 - \alpha_1)\boldsymbol{\gamma}_2 = \boldsymbol{\gamma}_a - (\nu_r - 1)L\boldsymbol{\gamma}_S \tag{9.2.2-1}$$

을 가진다. 이 식이 S의 내부, S 위, 그리고 S의 외부에 있는 장 점(field point)에

대해 각각 취해지면,

$$\boldsymbol{\gamma}_1 = \frac{\boldsymbol{\gamma}_a}{\nu_r} - \left(\frac{\nu_r - 1}{\nu_r}\right) L\boldsymbol{\gamma}_S \qquad (9.2.2\text{-}2)$$

$$\frac{\boldsymbol{\gamma}_S}{2} = \frac{\boldsymbol{\gamma}_a}{\nu_r + 1} - \left(\frac{\nu_r - 1}{\nu_r + 1}\right) L\boldsymbol{\gamma}_S \qquad (9.2.2\text{-}3)$$

$$\boldsymbol{\gamma}_2 = \boldsymbol{\gamma}_a - (\nu_r - 1) L\boldsymbol{\gamma}_S \qquad (9.2.2\text{-}4)$$

를 가진다. ν_r이 무한대(無限大, infinity)로 감에 따라, 식 (9.2.2-2)와 (9.2.2-3)은 좋게 작용하지만(well behaved), 식 (9.2.2-4)의 우변(右邊) 둘째 항은 좋지 않게 작용함에(ill behaved) 유의하라. ν_r이 무한대로 감에 따라, $\boldsymbol{\gamma}_S$는 S 위에서 균일함에 더 가까워진다. 식 (9.2.2-4)로부터, 이것이 일어날 때, $L\boldsymbol{\gamma}_S$는 0으로 가는 경향(傾向)이 있음을 본다*. 동시에 (하지만), 이 항(項, term)의 계수(係數, coefficient) $(\nu_r - 1)$가 무한대로 간다. 이 인자(因子, 인수(因數), factor)는 ν_r이 매우 크다면 식 (9.2.2-4)에 의한 $\boldsymbol{\gamma}_2$의 계산에서 허용할 수 없는 오차를 산출(算出)할 수 있다.

S 외부의 장(場)을 계산하기 위한 다른 정식화(alternative formulation)가 필요하다. 이것을 하기 위하여, 식 (9.2.1-13)과 (9.2.1-14)를 더하여

$$\alpha_1 \boldsymbol{\gamma}_1 + (1 - \alpha_1)\boldsymbol{\gamma}_2 = -K\sigma_e + \boldsymbol{\gamma}_a \qquad (9.2.2\text{-}5)$$

를 얻고, S의 내부, S 위, 그리고 S의 외부에 있는 장 점(field point)에 대하여 각각

$$\boldsymbol{\gamma}_1 = -K\sigma_e + \boldsymbol{\gamma}_a \qquad (9.2.2\text{-}6)$$

$$\boldsymbol{\gamma}_S = -K\sigma_e + \boldsymbol{\gamma}_a \qquad (9.2.2\text{-}7)$$

$$\boldsymbol{\gamma}_2 = -K\sigma_e + \boldsymbol{\gamma}_a \qquad (9.2.2\text{-}8)$$

을 가진다**. 이 식 3개는 모두 ν_r이 무한대로 감에 따라 좋게 작용함에 유의하라.

---

* $\boldsymbol{\gamma}_S$가 S 위에서, 상수(常數) 값(constant value) $\boldsymbol{\gamma}_{S0}$로, 균일했다면, 그러면 식 (9.2.1-6)은

$$L\boldsymbol{\gamma}_S = \boldsymbol{\gamma}_{S0} \int_S \mathbf{n} \cdot \nabla_S G(\mathbf{r}_s, \mathbf{r}_f)\, dS$$

와 같이 써질 수 있다. Vector $\nabla_S G(\mathbf{r}_s, \mathbf{r}_f)$에 발산 정리(發散 定理, divergence theorem)를 적용함으로써, 이 식은

$$L\boldsymbol{\gamma}_S = \boldsymbol{\gamma}_{S0} \int_S \nabla_S^2 G(\mathbf{r}_s, \mathbf{r}_f)\, dS$$

가 된다. 여기서 R은 S에 의해 둘러싸이는 영역이다. 장 점(field point) $\mathbf{r}_f$가 식 (9.2.2-3)에 대하여 S의 *외부(外部, outside)*이기 때문에, 그러면, R을 통하여,

$$\nabla_S^2 G(\mathbf{r}_r, \mathbf{r}_f) = 0$$

이며 이것과 바로 앞의 식에 의해,

$$L\boldsymbol{\gamma}_S = 0$$

이다.

** 이 3개의 식의 우변이 외견(外見)상으로는 같은데도 불구하고 따로 따로의 식으로 주어진 것은, 식 (9.2.1-5)에 보여진 바와 같이, 연산자 K가 장 점(field point) $\mathbf{r}_f$에 종속(從屬)하기 때문이다. 그리고 이 장 점은 이 3개의 식에서, 각각, 면 S의 내부, 위, 그리고 외부이다.

Lindholm에 의해 제안된 알고리즘(매우 큰 ν_r에 대해서도 안정(安定)한(stable))은 다음과 같다:

1. 적분방정식 (9.2.2-3)을 $\boldsymbol{\gamma}_S$에 대하여 푼다.
2. $\boldsymbol{\gamma}_S$의 이 값으로 $\boldsymbol{\gamma}_1$을 계산하기 위하여 식 (9.2.2-2)를 사용한다.
3. 단계 1에서 계산된 것처럼, S 위에서 σ_e에 대해 풀기 위해, $\boldsymbol{\gamma}_S$와 함께 식 (9.2.2-7)을 사용한다.
4. σ_e의 이 값으로 $\boldsymbol{\gamma}_2$를 계산하기 위하여 식 (9.2.2-8)을 사용한다.

9.2.3 Interior Problem

이 절(節)에서는 매질이 선형, 균일, 그리고 등방성인 내부 장 문제(內部 場 問題, interior field problem)를 고려한다. 이 문제를 푸는 한 가지 방법은, 물론, 유한요소법을 사용하는 것이다. 다른 방법은 적분방정식법을 사용하는 것이다. 예를 들어, 문제 영역 D가 3차원을 가지는 것으로 가정한다. 그러면 영역 경계(領域 境界, domain boundary) ∂D는 바로 2차원을 가지는 면(面)이다. 유한요소법의 경우, 문제 영역은 장 문제 영역(場 問題 領域, field problem domain) D이다. 그러나 적분방정식법의 경우에는, 문제 영역이 원천 문제 영역(源泉 問題 領域, source problem domain) ∂D이다. 그러므로, 유한요소법에 의해서는, 3차원에서 문제를 풀 것임에 반하여, 적분방정식법에 의해서는, 2차원에서 문제를 풀 것이다. 차원수(次元數, dimensionality)의 이러한 축소(縮小, reduction)는 중요한 이점을 가질 수 있다. 첫째로, 그것은 더 복잡한 3-차원 유한요소 대신에 더 간단한 2-차원 유한요소를 사용할 수 있다는 것을 뜻한다. 둘째로, 그리고 더 중요하게, 그 절점이 체적 대신에 면(面)을 채우는데에만 필요하기 때문에, 사용되는 절점과 기저 함수의 수(數)를 충분히 줄일 수 있다. 푸는 계 방정식(系 方程式, system of equations)의 차수(次數, order)가 절점의 수와 같기 때문에, 이것은 매우 중요한 이점이다.

어떤 경계조건이 그림 9-1에 있는 면 S에 부과(賦課)되는 내부 문제를 정식화하는 것으로 나아간다; 그 다음 S *내부(inside)*의 장(場)에 대해 푼다. 그러한 2가지 문제가 아래에서 정식화된다. 첫째는 Dirichlet 경계조건이 모든 S에 부과되는 문제이다(Dirichlet 문제). 둘째는, 그리고 더 복잡한 것은, Dirichlet 경계조건이 S의 일부에 부과되고, Neumann 경계조건이 S의 나머지에 부과되는 문제이다.

Dirichlet 문제의 경우, 먼저 식 (9.2.1-7)을 식 (9.2.1-2)와 (9.2.1-3)에 대입함에 의해 S에서 potential의 연속성(連續性, continuity)을 부여한다. 그 다음, 무한원에서 원천이 없다고 가정하여, $\boldsymbol{\gamma}_a$를 0과 같게 둔다. 마지막으로, 그 다음

$$\alpha_1 \boldsymbol{\gamma}_1 + (1 - \alpha_1)\boldsymbol{\gamma}_2 = K\sigma_e \tag{9.2.3-1}$$

을 얻기 위하여 이 두 식 사이의 차이(差異, difference)를 취한다. 여기서 σ_e는

$$\sigma_e = \boldsymbol{\gamma}_{1S}' - \boldsymbol{\gamma}_{2S}' \tag{9.2.3-2}$$

에 의해 주어지는 등가 표면 전하밀도이다. S 위에 있는 장점(field point) $\mathbf{r}_f$의 경우, 식 (9.2.3-1)은

$$\boldsymbol{\gamma}_S = K\sigma_e \tag{9.2.3-3}$$

가 된다. 그리고 S 내부에 있는 $\mathbf{r}_f$의 경우, 이 식은

$$\boldsymbol{\gamma}_1 = K\sigma_e \tag{9.2.3-4}$$

이다. (나타나 있는데도 불구하고, 이 식이 $\boldsymbol{\gamma}_S$와 $\boldsymbol{\gamma}_1$이 같다는 것을 의미하지는 않는다. 앞의 식의 경우, K에서 사용된 그린 함수(Green's function) G(식 (9.2.1-5)에서)는 S 위의 $\mathbf{r}_f$를 갖고 구해졌다. 뒤의 식의 경우, G는 S 내부에 있는 $\mathbf{r}_f$에 대해 구해졌다.) S 위에 정의된 $\boldsymbol{\gamma}_s$의 Dirichlet 경계조건으로 시작하여, 알고리즘은 다음과 같다:

1. S 위에서 σ_e에 대한 근사를 계산하기 위하여 식 (9.2.3-3)을 사용한다.
2. S 내부의 모든 원하는 점에서 $\boldsymbol{\gamma}_1$을 계산하기 위하여 식 (9.2.3-4)를 사용한다.

이제 Dirichlet 경계조건이 S의 일부(∂E로 표시된)에 부과되고 Neumann 경계조건이 S의 나머지(∂N으로 표시된)에 부과된 좀 더 복잡한 문제를 고려한다. 이 문제에 대한 정식화는 Dirichlet 문제의 그것과 많이 다르다. 식 (9.2.1-2)

$$\alpha_1 \boldsymbol{\gamma}_1 = K\boldsymbol{\gamma}_{1S}' - L\boldsymbol{\gamma}_S$$

로부터 시작하지만 식 (9.2.1-3)은 사용하지 않는다. S 위에 있는 장 점(場 點) $\mathbf{r}_f$의 경우, 위의 식은

$$\frac{\boldsymbol{\gamma}_S}{2} = K\boldsymbol{\gamma}_{1S}' - L\boldsymbol{\gamma}_S \tag{9.2.3-5}$$

가 되며, S 내부의 $\mathbf{r}_f$의 경우, 이 식은

$$\boldsymbol{\gamma}_1 = K\boldsymbol{\gamma}_{1S}' - L\boldsymbol{\gamma}_S \tag{9.2.3-6}$$

이 된다. 이 식을 $\boldsymbol{\gamma}_1$을 계산하는데 사용하기 위해서는, 모든 S에 대한 $\boldsymbol{\gamma}_{1S}'$와 $\boldsymbol{\gamma}_S$ 둘 다를 구했어야 할 필요가 있다. 최초에, ∂E에 대한 $\boldsymbol{\gamma}_S$와 ∂N에 대한 $\boldsymbol{\gamma}_{1S}'$를 안다.

이것은, 그러면, ∂N에 대한 $\boldsymbol{\gamma}_S$와 ∂E에 대한 $\boldsymbol{\gamma}'_{1S}$를 계산해야 한다는 것을 의미한다. 9.4절은 이 계산을 수치적으로 행하기 위한 알고리즘을 나타낸다.

9.3 SATURABLE, NONLINEAR, AND NONUNIFORM MEDIA IN CONTINUITY SUBDOMAINS

가포화 매질 문제(可飽和 媒質 問題, saturable media problem)는 구성 관계(構成 關係, constitutive relationship)가 비선형(非線形, nonlinear)이라는 사실에 의해 특성지어진다. 즉, 정전장 문제(靜電場 問題, electrostatic problem)에서는, **D**가 **E**에 따라 변화한다; 그리고 정자장 문제(靜磁場 問題, magnetostatic problem)에서는, **B**가 **H**에 따라 변화한다. 더욱이, 투자율(透磁率, permeability)은 자계(磁界, 자(기)장(磁(氣)場), magnetic field)의 크기(magnitude)의 함수이며, 유전율(誘電率, permittivity)은 전계(電界, 전(기)장(電(氣)場), electric field)의 크기의 함수이다. 이 사실은 2가지 중요한 점에서 이 문제를 선형, 균일 매질을 가진 문제보다 더 어렵게 만든다.

첫째로, 이것은, 일반적으로, 투자율 또는 유전율이 연속 부분 영역에서 변화함을 의미한다. 이런 이유로, 식 (2.5.4-12)

$$\rho_e = -\nabla \cdot \mathbf{P}$$

에 의해 주어지는 등가 전하밀도(等價 電荷密度, equivalent electric charge density) 또는 식 (2.5.3-9)

$$\rho_m = \nabla \cdot \mathbf{M}$$

에 의해 주어지는 등가 자하밀도(等價 磁荷密度, equivalent magnetic charge density) (2.5절을 보라)는, 일반적으로, 전체 부분 영역(entire subdomain)에서 0이 아니다. (대조(對照)해보면, 앞 절(節)의 문제에서는, 이 등가 전하(자하)밀도가 연속 부분 영역의 내부에서는 0이었으며 그 경계에서만 0이 아니었다. 그러므로, 원천의 적분은 이러한 부분 영역 경계에서만 필요로 했었다.) 이 절(節)에서 논의되는 문제에서는, 부분 영역 경계와 그것의 내부에 있는 원천 둘 다에 대해 적분해야 한다. 부분 영역의 내부에 대해 원천을 적분하는 필요성(必要性)은 행해져야 하는 수치 계산의 양(量)을 크게 증가시킨다.

둘째로, 이 문제는 계 방정식(系 方程式, system of equations)의 한 개의 연립해(聯立解)(one simultaneous solution)에 의해 풀어질 수 없다. 예를 들어, 정전계 문제를 취한다: 투자율은 자계의 함수이지만, 자계는, 또한, 투자율에 종속한다. 이 문제는 그러면 각 반복(反復, iteration)이 그 전(前)보다 투자율과 자계 둘 다의 더 정확(正確)한 분포(分布, distribution)를 생성하는 반복해(反復解, iterative solution)를 요구한다.

Trowbridge(Ref. 2, pp. 191-213)는 그러한 알고리즘을 논의한다.

9.4 NUMERICAL SOLUTION OF INTEGRAL EQUATIONS—GENERAL APPROACH

9.4.1절은 이 장(章)에서 지금까지 논의된 모든 선형 문제의 수치(數值) 풀이(numerical solution)에 대한 일반적인 접근(general approach)을 정식화한다—한 가지 문제는 제외하고. 그 문제는, 9.2.3절의 맨 나중에 논의된 것과 같은, 부분 Dirichlet와 부분 Neumann인 경계조건을 가진 내부 문제이다. 그 문제의 수치 풀이에 대한 일반적인 접근은, 다음에, 9.4.2절에서 논의된다.

9.4.1 Typical Problem

9.2절에서 주어진 적분방정식에 대한 수치 풀이를 정식화하기 위하여 5장에서 주어진 접근을 사용한다. 첫 번째 단계는 적분방정식을 연산자 형(演算子 形, operator form)으로 두는 것이다. 예를 들어, 식 (9.2.2-3)(항(項)이 재배치(再配置)된)

$$\left(\frac{\nu_r - 1}{\nu_r + 1}\right) L\boldsymbol{\gamma}_S + \frac{\boldsymbol{\gamma}_S}{2} = \frac{\boldsymbol{\gamma}_a}{\nu_r + 1}$$

을 고려한다.

$$Q(\mathbf{u}) = \left(\frac{\nu_r - 1}{\nu_r + 1}\right) L\mathbf{u} + \frac{\mathbf{u}}{2} \tag{9.4.1-1}$$

에 의해 선형 연산자(線形 演算子, linear operator) Q를, 그리고

$$\mathbf{g} = \frac{\boldsymbol{\gamma}_a}{\nu_r + 1} \tag{9.4.1-2}$$

에 의해 함수 $\mathbf{g}$를 정의한다. 이 식에서, $\mathbf{u}$와 $\mathbf{g}$는 그림 9-1의 면 S에 걸쳐 정의된 함수이다. 식 (9.2.2-3), (9.4.1-1), 그리고 (9.4.1-2)로부터, 5장에서 사용된 것(식 (5.3-2))과 같은 적분방정식의 연산자 표현이며 아래에서 사용될

$$Q\boldsymbol{\gamma}_S = \mathbf{g} \tag{9.4.1-3}$$

을 가진다. 다른 예(例)로서, 적분방정식 (9.2.2-7)

$$\boldsymbol{\gamma}_S = -K\sigma_e + \boldsymbol{\gamma}_a$$

를 정의한 Q에 의해

$$Q\mathbf{u} = K\mathbf{u} \tag{9.4.1-4}$$

의 연산자 형으로 둘 수 있으며

$$\mathbf{g} = \boldsymbol{\gamma}_a - \boldsymbol{\gamma}_S \tag{9.4.1-5}$$

라 하면 식 (9.4.1-3)은

$$Q\sigma_e = \mathbf{g} \tag{9.4.1-6}$$

과 같이 표현된다.

5장에서 미분방정식과 적분방정식 둘 다의 수치 풀이가 매우 일반적인 항으로 논의되었다. 그 논의의 경우, 이 방정식은 식 (9.4.1-3)과 (9.4.1-6)과 같이 같은 연산자 형으로 표현되었다. 적분방정식의 수치 풀이는 다시 아래에서 연산자 방정식(演算子 方程式, operator equation)의 항으로 논의되지만, 더 상세하다. 어느 정도까지, 이 새로운 논의는 5장에서 주어진 논의와 비슷하다(parallel).

이 논의에서, 식 (4.2-1)

$$\boldsymbol{\beta} = \sum_{i=1}^{N} \beta_i \boldsymbol{\alpha}_i$$

에 의해 주어진 것과 같은 $\boldsymbol{\beta}$는 적분방정식에 대한 수치 근사해(數値 近似解, numerical approximate solution)로 취해진다. 즉, 예를 들어, 식 (9.4.1-3)이 풀어졌다면, 그러면 $\boldsymbol{\beta}$는 $\boldsymbol{\gamma}_S$에 대한 근사일 것이다. 그 대신으로, 식 (9.4.1-6)이 풀어졌다면, 그러면 $\boldsymbol{\beta}$는 σ_e에 대한 근사일 것이다. 식 (4.2-1)에서, $\boldsymbol{\alpha}_i$는 기저 함수(基底 函數, basis function)이며 β_i는 실수(實數, real number)이다.

$\boldsymbol{\beta}$가 근사적으로 식 (9.4.1-3)(또는 식 (9.4.1-6))을 만족할 것을 요구한다. 즉,

$$Q\boldsymbol{\beta} - \mathbf{g} = R \tag{9.4.1-7}$$

이다. 여기서 R은 잔차(殘差, residual)이다. 이 식과 식 (4.2-1)을 결합함으로써,

$$\sum_{i=1}^{N} \beta_i Q\boldsymbol{\alpha}_i - \mathbf{g} = R \tag{9.4.1-8}$$

을 가진다. 아래에서 주어지는 수치 방정식 풀이법(method of numerical equation solution)에서, R에 대한 약간의 적절한 제약(制約, constraint)을 둠으로써 N개의 식 (9.4.1-8)을 생성한다. 이것은 $\beta_1, \beta_2, \cdots, \beta_N$에 대해 풀기 위한 N차 선형 계 방정식 (Nth order system of equations)을 준다.

9.4.2 *Formulation for Interior Problem with Dirichlet and Neumann Boundary Conditions*

경계의 부분 ∂E가 Dirichlet 경계조건을 가지며, 경계의 나머지 ∂N이 그것에 부과된 Neumann 경계조건을 가질 때, 적분방정식법에 의한 내부 문제의 풀이에 대한 9.2.3절에서 논의된 정식화를 완성하는 것으로 돌아간다. 그 절(節)에서 지적(指摘)된 것처럼, ∂N에 대해 $\boldsymbol{\gamma}_S$를 그리고 ∂E에 대해 $\boldsymbol{\gamma}_S'$를 근사화해야 하며, 그리고 이 요구는 이 문제가 특별한 처리(special treatment)를 요구한다는 것을 의미한다.

전 경계(全 境界, entire boundary)에 걸쳐, $\boldsymbol{\gamma}_S$를

$$\boldsymbol{\rho}_S = \sum_{i=1}^{N} \rho_i \boldsymbol{\alpha}_i \qquad (9.4.2\text{-}1)$$

에 의해, 그리고 $\boldsymbol{\gamma}_S'$를

$$\boldsymbol{\rho}_S' = \sum_{i=1}^{N} \rho_i' \boldsymbol{\alpha}_i \qquad (9.4.2\text{-}2)$$

에 의해 근사화한다. ρ_i와 ρ_i'는 실수(實數, real number)이다. 그러면, 식 (9.2.3-5)는

$$\frac{\boldsymbol{\rho}_S}{2} + L\boldsymbol{\rho}_S - K\boldsymbol{\rho}_S' = R \qquad (9.4.2\text{-}3)$$

에 의해 근사화된다. 이 식은 완전해(完全解, 정확한 해, exact solution)($\boldsymbol{\gamma}_S$ 또는 σ_e)를 근사화하는 $\boldsymbol{\beta}$에 대해 풀어질 수 있는 식 (9.4.1-7)과 상사(相似, analogous)임에 유의하라. 식 (9.4.2-1)과 (9.4.2-2)가 이 식에 대입될 때,

$$\sum_{i=1}^{N} \left[\rho_i \left(\frac{\boldsymbol{\alpha}_i}{2} + L\boldsymbol{\alpha}_i\right) - \rho_i' K\boldsymbol{\alpha}_i\right] = R \qquad (9.4.2\text{-}4)$$

를 가진다.

$\boldsymbol{\alpha}_i$ for $1 \le i \le M$이 ∂E에서 그 지원(支援, support)을 가지며, $\boldsymbol{\alpha}_i$ for $M+1 \le i \le N$이 ∂N에서 그 지원을 가지는 기저 함수 $\boldsymbol{\alpha}_i$를 세운다. $\boldsymbol{\alpha}_i$는 모두 국부-지원(局部-

支援, local support) 기저 함수이기 때문에, 이것은 $\boldsymbol{\alpha}_i$ for $1 \le i \le M$은 ∂N에서 0이며, $\boldsymbol{\alpha}_i$ for $M+1 \le i \le N$은 ∂E에서 0임을 의미한다. 이로부터,

$$\sum_{i=1}^{M} \rho_i \boldsymbol{\alpha}_i$$

는 ∂E에서 $\boldsymbol{\gamma}_S$를 근사화함을 본다. 그러므로, ρ_i for $1 \le i \le M$의 값을 구하기 위해 ∂E에 대해 $\boldsymbol{\gamma}_S$에 부과된 Dirichlet 경계조건을 사용할 수 있다. 비슷하게,

$$\sum_{i=M+1}^{N} \rho_i' \boldsymbol{\alpha}_i$$

는 ∂N에서 $\boldsymbol{\gamma}_S'$를 근사화한다. 그리고 ρ_i' for $M+1 \le i \le N$의 값을 구하기 위해 ∂N에 대해 $\boldsymbol{\gamma}_S'$에 부과된 Neumann 경계조건을 사용할 수 있다. 이 사실을 사용하여, 식 (9.4.2-4)를

$$\sum_{i=M+1}^{N} \rho_i \left(\frac{\boldsymbol{\alpha}_i}{2} + L\boldsymbol{\alpha}_i \right) - \sum_{i=1}^{M} \rho_i' K \boldsymbol{\alpha}_i - \mathbf{g} = R \tag{9.4.2-5}$$

와 같이 다시 쓰는 것이 편리하다. 여기서

$$\mathbf{g} = \sum_{i=M+1}^{N} \rho_i' K \boldsymbol{\alpha}_i - \sum_{i=1}^{M} \rho_i \left(\frac{\boldsymbol{\alpha}_i}{2} + L\boldsymbol{\alpha}_i \right) \tag{9.4.2-6}$$

이다. 식 (9.4.2-6)에 나타난 ρ_i와 ρ_i'의 모든 값은 알려지며, 그러므로, $\mathbf{g}$는 알려짐에 유의하라. 식 (9.4.2-5)에 나타난 ρ_i와 ρ_i'의 값에 대해 풀기를 원한다. 이 풀이는 이 식을 어느 정도 더 편리한 형(形, form)으로 두는 어떤 치환(置換, substitution)을 만듦으로써 간약(簡約)될 수 있다. 첫째로, 이 문제를 위한 연산자 Q를 다음과 같이 정의한다: $1 \le i \le M$에 대하여, $\boldsymbol{\alpha}_i$가 ∂E에서 그것의 지원을 가지는,

$$Q\boldsymbol{\alpha}_i = K\boldsymbol{\alpha}_i \tag{9.4.2-7}$$

와, $M+1 \le i \le N$에 대하여, $\boldsymbol{\alpha}_i$가 ∂N에서 그것의 지원을 가지는

$$Q\boldsymbol{\alpha}_i = \frac{\boldsymbol{\alpha}_i}{2} + L\boldsymbol{\alpha}_i \tag{9.4.2-8}$$

이 식이 식 (9.4.2-5)에 대입(代入)되면,

$$\sum_{i=1}^{M} \rho_i' Q\boldsymbol{\alpha}_i - \sum_{i=1+M}^{N} \rho_i Q\boldsymbol{\alpha}_i - \mathbf{g} = R \tag{9.4.2-9}$$

를 가진다. 둘째로, β_i를 다음과 같이 정의한다: $1 \le i \le M$에 대하여,

$$\beta_i = -\rho_i' \tag{9.4.2-10}$$

그리고 $M+1 \le i \le N$에 대하여,

$$\beta_i = -\rho_i \tag{9.4.2-11}$$

이 식이 식 (9.4.2-9)에 대입될 때,

$$\sum_{i=1}^{N} \beta_i Q\boldsymbol{\alpha}_i - \mathbf{g} = R \tag{9.4.2-12}$$

를 가진다.

이 식은 식 (9.4.1-8)과 일치(一致)함에 유의하라. 이 식 둘 다는 이제 다음 세 개의 절(節)에서 논의되는 방법에 의한 풀이에 적절한 형태이다.

9.5 FINITE ELEMENTS AND BASIS FUNCTIONS USED IN THE INTEGRAL EQUATION METHOD

적분방정식법과 함께 사용되는 절점, 유한요소, 그리고 기저 함수의 사용에 관련된 어떤 특별한 고려해야 할 사항이 있다.

9.5.1 Finite Elements

적분방정식법에서 사용되는 유한요소는 원천(源泉, source) 또는 등가 원천(等價 源泉, equivalent source)이 나타나는 문제 영역에 있는 모든 점(point)을 덮어야 한다.

말하자면, 매질이 어떤 연속 부분 영역(連續 部分 領域, continuity subdomain)에서 가포화(可飽和, saturable)라면, 그러면 매질은, 일반적으로, 불균일(不均一, 비균일(非均一), nonuniform)일 것이다. 그 결과로서, **P**(정전계 문제(electrostatic problem) 문제의 경우)나 **M**(정자계 문제(magnetostatic problem)의 경우)의 발산(發散, divergence)은, 일반적으로, 그 부분 영역을 통하여 0이 아닌 것이다. 바꾸어 말하면, *원천*이 부분 영역을 통하여 0이 아닐 것이다. 이 경우에는, 경계 *그리고* 그러한 부분 영역이 유한요소에 의해 덮여야 한다. 3-차원 문제의 경우에는, 예를 들어, 부분 영역 경계에 대하여 2-차원 또는 면 유한요소(surface finite element)를 요구할 것이다.

또한 부분 영역의 내부에 대하여 3-차원 유한요소를 요구할 것이다.

그 대신으로, 연속 부분 영역에 있는 매질이 균일, 선형, 그리고 등방성이라면, 그러면, 9.2절에서 논의된 바와 같이, 부분 영역의 내부에는 원천이 없다. 유일(唯一)한 원천은 그러면 부분 영역의 경계에 위치한다. 이 경우에는, 그러면, 3-차원 문제에서는, 그림 9-1에 보여진 바와 같이, 부분 영역의 경계 S에 대해서만 2-차원 유한요소를 가진다.

이러한 경계면(境界面, boundary surface)에 대한 유한요소의 가장 간단한 구조는 평면 삼각형(平面 三角形, planar triangle)으로 이루어질 것이다. 이것은 사실 평면 표면(平面 表面, plane surface)인 경계의 어떤 부분에 대해서든 매우 만족스럽다. 하지만, 어떤 경계는, 적어도 일부(一部)에서, 곡선(曲線)이다. 유한요소를 곡면(曲面, curved surface)에 맞추는 데에는 두 가지 방법이 있다. 첫째로, 곡면을 근사화하기 위해 평면 삼각형을 여전히 사용할 수 있다. 삼각형의 변(邊, side)이 경계의 곡률 반경(曲率 半徑, radius of curvature)에 비해서 작다면, 이것은 만족스러운 근사가 될 수 있다. 그 대신의 방법은 유한요소로서 *곡선* 삼각형(*曲線* 三角形, *curved* triangle)을 사용하는 것이다. Jeng과 Wexler는 등매개 유한요소(等媒介 有限要素, isoparametric finite element)의 사용으로 될 수 있음을 보인다(Ref. 3).

9.5.2 Basis Functions

펄스형(pulse)과 피라미드형(pyramid) 기저 함수(基底 函數, basis function) 둘 다 원천 분포(源泉 分布, source distribution)를 근사화하기 위해 적분방정식법에서 사용된다. 4장을 보라. 원천 분포가 원천 문제 영역에 걸쳐 연속적(連續的)으로(continuously) (그리고 보통 매끈하게(smoothly)) 변화하기 때문에, pyramid 기저 함수는 그것이 pulse 기저 함수가 할 수 있는 것보다 더 정밀(精密)하게 원천 분포를 나타낼 수 있다는 이점(利點)을 가진다. 한편, pulse 기저 함수는 상대적(相對的)인 단순성(單純性)(relative simplicity)의 이점을 가진다.

9.6 INTEGRAL EQUATION NUMERICAL SOLUTION BY THE COLLOCATION METHOD

9.6.1 Formulation

선점법(選點法, collocation method)에 의한 적분방정식의 풀이에 있어서 첫 번째 단계는 원천 문제 영역(源泉 問題 領域, source problem domain)(원천이 존재할 수 있는 문제 영역의 일부)에 걸쳐 분포된 N개의 점 p_j, $1 \le j \le N$를 선택하는 것이다.

9.2절의 문제의 경우, 원천 문제 영역은 면 S이다. 그 문제의 경우, 점 p는 S에 걸쳐 분포될 것이다. 그 다음

$$Q\boldsymbol{\beta}(p_j) = \mathbf{g}(p_j) \tag{9.6.1-1}$$

와

$$\sum_{i=1}^{N} \beta_i Q\boldsymbol{\alpha}_i(p_j) = \mathbf{g}(p_j), \quad 1 \leq j \leq N \tag{9.6.1-2}$$

가 되도록 식 (9.4.1-8)과 (9.4.2-12)에 있는 잔차 R을 0과 같게 만든다. 식 (9.6.1-2)에서, $\boldsymbol{\alpha}_i$의 절점은 p_j가 될 수 있지만, p_j와 일치되어서는(coincident) 안된다. 뒤의 식을 행렬-vector형으로 두는 것이 편리하다. 요소

$$m_{ij} = Q\boldsymbol{\alpha}_i(p_j), \quad 1 \leq i, j \leq N \tag{9.6.1-3}$$

을 가지는 행렬 M, 요소 $\beta_1, \beta_2, \cdots, \beta_N$를 가지는 vector $\hat{\boldsymbol{\beta}}$, 그리고 요소 $g(p_1), g(p_2), \cdots, g(p_N)$을 가지는 vector G를 정의한다. 그러면, M을 정칙(正則, 비특이(非特異), nonsingular)이라고 가정하면(잘 주어진 문제(well-posed problem)에서 될 것처럼), 식 (9.6.1-4)는 $\hat{\boldsymbol{\beta}}$에 대하여 풀어질 수 있다.

9.6.2 *Evaluation of Matrix M*

선점법에 의한 적분방정식 풀이의 가장 어려운 상황은 식 (9.6.1-3)에 의해 주어진 행렬 M의 계산이다. 이 계산은 연산자 Q가 복잡한 적분을 포함한다는 사실과 기저 함수 $\boldsymbol{\alpha}_i$(Q가 작용하는)가, 어떤 경우에는, 복잡하게 될 수 있다는 사실에 의해 어렵게 만들어진다.

좌우간, 복잡성(複雜性, complexity)에 관계없이, 이 적분은, 이 장(章)의 뒤에서 논의되는 것과 같이, 근사 수치법(近似 數値法, approximate numerical method)에 의해 이루어질 수 있다. 어떤 경우에는, 하지만, 이 적분이 해석적(解析的)으로(analytically) 실행될 수 있다. 적분이 수치적이든 해석적이든 간에, 이 적분의 각 피적분 함수(被積分 函數, integrand)가 기저 함수와 함께 선형(線形, linear)이라는 사실을 이용한다. 이것은 이 적분의 각각이 기저 함수의 지원(支援, support)의 각 유한요소에 대해 한번에 한 개를 취한 적분의 합(合, sum)이라는 것을 의미한다. 즉, 이 적분의 복잡성은 단일(單一, single) 유한요소에 대한 적분을 찾는 것으로 줄어든다.

해석적 알고리즘(analytical algorithm)이, 그림 4-1 (a)에 보여진 것과 같은, 삼각형 유한요소에 대해 정의된 pulse 기저 함수에 작용하는 K와 L 연산자에 대해 아래에서 논의된다. Lindholm(Ref. 4)과 Rao 등(Ref. 5)은 기저 함수에 작용하는 K에 대한 정식화를 보인다. 식 (9.2.1-6) 대신으로, 연산자 L을

$$L\boldsymbol{\gamma} = \frac{1}{4\pi}\int \boldsymbol{\gamma}\, d\Omega \qquad (9.6.2\text{-}1)$$

에 의해 나타낼 수 있다. 여기서 $d\Omega$는 장 점(場 點, field point) $\mathbf{r}_f$에서 S의 증분(增分, increment)에 의해 점유(占有)되는 입체각(立體角, solid angle)의 증분이다. 함수 L_T를

$$L_T = \int_{A_T} \beta_p\, d\Omega$$

에 의해 정의한다. 여기서 β_p는 삼각형 A_T의 면적에 대해 정의된 pulse 기저 함수의 형상 함수(形狀 函數, shape function)이다. β_p가 pulse 기저 함수이기 때문에, 그러면

$$\beta_p = 1$$

과

$$L_T = \Omega_T$$

이다. 여기서 Ω_T는 삼각형 A_T에 의해 점유되는 입체각이다. 삼각형의 각 변(邊)에 대하여, 그 변을 내포(內包)하며 장 점(field point) $\mathbf{r}_f$를 통과하는 평면(平面, plane) P_i를 정의할 수 있다. 그 다음 삼각형의 변들에 대응하는 평면 P_1, P_2, 그리고 P_3를 정의한다. 그러면

$$L_T = \Omega_T = \theta_1 + \theta_2 + \theta_3 - \pi$$

임을 안다(Ref. 6). 여기서 θ_1은 P_1과 P_2 사이의 각도(角度, angle) 등등이다. 마지막으로, 이 각도를 계산하기 위하여, 예를 들어,

$$\theta_1 = \cos^{-1}(-\mathbf{n}_1 \cdot \mathbf{n}_2)$$

를 가진다. 여기서 $\mathbf{n}_1$과 $\mathbf{n}_2$는, 각각, P_1과 P_2에 수직(垂直)인(normal) 단위(單位) 벡터(unit vector)이다.

고차(高次) 형상 함수(higher order shape function)(즉, 선형과 고차를 가진 형상 함수)의 적분은, 9.8절에서 논의되는 것과 같은, 수치법(數値法, numerical method)에 의해 이루어질 수 있다.

9.7 INTEGRAL EQUATION NUMERICAL SOLUTION BY THE GALERKIN METHOD

9.7.1 General Formulation

5.4.2절에서 보여진 바와 같이, 이 방법은 2가지 단계를 포함한다:

1. Hilbert 공간 $\mathscr{H}$를 정의한다. $\mathscr{H}$의 요소는 원천 문제 영역(源泉 問題 領域, source problem domain)에 대해 정의된 함수이다. (*원천 문제 영역*이라는 용어(用語)는 3장에서 정의되었다. 9.2절과 그림 9-1의 문제에서 원천 문제 영역은 면 S이다.) $\mathscr{H}$의 내적(內積, inner product)은 보통

$$\langle \mathbf{u}, \mathbf{w} \rangle = \int_{D_S} \mathbf{uw}\, dD_S \tag{9.7.1-1}$$

로써 정의된다. 여기서 $\mathbf{u}$와 $\mathbf{w}$는 $\mathscr{H}$의 요소이며 D_S는 원천 문제 영역이다. 따라서, 9.2절의 문제의 경우,

$$\langle \mathbf{u}, \mathbf{w} \rangle = \int_{S} \mathbf{uw}\, dS \tag{9.7.1-2}$$

를 가질 것이다.

2. 그 다음

$$\langle R, \boldsymbol{\alpha}_j \rangle = 0, \quad 1 \le j \le N \tag{9.7.1-3}$$

을 요구한다. 여기서 R은 식 (9.4.1-7)에서 보여진 잔차로서,

$$\langle Q\boldsymbol{\beta} - \mathbf{g}, \boldsymbol{\alpha}_j \rangle = 0, \quad 1 \le j \le N \tag{9.7.1-4}$$

이다.

식 (4.2-1)로부터

$$\boldsymbol{\beta} = \sum_{i=1}^{N} \beta_i \boldsymbol{\alpha}_i$$

를 알기 때문에, 식 (9.7.1-4)와 함께

$$\sum_{i=1}^{N} \beta_i \langle Q\boldsymbol{\alpha}_i, \boldsymbol{\alpha}_j \rangle = \langle \mathbf{g}, \boldsymbol{\alpha}_j \rangle, \quad 1 \le j \le N \tag{9.7.1-5}$$

를 가진다. 다시, 요소

$$m_{ij} = \langle Q\boldsymbol{\alpha}_i, \boldsymbol{\alpha}_j \rangle \tag{9.7.1-6}$$

을 가지는 행렬 M과, 요소 $\beta_1, \beta_2, \cdots, \beta_N$과 요소 $\langle \mathbf{g}, \boldsymbol{\alpha}_1 \rangle, \langle \mathbf{g}, \boldsymbol{\alpha}_2 \rangle, \cdots, \langle \mathbf{g}, \boldsymbol{\alpha}_N \rangle$을 각각 가지는 vector $\widehat{\boldsymbol{\beta}}$와 G를 정의한다. 그러면, 행렬-vector형으로, 식 (9.7.1-5)는

$$M\widehat{\boldsymbol{\beta}} = G \tag{9.7.1-7}$$

로 주어진다. 5장에서 논의된 바와 같이, 기저 함수 $\boldsymbol{\alpha}_1, \boldsymbol{\alpha}_2, \cdots, \boldsymbol{\alpha}_N$은 행렬 M (식 (9.7.1-6)으로 주어진 요소를 가진)이 정칙(正則, 비특이(非特異), nonsingular)이도록 선택된다. 그 정칙성(正則性, 비특이성(非特異性), nonsingularity)으로부터, 식 (9.7.1-7)의 선형 계(線形 系, linear system)가 유일해(唯一解, unique solution) $\widehat{\boldsymbol{\beta}}$를 가짐을 안다.

9.7.2 *Integral Equation Numerical Solutions that are Orthogonal Projections*

적분방정식의 수치해가 정사영(正射影, 수직 투영(垂直 投影), orthogonal projection)이라는 사실을 조사(調査)하는 것으로 나아간다. 이 목적을 위하여 5.8절에서 주어진 접근(接近, approach)을 사용한다. 5.8.2절에서 보여진 바와 같이, 정사영은, 아래에서 설명되는 것과 같이, 어떤 오차 놈(error norm)의 최소화라는 이점을 가진다.

식 (9.4.1-3)에 주어진 것과 같이 $\boldsymbol{\gamma}_S$에 대한 수치 근사(數値 近似, numerical approximation)를 계산하는 것을 원한다고 가정한다. 이 식과 식 (9.7.1-4)의 결합은

$$\langle Q(\boldsymbol{\gamma}_S - \boldsymbol{\beta}), \boldsymbol{\alpha}_j \rangle = 0, \quad 1 \le j \le N \tag{9.7.2-1}$$

을 준다. Q가 대칭(對稱, symmetric), 정정 연산자(正定 演算子, positive-definite operator)라면, 그러면, 5.8절에서 보여진 바와 같이,

$$\langle \mathbf{u}, \mathbf{w} \rangle_0 = \langle Q\mathbf{u}, \mathbf{w} \rangle \tag{9.7.2-2}$$

와 같은 새로운 내적(內積, inner product) $\langle \cdot \rangle_0$을 정의할 수 있다. 그러면, 식 (9.7.2-1)과 (9.7.2-2)의 결합은

$$\langle \boldsymbol{\gamma}_S - \boldsymbol{\beta}, \boldsymbol{\alpha}_j \rangle_0 = 0, \quad 1 \le j \le N \tag{9.7.2-3}$$

을 준다. $\boldsymbol{\beta}$가 $\boldsymbol{\alpha}_1, \boldsymbol{\alpha}_2, \cdots, \boldsymbol{\alpha}_N$의 선형 결합(線形 結合, linear combination)이기 때문에 (식 (4.2-1)에 보여진 바와 같이), 이 식은 $\boldsymbol{\beta}$가 기저로서 함수 $\boldsymbol{\alpha}_1, \boldsymbol{\alpha}_2, \cdots, \boldsymbol{\alpha}_N$을 갖는 $\mathcal{K}$의 N-차원 부분 공간(N-次元 部分 空間, N-dimensional subspace)으로의 $\boldsymbol{\gamma}_S$의 정사영임을 보인다. 그러므로, 5.8.2절에서 보여진 바와 같이, 이 정사영 $\boldsymbol{\beta}$는, 분명히, 오차의 norm

$$\|\boldsymbol{\gamma}_S - \boldsymbol{\beta}\|_0 = \sqrt{\langle \boldsymbol{\gamma}_S - \boldsymbol{\beta}, \boldsymbol{\gamma}_S - \boldsymbol{\beta} \rangle_0} \tag{9.7.2-4}$$

를 최소화한다. 더욱이, Q가 대칭이며 정정(正定)이기 때문에, 그리고 $\boldsymbol{\beta}$가 정사영이기 때문에, 이 방법은, 5.8.4절에서 논의된 바와 같이, 정사영법(正射影法, 수직 투영법(垂直 投影法), orthogonal projection method)이다.

요약하면, 연산자 Q가 대칭이며 정정(positive-definite)이라면, 그러면:

1. 식 (9.7.2-2)로 주어진 바와 같이, 새로운 내적(內積) $\langle \cdot \rangle_0$을 정의할 수 있다.
2. 이 방법은, 식 (9.7.2-4)로 주어진 바와 같이, 오차의 이와 같은 내적의 자연(自然) 놈(natural norm) $\|\boldsymbol{\gamma}_S - \boldsymbol{\beta}\|_0$을 최소화한다.
3. 이 방법은 정사영법으로 알려져 있다.

$\boldsymbol{\beta}$가, 식 (9.4.1-6)으로 주어진 바와 같이, 등가 전(자)하밀도 σ_e를 근사화했다면 비슷한 개념(槪念, statement)이 만들어질 수 있다.

위의 기술(記述, statement) 1, 2, 그리고 3의 진실성(眞實性, truth)은 단순히 연산자 Q가 대칭이며 정정이나 아니냐에 의존(依存)한다. 이것은, 어떤 경우에는, 어려운 문제일 수 있다. 하지만, 식 (9.4.1-1)과 (9.4.1-4)로 정의된 것으로써 Q에 대한 이 질문(質問)에 답할 수 있다.

첫째로, 식 (9.2.1-6)과 (9.7.1-1)을 사용하여,

$$\langle L\mathbf{u}, \mathbf{w} \rangle = \int_S \mathbf{w}(\mathbf{r}_f) \int_S \mathbf{u}(\mathbf{r}_s) \frac{\partial}{\partial \mathbf{n}_s} G(\mathbf{r}_s, \mathbf{r}_f)\, dS_s\, dS_f \tag{9.7.2-5}$$

임에 반하여

$$\langle L\mathbf{w}, \mathbf{u} \rangle = \int_S \mathbf{u}(\mathbf{r}_f) \int_S \mathbf{w}(\mathbf{r}_s) \frac{\partial}{\partial \mathbf{n}_s} G(\mathbf{r}_s, \mathbf{r}_f)\, dS_s\, dS_f \tag{9.7.2-6}$$

임을 본다. 이 식에서, 항(項, term)

$$\frac{\partial}{\partial \mathbf{n}_s} G(\mathbf{r}_s, \mathbf{r}_f)$$

는 원천점(源泉點, source point)에서 S에 수직(垂直, normal)인 Green 함수의 미분(微分, derivative)을 취하는 것을 포함함을 본다. 식 (9.7.2-5)와 (9.7.2-6)의 적분을 같아지도록 하기 위해서는, 이 법선 미분(法線 微分, normal derivative)이, 일반적으로,

$$\frac{\partial}{\partial \mathbf{n}_f} G(\mathbf{r}_s, \mathbf{r}_f)$$

와 같게 되어야 할 것이다. 여기서 이 미분은 *장* 점(*場* 點, *field* point) $\mathbf{r}_f$에서 S에 수직으로 취해진다. 일반적으로, 이 두 법선 미분은 같지 않다. 그러므로, 일반적으로,

$$\langle L\mathbf{u}, \mathbf{w}\rangle \neq \langle L\mathbf{w}, \mathbf{u}\rangle \tag{9.7.2-7}$$

즉, 연산자 L은, 일반적으로, 비대칭(非對稱, nonsymmetric, asymmetric)이다. 그러면, 식 (9.4.1-1)

$$Q\mathbf{u} = \left(\frac{\nu_r - 1}{\nu_r + 1}\right) L\mathbf{u} + \frac{\mathbf{u}}{2}$$

에서 정의된 것과 같은, 연산자 Q는, 일반적으로, 비대칭이다. 그러므로, 이 연산자를 사용하여 계산된 수치해는, 일반적으로, 정사영으로 되지 않을 것이다.

한편, Wexler는 식 (9.2.1-5)에 의해 주어진 연산자 K는 대칭이며 정정(正定, positive-definite)임을 보였다(Ref. 7). 즉, 식 (9.2.1-5)에 있는 연산자 K와 식 (9.7.1-1)의 내적을 사용하여,

$$\mathbf{u} \neq 0$$

이라면

$$\langle K\mathbf{u}, \mathbf{w}\rangle = \langle K\mathbf{w}, \mathbf{u}\rangle \tag{9.7.2-8}$$

과

$$\langle K\mathbf{u}, \mathbf{u}\rangle > 0 \tag{9.7.2-9}$$

를 가진다. 이로부터, 식 (9.4.1-4)

$$Q\mathbf{u} = K\mathbf{u}$$

에 의해 주어진 연산자 Q는 대칭이며 정정(正定)임을 쉽게 보일 수 있다. 그러므로, 이 Q를 사용하여 계산된 수치해 $\boldsymbol{\beta}$는 정사영일 것이다.

9.7.3 Evaluation of Matrix M

선점법에서와 같이, Galerkin법에 의한 적분방정식 풀이의 가장 어려운 상황은 식 (9.6.1-7)에 의해 주어진 요소를 가진 행렬 M의 계산이다. 식 (9.7.1-1)과 (9.7.1-6)으로부터,

$$m_{ij} = \int_{D_S} (Q\boldsymbol{\alpha}_i)\boldsymbol{\alpha}_j \, dD_S \tag{9.7.3-1}$$

을 본다. Q가 적분 연산자(積分 演算子, integral operator)이기 때문에, m_{ij}의 계산은 2중 적분(二重 積分, double integral)을 요구할 것임을 본다. 이 적분은 9.8절과 Ref. 3에서 논의된 것과 같은 수치 적분(數値 積分, numerical integration)에 의해 이루어진다.

9.8 NUMERICAL INTEGRATION

9.8.1 General Considerations

앞의 두 절(節)에서 보여진 바와 같이, 적분방정식법의 이행을 위해 요구되는 적분은 때로는 해석적(解析的)으로 수행될 수 있을 정도로 충분히 단순하다. 그 대신으로, 이 적분은 종종 해석적 적분이 매우 어렵거나 불가능할 정도로 어렵다. 이러한 경우에는 수치 적분(數値 積分, numerical integration)이 대신 사용된다.

적분방정식의 수치 풀이에 적용되는 수치 적분의 가장 널리 보급되어 있는 방법은 가우스 구적법(求積法)(Gauss-Quadrature method)이다. Gauss 구적법의 기본 성질을 이해하기 위하여, 1-차원 영역에 대한 적분에 응용한 논의를 참조하면 된다 (Ref. 8, pp. 330-332). 이 경우에 있어서, 주어진 정확도(正確度, degree of accuracy)에서, 수치 적분의 Newton-Cotes법에서 사용될 것 보다는 더 적은 점(點, Point)에 대한 피적분 함수(被積分 函數, integrand)의 합(合, sum)이 될 수 있음을 본다(Ref. 8, pp. 328-329). Newton-Cotes법에서, 더 적은 점의 사용을 위해 치러야 하는 유일한 대가(代價)는 점(點)들(피적분 함수의 값이 구해지는)이 적분 영역에 걸쳐 같은 간격으로 된다는 것이다; 그 대신으로, Gauss 구적법에서는, 영역 내에서 어떤 정해진 점들로 취해진다. 이러한 점의 배치(配置, placement)를 위한 어느 정도 더 복

잡한 알고리즘은 일반적으로 주어진 정확도에서 더 적은 점을 사용하는 능력에 대해 치르는 작은 대가라고 여겨진다.

다시, 2-차원 영역 또는 3-차원 영역에 대한 적분에 관하여, Newton-Cotes법에 의하거나 Gauss 구적법에 의해 수치 적분을 가질 수 있다. 그리고, 다시, 2-차원 또는 3-차원 적분의 경우, Gauss-Quadrature 적분이 위에서 주어진 이유로 택해진다. 이 절(節)의 나머지에서는, Gauss 구적법에 의한 직사각형 또는 삼각형에 대한 단일 적분(單一 積分, single integration)이 논의된다. (비슷한 적분 기법(積分 技法, integration technique)이 사면체와 직육면체 상자같은 3-차원 유한요소에 적용된다.) 임의의 직사각형 또는 삼각형에 대한 이 가우스 구적 공식(求積 公式)(Gauss-Quadrature formula)(또는, 다시 말해, 임의의 다른 유한요소에 대한 적분을 위한 Gauss 구적 공식)이

$$I_a = A\sum_{i=1}^{N} W_i\, f(P_i) \tag{9.8.1-1}$$

과 같은 형태로 표현될 수 있음을 본다. 이 식에서, I_a는 유한요소에 대한 적분의 가우스 구적(Gauss-Quadrature), P_i는 가우스 구적 보간점(Gauss-Quadrature interpolation point), 그리고 N은 유한요소에 대한 그 점의 총 수(總 數, total number)이다. 2-차원인지 3-차원인지에 종속되는 유한요소의 면적 또는 체적은 A인 한편, W_i는 가중 함수(加重 函數, weighting function)이며, $f(P_i)$는 점 P_i에서 값이 구해지는 피적분 함수이다. 마지막으로, 수치법(數値法, numerical method)은, 가중잔차법(加重殘差法(method of weighted residual)(또는 Galerkin법)에서 요구되는 것과 같은, 2중 적분(二重 積分, double integration)으로 확장된다.

9.8.2 Gauss-Quadrature Integration over a Rectangle

2중 적분

$$I = \int_{y_0}^{y_u}\int_{x_0}^{x_u} f(x, y)\, dx\, dy \tag{9.8.2-1}$$

을 가진다고 가정한다. 즉, 함수 $f(x, y)$는

$$x_0 \le x \le x_u$$
$$y_0 \le y \le y_u$$

인 직사각형에 대해 적분된다. 1-차원 영역에 대한 적분을 위한 Gauss 구적 공식으

로 수치 적분을 나타내는 것으로 나아간다.

$$g(y) = \int_{x=x_0}^{x_u} f(x, y)\, dx \tag{9.8.2-2}$$

라 두면, 식 (9.8.2-1)과 함께,

$$I = \int_{y=y_0}^{y_u} g(y)\, dy \tag{9.8.2-3}$$

이 된다. 이 식을 사용하여, I에 대한 가우스 구적 근사(Gauss-Quadrature approximation)를 나타내는 I_a에 대한 다음의 식을 유도할 수 있다. 먼저, 식 (9.8.2-3)으로부터,

$$I_a = (y_u - y_0) \sum_{i=1}^{n} v_i\, g_a(y_i) \tag{9.8.2-4}$$

와, 식 (9.8.2-2)로부터,

$$g_a(y_i) = (x_u - x_0) \sum_{j=1}^{m} u_j\, f(x_j, y_i) \tag{9.8.2-5}$$

이다. 이 식에서, $g_a(y_i)$는 $g(y_i)$에 대한 Gauss 구적 근사, 그리고 u_j와 v_i는 Gauss 구적 가중 함수이다(Ref. 7, pp.328-329). 더욱이, x_j for $1 \le j \le m$은 구간(區間, interval) $x_0 \le x \le x_u$에 대한 대응하는 Gauss 구적 보간점이다. 그리고 y_i for $1 \le i \le n$은 구간 $y_0 \le y \le y_u$에 대한 대응하는 Gauss 구적 보간점이다.

9.8.3 Gauss-Quadrature Integration over a Triangle

삼각형에서 비대칭으로 그리고 대칭으로 위치된 가우스 구적점(Gauss-Quadrature point)이 둘 다 계산되고 발표되었다. Zienkiewicz는 비대칭으로 위치된 점에 대해 발표하였으며(Ref. 9), Vichnevetsky는 대칭으로 위치된 점에 대해 발표하였다(Ref. 8, p.335). 물론, 대칭으로 위치된 점이 더 일반적인 것으로 보이며, 이것이 아래의 논의에서 선택된다. 대칭 배치에 있어서, 근사 또는 Gauss-Quadrature 적분 I_a는

$$I_a = A \sum_{i=1}^{m} v_i \sum_{j=1}^{n_i} f(P_{ij}) \tag{9.8.3-1}$$

과 같이 표현된다. 이 식에서, A는 삼각형의 면적, v_i는 가중 함수, 그리고 m은 단순히 이 공식에서 사용된 이러한 가중 함수의 수(數)이다. P_{ij}는 Gauss 구적 보간점, 그리고 n_i는 주어진 가중 함수 v_i에 대해 사용된 보간점의 수이다. P_{ij}는 4장에서 논의된 삼각형 면적 좌표계(triangular area coordinates)의 함수로 나타내어진다. 주어진 지표(指標, index) i에 대해, 이 P_{ij}는 이 *면적 좌표계의 항으로* 대칭으로 위치된다. Ref. 7은 많은 Gauss 구적 공식에 있어서의 v_i와 P_{ij}의 표(表, tabulation)를 준다.

이 공식의 가장 간단한 (그리고 가장 많이 사용되는) $m = 1$과 $n_i = 3$인 경우, 식 (9.8.3-1)은

$$I_a = Av_1 \sum_{j=1}^{3} f(P_{ij}) \tag{9.8.3-2}$$

가 된다. 모양이

$$P_{1j} = \left(\Lambda_1^{(j)}, \Lambda_2^{(j)}, \Lambda_3^{(j)}\right)$$

인 보간점은

$$P_{11} = (0.666666,\ 0.166666,\ 0.16666)$$
$$P_{12} = (0.166666,\ 0.1666666,\ 0.166666)$$
$$P_{13} = (0.166666,\ 0.166666,\ 0.1666666)$$

에 의해 주어지며

$$v_1 = \frac{1}{3} \tag{9.8.3-3}$$

이다.

9.8.4 Double Numerical Integrations over the Problem Domain

9.7.3절에서 지적된 바와 같이, Galerkin법에 의한 적분방정식의 풀이에 있어서, 문제 영역의 일부 또는 모두에 대한 적분에, 2중 적분을 수행하는 것이 필요하다. 더욱이, 실제로 만나는 어떤 피적분 함수의 경우, 이 모두에 대한 수치 적분이 실제로 필요하다. 이러한 경우에는, 아래에서 논의되는 것과 같이, 전형적으로 Gauss 구적법에 의해 이 수치 적분의 모두를 수행한다. 특히, 식 (9.7.3-1)로 주어진 것과

같은, 행렬 M의 각 요소를 계산하기 위해 이 접근을 선택한다:

$$m_{ij} = \int_{D_S} (Q\boldsymbol{\alpha}_i)\boldsymbol{\alpha}_j \, dD_S$$

이 적분을 이해하기 위해, 그것의 어떤 성질을 인정한다. 첫째로, $\boldsymbol{\alpha}_j$가 국부-지원 기저 함수(local-support base function)이기 때문에, $\boldsymbol{\alpha}_j$의 지원($D_S(j)$로 주어진) 외부의 D_S에 있는 모든 점에서 0과 같다. 둘째로, 그것은 적분이 수행되는 $D_S(j)$에서 변화하는 장 점(場 點, field point) $\mathbf{r}_f$이다. 이 식은 그러면

$$m_{ij} = \int_{D_S(j)} (Q\boldsymbol{\alpha}_i(\mathbf{r}_f))\boldsymbol{\alpha}_j(\mathbf{r}_f) \, dD_S \tag{9.8.4-1}$$

이 된다. $D_S(j)$ 내에 있는 유한요소에 대해 N개의 Gauss 구적점이 있으며 그 점에서의 장 점 값(field point value)이 $\mathbf{r}_f^{(1)}, \mathbf{r}_f^{(2)}, \cdots, \mathbf{r}_f^{(N)}$이라고 가정한다. 그러면, 이 적분의 Gauss 구적 근사를 주기 위해 식 (9.8.1-1)을 사용하여,

$$m_{ij} = A(j) \sum_{k=1}^{N} w_k (Q\boldsymbol{\alpha}_i(\mathbf{r}_f^{(k)}))\boldsymbol{\alpha}_j(\mathbf{r}_f^{(k)}) \tag{9.8.4-2}$$

를 가진다. 여기서 $A(j)$는 영역 $D_S(j)$의 면적 또는 체적이다. 이 식에서, $\boldsymbol{\alpha}_i(\mathbf{r}_f^{(k)})$는 단순히 장(場) (그리고 Gauss 구적) 점 $\mathbf{r}_f^{(k)}$에서 구해지는 기저 함수 $\boldsymbol{\alpha}_i$이며 쉽게 구해진다. 하지만, 연산자 $Q\boldsymbol{\alpha}_i(\mathbf{r}_f^{(k)})$는 다른 적분을 포함한다. 이 적분에서, Gauss 구적 점은, 예를 들어, 식 (9.2.1-5)와 (9.2.1-6)에 있는 L과 K 연산자의 정의에서 보여진 것처럼, *원천점(源泉點, source point)*이 될 것이다.

9.9 SAMPLE PROBLEM

2, 3, 4, 그리고 5장은 물론, 9.2와 9.3절에서 나타내어진 정보가 적분방정식법에 의해 문제를 다루기 위한 기본을 이루는데 어떻게 합치(合致)되는 지에 대한 감각(感覺, feeling)을 독자에게 주기 위해 어느 정도 단순한 실례 문제(sample problem)가 이 절(節)에서 다루어진다.

9.9.1 Problem Definition

본 바와 같이, 적분방정식법이 외부 문제에 잘 어울리기 때문에, 2-차원 외부 문제가 선택된다. 그림 9-2는 구성(configuration)을 보인다. 이 그림에서 y 좌표에 비례

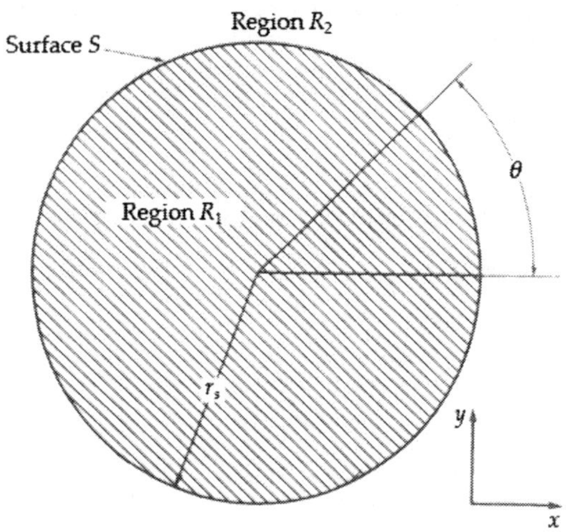

Fig. 9-2. Configuration for sample problem.

하는 인가 포텐셜 장(applied potential field) $\boldsymbol{\gamma}_a$를 일으키는 모든 원천(source)은 무한원(無限遠, infinity)에 있다. 이 구성에서, 지면(地面)에 수직(垂直)인(perpendicular) 축(軸, axis)을 가지는 자성 원통(磁性 圓筒, permeable cylinder)이 있다. 이 원통 내에서의 투자율은 균일, 선형, 그리고 등방성이다. 문제는 원통의 내부와 외부 모두에 대하여, 즉 모든 공간에 대하여, 총(總) 정자기(靜磁氣) 스칼라 포텐셜(static total scalar magnetic potential)을 계산하는 것이다.

다시, 모든 공간을 2개의 영역(領域, region)으로 나눈다. 영역 R_1은 원통 표면(cylinder surface) S 내부의 모든 공간을 포함하며, 영역 R_2는 원통 외부의 모든 공간을 포함한다. 9.2절에서와 같이, R_1이나 R_2 내에는 원천(등가이든 그렇지 않든)이 없다. 그러므로, scalar potential은 이 영역 둘 다에서 Laplace 방정식을 따르며, 9.2절에서의 알고리즘이 사용될 수 있다. 더욱이, 모든 등가 원천(equivalent source)은 면 S에 놓인다.

이 문제의 이점(advantage)은 해석적으로 쉽게 풀어질 수 있다는 점이다. R_1과 R_2에서의 potential $\boldsymbol{\gamma}_1$과 $\boldsymbol{\gamma}_2$는 각각,

$$\boldsymbol{\gamma}_1 = \frac{2\boldsymbol{\gamma}_a r \sin\theta}{\mu_r + 1} \tag{9.9.1-1}$$

과

$$\boldsymbol{\gamma}_2 = \boldsymbol{\gamma}_a r\left[1 - \left(\frac{\mu_r - 1}{\mu_r + 1}\right)\left(\frac{r_s}{r}\right)^2\right]\sin\theta \tag{9.9.1-2}$$

로 주어진다. 여기서,

$$\mu_r = \frac{\mu_1}{\mu_2}$$

이다. 그림 9-2에서 보여진 것과 같이, 극좌표(極座標, polar coordinate)는 r과 θ로 나타내어졌으며, r_s는 원통의 반경(半徑, radius)이다. 아래에서 보여지는 바와 같이, 이 해(解, solution)는 적분방정식법에 의한 수치 근사해의 정확도(accuracy)의 어떤 측도(測度, measure)를 주는 것을 가능하게 한다.

9.9.2 *Choice of Basic Formulation*

R_1과 R_2 둘 다에서의 potential이 Laplace 방정식을 만족하기 때문에, 이 문제는 9.2절에서 논의된 정식화에 적합하다. 거기에서 표현된 정식화는 식 (9.2.2-2), (9.2.2-3), 그리고 (9.2.2-4)이다. 이 식들은 다음과 같은 2가지 이점을 가진다:

1. 그것들은 면 S에서의 $\boldsymbol{\gamma}_S$를 포함하지만 σ_e는 포함하지 *않는다*.
2. 그것들은 연산자 L을 포함하지만 연산자 K는 포함하지 *않는다*.

그 절(節)에서 논의된 바와 같이, 여기에서의 유일한 문제점은 μ_r이 매우 큰 경우의 식 (9.2.2-4)($\boldsymbol{\gamma}_2$에 대한)이다. 이 어려움을 피하기 위해, 이 실례 예제에서는, 크지 않은 μ_r의 값을 선택할 것이다.

9.9.3 *Algorithm*

9.2절에서 논의된 문제에서와 같이, 그림 9-3에서, $\boldsymbol{\gamma}_S$를 계산하는 문제 영역은 표

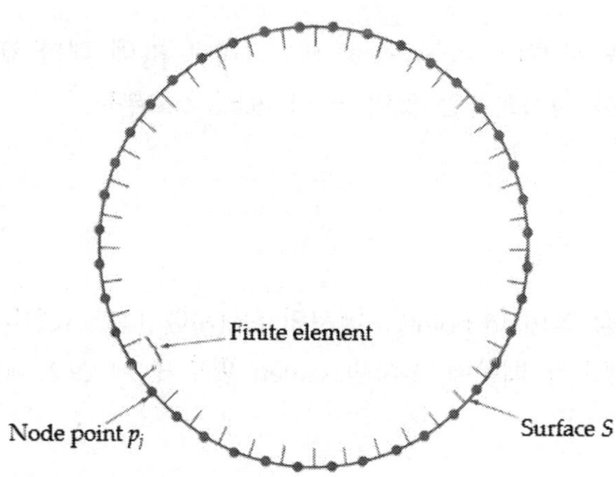

Fig. 9-3. Configuration of node points and finite elements for sample problem.

면(表面, surface) S이다. 이 표면은, 이 그림에서 보여진 바와 같이, 원통의 같은 조각(identical segment)인, N개의 유한요소로 분할된다. 이 문제의 경우, 기저 함수 $\boldsymbol{\alpha}_i$ for $1 \le i \le N$은 pulse 기저 함수이다. 그림 9-3에서 보여진 바와 같이, 선점 점(選點 點, collocation point) $\mathbf{p}_j$, $1 \le j \le N$인 선점법(選點法, collocation method)에 의해 $\boldsymbol{\gamma}_S$를 근사화하는 S 위의 근사해 $\boldsymbol{\beta}_S$를 얻는다. 선점법을 사용하기 때문에, $\boldsymbol{\beta}_S$는 이 점 $\mathbf{p}_j$에서 식 (9. 2.2-3)을 완전히 만족한다. 즉,

$$\frac{1}{2}\boldsymbol{\beta}_S(\mathbf{p}_j) = \frac{\boldsymbol{\gamma}_a(\mathbf{p}_j)}{\mu_r + 1} - \left(\frac{\mu_r - 1}{\mu_r + 1}\right) L\boldsymbol{\beta}_S(\mathbf{p}_j) \tag{9.9.3-1}$$

이다. 다시, $\boldsymbol{\beta}_S$는

$$\boldsymbol{\beta}_S = \sum_{i=1}^{N} \beta_i \boldsymbol{\alpha}_i \tag{9.9.3-2}$$

로 주어진다. 여기서 β_i는 실수(實數, real number)이다. $\boldsymbol{\beta}_S$가 계산된 후, 그 다음 $\boldsymbol{\beta}_1$(R_1에서 $\boldsymbol{\gamma}_1$을 근사화하는)과 $\boldsymbol{\beta}_2$(R_2에서 $\boldsymbol{\gamma}_2$를 근사화하는)에 대해 풀 수 있다. 이러한 장(場)에 대한 식은 식 (9.2.2-2)와 (9.2.2-4)로부터

$$\boldsymbol{\beta}_1(\mathbf{r}_f) = \frac{\boldsymbol{\gamma}_a(\mathbf{r}_f)}{\mu_r} - \left(\frac{\mu_r - 1}{\mu_r}\right) L\boldsymbol{\beta}_S(\mathbf{r}_f) \tag{9.9.3-3}$$

과

$$\boldsymbol{\beta}_2(\mathbf{r}_f) = \boldsymbol{\gamma}_a(\mathbf{r}_f) - (\mu_r - 1)L\boldsymbol{\beta}_S(\mathbf{r}_f) \tag{9.9.3-4}$$

와 같이 찾아질 수 있다.

전개(展開)에 있어서의 그 다음 단계(段階, step)는, $\boldsymbol{\beta}_1$, $\boldsymbol{\beta}_2$, 그리고 $\boldsymbol{\beta}_S$에 대한 표현식에서 나오기 때문에, 함수 $L\boldsymbol{\beta}_S$를 정식화하는 것이다. 식 (9.9.3-2)로부터,

$$\boldsymbol{\beta}_S(\mathbf{r}_f) = \sum_{i=1}^{N} \beta_i L\boldsymbol{\alpha}_i(\mathbf{r}_f)$$

를 가지기 때문에, 이것은 임의의 장 점(field point) $\mathbf{r}_f$에서의 $L\boldsymbol{\alpha}_i(\mathbf{r}_f)$에 대한 표현이 됨을 의미한다. 이것이 2-차원 문제이기 때문에, 2-차원 Green 함수가 식 (9.2.1-6)과 함께 사용되며,

$$L\boldsymbol{\alpha}_i(\mathbf{r}_f) = \frac{1}{2\pi}\int_S \boldsymbol{\alpha}_i(\mathbf{r}_s)\,\mathbf{n}\cdot\nabla_s \ln|\,\mathbf{r}_s - \mathbf{r}_f\,|\,dS$$

를 가진다. 이 식으로부터,

$$L\boldsymbol{\alpha}_i(\mathbf{r}_f) = \frac{1}{2\pi}\int_S \boldsymbol{\alpha}_i(\mathbf{r}_s)\,d\theta(\mathbf{r}_f, \mathbf{r}_s)$$

를 보일 수 있다. 여기서 $\theta(\mathbf{r}_f, \mathbf{r}_s)$는 장 점(field point) $\mathbf{r}_f$로부터 원천점(source point) $\mathbf{r}_s$로의 각도(角度, angle)이다. $\boldsymbol{\alpha}_i$가 pulse 기저 함수이기 때문에, i번째 유한요소에 대해서는 1(단위 값, unity)과 같으며, 모든 다른 유한요소에 대해서는 0이다. 이를 염두에 두면, 이 식은

$$L\boldsymbol{\alpha}_i(\mathbf{r}_f) = \frac{1}{2\pi}\boldsymbol{\Psi}(\mathbf{r}_f, i) \tag{9.9.3-5}$$

가 된다. 여기서 $\boldsymbol{\Psi}(\mathbf{r}_f, i)$는 $\mathbf{r}_f$에서 i번째 유한요소에 의해 대(對)해지는(subtended) 각도(角度)이다.

식 (9.9.3-1)에서 (9.9.3-5)를 결합함으로써, 수치 계산을 위해 훨씬 더 유용한 형태로 장 방정식(field equation)을 얻는다:

$$\frac{1}{2}\boldsymbol{\beta}_S(\mathbf{p}_j) = \frac{\boldsymbol{\gamma}_a(\mathbf{p}_j)}{\mu_r + 1} - \frac{1}{2\pi}\left(\frac{\mu_r - 1}{\mu_r + 1}\right)\sum_{i=1}^{N}\beta_i\boldsymbol{\Psi}(\mathbf{p}_j, i), \quad 1 \le j \le N \tag{9.9.3-6}$$

$$\boldsymbol{\beta}_1(\mathbf{r}_f) = \frac{1}{\mu_r}\boldsymbol{\gamma}_a(\mathbf{r}_f) - \frac{1}{2\pi}\left(\frac{\mu_r - 1}{\mu_r}\right)\sum_{i=1}^{N}\beta_i\boldsymbol{\Psi}(\mathbf{r}_f, i) \tag{9.9.3-7}$$

$$\boldsymbol{\beta}_2(\mathbf{r}_f) = \boldsymbol{\gamma}_a(\mathbf{r}_f) - \frac{1}{2\pi}(\mu_r - 1)\sum_{i=1}^{N}\beta_i\boldsymbol{\Psi}(\mathbf{r}_f, i) \tag{9.9.3-8}$$

계 방정식(system of equations) (9.9.3-6)을 풂에 의한 실수 계수(real number coefficient) $\beta_1, \beta_2, \cdots, \beta_N$에 대한 풀이(solution)를 정식화하는 것으로 나아간다. 이 방법은 8.6.1절에서 주어진 접근을 따른다. 식 (9.9.3-2)를 사용하여,

$$\boldsymbol{\beta}_S(\mathbf{p}_j) = \sum_{i=1}^{N}\beta_i\boldsymbol{\alpha}_i(\mathbf{p}_j), \quad 1 \le j \le N \tag{9.9.3-9}$$

를 가진다. 기저 함수 $\boldsymbol{\alpha}_i$는 그 자신의 지원 이내에 속하는(fall within) 선점 점(collocation point)에서는 1과 같으며 다른 모든 선점 점에서는 0과 같음을 안다. 즉,

$$\boldsymbol{\alpha}_i(\mathbf{p}_j) = \delta_{ij}, \quad 1 \le i, j \le N \tag{9.9.3-10}$$

이다. 여기서 δ_{ij}는

$$\delta_{ij} = 0, \quad i \ne j$$
$$\delta_{ii} = 1$$

로 주어지는 Kronecker delta이다. 이로부터,

$$\boldsymbol{\beta}_S(\mathbf{p}_j) = \beta_j \tag{9.9.3-11}$$

을 본다. 식 (9.9.3-6)과 (9.9.3-11)을 결합함으로써,

$$\sum_{i=1}^{N} \beta_i \left[\frac{1}{2}\delta_{ij} + \frac{1}{2\pi}\left(\frac{\mu_r - 1}{\mu_r + 1}\right)\boldsymbol{\Psi}(\mathbf{p}_j, i)\right] = \frac{1}{\mu_r + 1}\boldsymbol{\gamma}_a(\mathbf{p}_j), \quad 1 \le j \le N \tag{9.9.3-12}$$

를 가진다. 이 경우, 식 (9.6.1-4)의 vector G는 요소

$$g(\mathbf{p}_j) = \frac{1}{\mu_r + 1}\boldsymbol{\gamma}_a(\mathbf{p}_j), \quad 1 \le j \le N \tag{9.9.3-13}$$

을 가진다. 식 (9.6.1-4)의 행렬 M의 요소 m_{ij}는 식 (9.9.3-12)로부터

$$m_{ij} = \frac{1}{2}\delta_{ij} + \frac{1}{2\pi}\left(\frac{\mu_r - 1}{\mu_r + 1}\right)\boldsymbol{\Psi}(\mathbf{p}_j, i), \quad 1 \le i, j \le N \tag{9.9.3-14}$$

로 주어진다. 이 문제를 위한 알고리즘은 그러면 다음과 같다:

1. 식 (9.9.3-13)과 (9.9.3-14)에 의해 vector G와 행렬 M을 계산한다.
2. N차(Nth order) 행렬-vector 방정식 (9.6.1-4)를 풂으로써 vector $\hat{\boldsymbol{\beta}}$(요소 $\beta_1, \beta_2, \cdots, \beta_N$인)를 계산한다.
3. 식 (9.9.3-7)에 의해 R_1 내에 있는 모든 원하는 장 점(場 點, field point) $\mathbf{r}_f$에서 $\boldsymbol{\beta}_1(\mathbf{r}_f)$를 계산한다.
4. 식 (9.9.3-8)에 의해 R_2 내에 있는 모든 원하는 장 점 $\mathbf{r}_f$에서 $\boldsymbol{\beta}_2(\mathbf{r}_f)$를 계산한다.

9.9.4 Computed Results

그림 9-4는 문제의 구성(configuration)과 일정(一定) 자기(磁氣) 스칼라 포텐셜 선도(線圖)(contours of constant scalar magnetic potential)를 보인다. 이 자기 scalar potential 값은 앞 절(節)에서 보여진 적분방정식법 알고리즘을 사용하여 계산되었

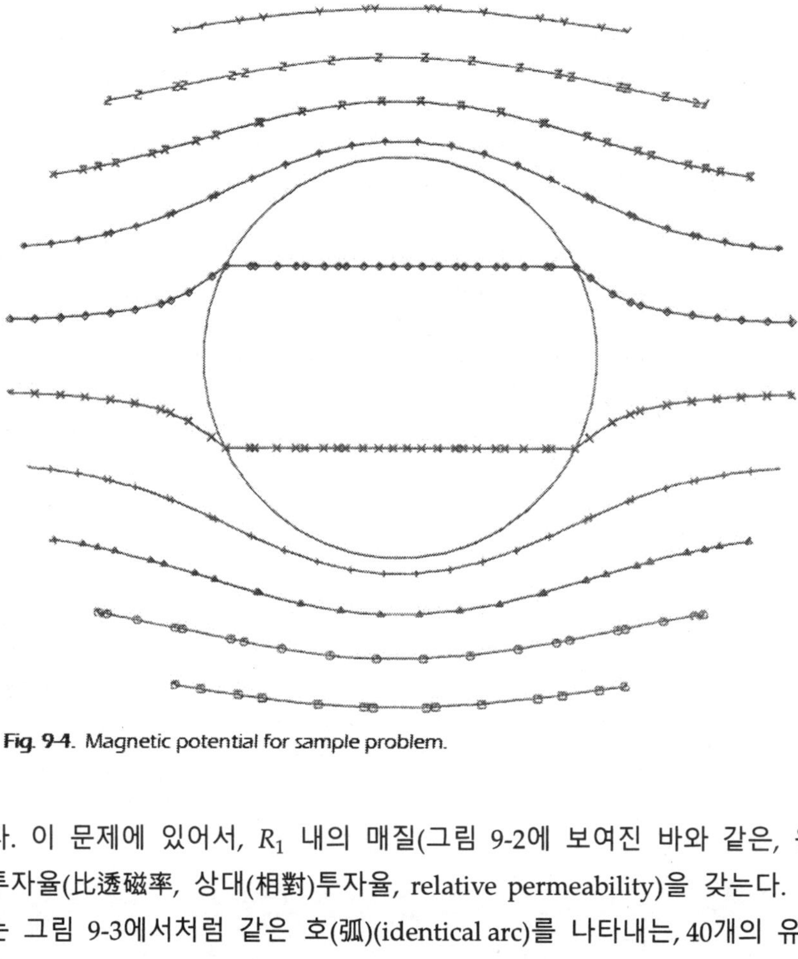

Fig. 9-4. Magnetic potential for sample problem.

다. 이 문제에 있어서, R_1 내의 매질(그림 9-2에 보여진 바와 같은, 원통)은 5의 비투자율(比透磁率, 상대(相對)투자율, relative permeability)을 갖는다. 원통의 표면 S는 그림 9-3에서처럼 같은 호(弧)(identical arc)를 나타내는, 40개의 유한요소로 분할되었다. 장 계산은 또한 해석적으로 유도된 식 (9.9.1-1)과 (9.9.1-2)를 사용해서도 이루어졌다. 이 해석적으로 계산된 장(場)이 등(等) potential 선도(線圖)로 그려졌을 때, 그 결과 그림은 그림 9-4와 일치(一致)했다.

REFERENCES

1. Lindholm, Dennis, "Notes on Boundary Integral Equations for Three-Dimensional Magnetostatics," *IEEE Trans. on Magnetics*, November 1980, Vol. MAG-16, No. 6, pp. 1409-1413.
2. Chari, M. V. K. and Silvester, P. P., Editors, *Finite Elements in Electrical and Magnetic Field Problems*, New York: John Wiley & Sons, 1980.
3. Jeng, G. and Wexler, A., "Isoparametric, Finite Element Variational Solution of Integral Equations for Three-Dimensional Fields," *International Journal for Numerical Methods in Engineering*, Vol. 11, 1977, pp. 1455-1471.
4. Lindholm, Dennis, "Effect of Track Width and Side Shields on the Long Wavelength

Response of Rectangular Magnetic Heads," *IEEE Trans. on Magnetics*, March 1980, Vol. MAG-16, No. 2, pp. 430-435.

5. Rao, S. M., Glisson, A. W., Wilton, D. R. and Vidula, B. S., "A Simple Numerical Solution Procedure for Statics Problems Involving Arbitrary-Shaped Surfaces," *IEEE Trans. on Antennas and Propagation*, September 1979, Vol. AP-27, No. 5, pp. 604-608.
6. Todhunter, I. and Leatham, J. G., *Spherical Trigonometry*, 3rd ed., London: The Macmillan Company, 1911.
7. McDonald, B. H., Friedman, M. and Wexler, A., "Variational Solution of Integral Equations," *IEEE Trans. on Microwave Theory and Techniques*, March 1974, Vol. MTT-22, No. 3.
8. Vichevetsky, Robert, *Computer Methods for Partial Differential Equations*, Vol. 1, Englewood Cliffs, N. J.: Prentice-Hall, Inc., 1981.
9. Zienkiewicz, O. C., *The Finite Element Method in Engineering Science*, 2nd ed., New York: McGraw-Hill Book Company, 1971.

10 Static Magnetic Problem

10.1 INTRODUCTION

이 책의 앞선 모든 장(章)은 장 문제(場 問題, field problem)를 수치적으로 풀기 위한 알고리즘을 전개하는데 충당되었다. 이 장과 다음 장의 목적은 이 알고리즘이 어떤 실제 수치 장 문제를 푸는데 어떻게 사용되는 지를 보이는 것이다. 이것은 이 책에서 전개된 알고리즘을 실제 문제에 적용하는데 도움을 주게 된다.

여기서 논의되는 대부분의 장 문제와 그 풀이는 지난 몇 년 사이에 발표된 논문으로부터 얻어진 것이다. 포괄적(包括的)인, 즉, 최근의 문헌에서 나타난 좋은 알고리즘의 모두를—대부분이라도—나타내기 위한, 시도는 하지 않았다. 여기서 설명된 알고리즘은 필연적으로 매우 복잡하거나 최신식(最新式)의(state-of-the-art) 전형(典型, representative)은 아니다. 더 복잡한 것을 배우거나 사용하기 전에 더 간단한 (more straightforward) 알고리즘을 이해하는 것이 촉구(促求)된다.

이 논문들은 정자계(靜磁界, 정자(기)장(靜磁(氣)場), static magnetic field)를 논의하지만, 그것이 나타내는 알고리즘은 정전계(靜電界, 정전(기)장(靜電(氣)場), static electric field)에도 또한 적용될 수 있다. 자계를 전계로, 그리고 투자율(透磁率, permeability)을 유전율(誘電率, permittivity)로 대체하면, 정식화와 알고리즘은 같다.

3장에서 논의된 바와 같이, 임의의 장 문제는 내부 문제(內部 問題, interior problem)이거나 외부 문제(外部 問題, exterior problem)이다. 하지만, 어떤 실제적인 이유로, 세 번째 범주(範疇, category)에서 문제를 논의하는 것이 필요하다. 그것은 내부 문제로 근사화되는 외부 문제이다. 복잡한 불(비)균일(不(非)均一, nonuniform) 매질을 가진 외부 문제가 이 범주로 분류된다. 6장과 7장에서 본 바와 같이, 이 범주의 실제적인 중요성을 주는 두 가지 사실이 있다:

1. 복잡한 불균일 매질은 적분방정식법보다는 유한요소법에 의해 더 쉽게 다루어질 수 있다.
2. 유한요소법은 외부 문제보다는 내부 문제에 적용하는 것이 더 쉽다.

따라서, 10.2, 10.3, 그리고 10.4절은 각각 내부 문제, 내부 문제로 근사화되는 외부 문제, 그리고 외부 문제인 정적 장 문제(靜的 場 問題, static field problem)를 논의한다.

10.2 INTERIOR STATIC PROBLEMS

대부분의 실제 장 문제는 외부 문제이다. 발표된 논문에서 매우 적게 논의된 실제 내부 정적 장 문제는 이와 같이 매우 적으며, 여기서는 보고되지 않는다.

6장에서 보여진 바와 같이, 유한요소법은 내부 정적 장 문제에 쉽게 적용될 수 있다. 이 방법은 복잡한 불균일 매질을 가지더라도 선형(線形, linear)이라면 간단하다. 그러한 응용에 있어서는, 문제 영역은 장 영역이며 장이 계산되는 공간 내의 모든 점을 망라한다.

9.2.3절에서 본 바와 같이, 적분방정식법은, 매질이 전체 문제 영역에 걸쳐 선형, 균일, 그리고 등방성(等方性, isotropic)이라면, 정적 장 문제에 쉽게 순응(順應)된다. 이 방법의 이점(利點)은, 이 경우에는 문제 영역의 경계인, 원천 문제 영역에 대해서 풀어지는 것만 필요하다는 점이다. 3-차원 문제 영역의 경우, 이것은 중요한 이점이 될 수 있다.

10.3 EXTERIOR STATIC PROBLEMS APPROXIMATED BY INTERIOR PROBLEMS

이 장(章)의 서론(序論, introduction)에서 논의된 바와 같이, 내부 문제에 의해 어떤 외부 문제를 근사화하는 것이 매우 중대한 실제적인 이점이 있다. 이 절(節)에서는, 이것에 실제로 포함되는 오차(誤差, error)를 고려하며, 발표된 논문에서 나타내어진 것으로써, 실제로 이것을 사용하여 풀어진 어떤 장 문제를 인용(引用)한다.

외부 문제에서는, 장 문제 영역이 모든 공간을 포함한다. 여기에서 논의되는 방법의 경우, 다음과 같은 단계를 취한다:

1. 임의로, 가설 경계면(假說 境界面, hypothetical boundary surface)을 정의한다.
2. 이 경계면에 대하여, 그곳에 대한 장의 가장 좋은 추정(推定, guess)을 나타내는 어떤 경계조건을 둔다. 이 경계조건은, 물론, Dirichlet이거나 부분적(部分的)으로 (partly) Dirichlet와 부분적으로 Neumann일 수 있다.
3. 이 경계 내부의 장을 푼다. 즉, 내부 장 문제를 푼다.

경계조건으로서, 이 경계에서 존재하는 *정확한(exact)* 장을 사용할 수 있다면, 그러면 내부 문제에 대한 해(解, solution)는 외부 문제에 대한 해와 같을 것이다(경계 내부). 실제로는, 물론, 이 경계에서의 정확한 장을 알지 못하며 그것을 근사화할 수 있을 뿐이다. 따라서, 이러한 내부 장 해는 이 근사 경계조건으로부터 기인하는 오차가 있다.

10.3.1절에서는, 근사화된 경계조건에서 이 오차에 기인하는 내부 해(內部 解, interior solution)에서의 오차를 조사한다. 10.3.2절에서는, 발표된 논문에서 나타난 것과 같은, 내부 문제로 근사화된 어떤 외부 문제를 나타내고 논의한다.

10.3.1 Error in Solution Caused by Error in Approximated Boundary Condition

이 절(節)에서는, 완전해 $\boldsymbol{\gamma}_a$가 모든 공간을 통하여 식

$$\nabla \cdot \mu \boldsymbol{\nabla} \boldsymbol{\gamma}_a = f \tag{10.3.1-1}$$

을 만족하는 외부 문제를 가정한다. 이 식에서, f는, 공간 좌표(空間 座標, spatial coordinates)에 따라 변할 수 있는, 알려진 강제 함수(强制 函數, forcing function)이다. 그리고 μ는 양(陽, 정(正), positive)의 scalar이다. (μ가 scalar이기 때문에, 이 문제는 등방성 매질을 함축(含蓄)한다.) $\boldsymbol{\gamma}_a$를 임의로 선택된 유계 영역(有界 領域, bounded domain) D_i에 걸친 내부 문제에 대한 해(解)인 $\boldsymbol{\gamma}_c$로 근사화한다. D_i의 경계는 근사화된 경계조건을 규정했던 ∂D_i이다. (그림 10-1을 보라.) 다시, $\boldsymbol{\gamma}_c$는 D_i에 걸쳐 식

$$\nabla \cdot \mu \boldsymbol{\nabla} \boldsymbol{\gamma}_c = f \tag{10.3.1-2}$$

를 만족하며 ∂D_i에 걸쳐 근사화된 경계조건에 부합(符合)한다. D_i에 걸쳐, $\boldsymbol{\gamma}_c$와 $\boldsymbol{\gamma}_a$ 사이의 유일한 차이(差異, difference)는 $\boldsymbol{\gamma}_c$는 ∂D_i에 걸쳐 근사화된 경계조건과 같은 한편, $\boldsymbol{\gamma}_a$는 ∂D_i에 걸친 외부 문제의 완전해와 같다는 것에 유의하라. 근사화된 경계조건에서의 오차에 기인한 $\boldsymbol{\gamma}_c$에서의 오차를 $\boldsymbol{\gamma}_e$라 두면

$$\boldsymbol{\gamma}_e = \boldsymbol{\gamma}_c - \boldsymbol{\gamma}_a \tag{10.3.1-3}$$

이다. 식 (10.3.1-2)에서 (10.3.1-1)을 빼고 식 (10.3.1-3)을 사용하면

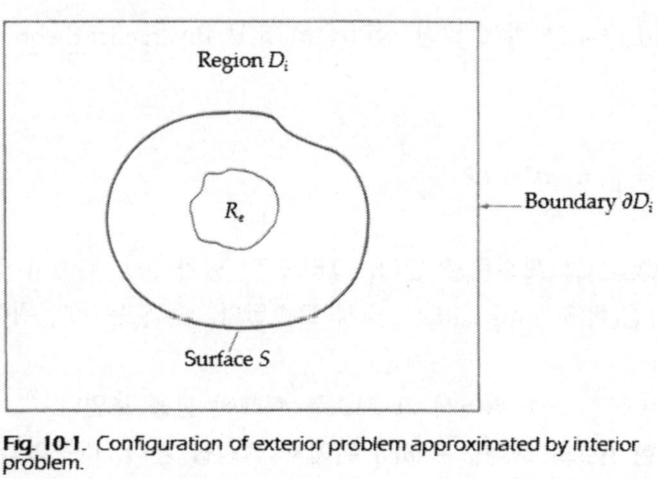

Fig. 10-1. Configuration of exterior problem approximated by interior problem.

$$\nabla \cdot \mu \boldsymbol{\nabla} \boldsymbol{\gamma}_e = 0 \qquad (10.3.1\text{-}4)$$

를 얻는다. 그러면 $\boldsymbol{\gamma}_e$는 ∂D_i에 걸쳐 근사화된 경계조건에서의 *오차*와 같은 경계조건을 만족하는 이 식의 해(解)이다. 그리고 이 오차는 ∂D_i에 걸쳐 근사화된 경계조건과 완전해 $\boldsymbol{\gamma}_a$ 사이의 차이(差異, difference)이다.

$\boldsymbol{\gamma}_e$가 경계 ∂D_i에 걸쳐 그 최대(最大, maximum)와 그 최소(最小, minimum)을 취함을 증명하는 것으로 나아간다. 이 증명은 모순(矛盾, contradiction)에 의한다. $\boldsymbol{\gamma}_e$가 ∂D_i 위에서 그 최대를 취하지 않는다고 가정한다. 그러면, 그림 10-1에 보여진 바와 같이, ∂D_i의 내부에, 그리고 그것과는 다른, $\boldsymbol{\gamma}_e$가 그 최대를 취하는 영역(region)(또는 점) R_e가 있어야 한다. Potential $\boldsymbol{\gamma}_c$와 $\boldsymbol{\gamma}_a$는 둘 다 그 구배(gradient)가 유한(有限, finite)해야 하기 때문에 연속이어야 한다.

$$\boldsymbol{\gamma}_e = \boldsymbol{\gamma}_c - \boldsymbol{\gamma}_a$$

이기 때문에, 그러면 $\boldsymbol{\gamma}_e$는 D_i에 걸쳐 연속이어야 한다. 이 사실로부터, 그 위에서

$$\mathbf{n} \cdot \boldsymbol{\nabla} \boldsymbol{\gamma}_e < 0$$

인 R_e를 둘러싸는 폐곡면(閉曲面, closed surface) S가 있어야 한다(그림 10-1에 보여진 바와 같이). 이 부등식(不等式, inequality)에서, $\mathbf{n}$은 면 S로부터 수직(垂直)으로 바깥으로 향하는 단위(單位) vector(외향 법선(外向 法線) 단위 vector)이다. μ가 양(陽, 정(正), positive)이어야 하기 때문에, 그러면 vector $\mu \boldsymbol{\nabla} \boldsymbol{\gamma}_e$의 유출(流出, outflow)은 음(陰, 부(負), negative), 즉

$$0 > \int_S \mathbf{n} \cdot \mu \boldsymbol{\nabla} \boldsymbol{\gamma}_e \, dS \qquad (10.3.1\text{-}5)$$

이어야 한다. 하지만, 식 (10.3.1-4)와 함께 발산 정리(發散 定理, divergence theorem)를 사용할 때,

$$0 = \int_{R_e} \boldsymbol{\nabla} \cdot \mu \boldsymbol{\nabla} \boldsymbol{\gamma}_e \, dv = \int_S \mathbf{n} \cdot \mu \boldsymbol{\nabla} \boldsymbol{\gamma}_e \, dS$$

그리고 이것은 부등식 (10.3.1-5)와 모순됨을 안다. 그러므로, $\boldsymbol{\gamma}_e$가 ∂D_i 위에서 그 최대를 취하지 않는다는 가정(假定, supposition) 역시 모순된다. 즉, $\boldsymbol{\gamma}_e$는 ∂D_i 위에서 그 최대를 취해야 한다.

비슷한 증명에 의해, $\boldsymbol{\gamma}_e$는 또한 ∂D_i 위에서 그 최소를 취해야 함을 보인다.

이 사실로부터, D_i를 통한 $|\boldsymbol{\gamma}_e|$의 최대값은 ∂D_i 위에서 생김을 본다. 바꾸어 말

하면, ∂D_i에 부과된 경계조건에서의 오차에 기인한, 영역 D_i 내에서의 식 (10.3.1-1)에 대한 해(解)의 오차를 추정하기 원한다면, 그러면 그 경계조건에서의 오차를 보는 것만이 필요하다.

10.3.2 Example Algorithm

외부 문제가 내부 문제에 의해 근사화되는 알고리즘의 두 가지 예제가 아래에서 설명된다.

그 첫 번째에서는, Bertram과 본 저자에 의한 논문으로부터, 기록(記錄) 헤드 극단부(極端部)(pole tip of a recording head)의 안(in)과 위에서의 자기(磁氣) 스칼라 포텐셜(magnetic scalar potential)을 계산한다(Ref. 1). 극단부와 극단부 바로 위의 자유공간의 일부를 둘러싸는 직사각형(rectangle)의 모양인 가설 경계(假說 境界, hypothetical boundary)를 사용하였다. 이 응용에서, scalar potential은 가설 경계의 대부분에 걸쳐 0이 아니다. 만족스러운 정확도를 얻기 위해서는, 이 경계에 걸쳐 부과된 potential 부포(分布, distribution)를 사용하는데 주의(注意)가 필요함을 알았다. 문제 영역에 걸쳐 일정(一定, constant) scalar potential의 선도(線圖, contour)를 그렸다. 문제의 물리(物理, physics)에 기초를 둔 근사를 경계 potential로 선택하였다. 그 다음 scalar potential 선도로부터 이 경계 potential이 충분히 정확했다는 것이 명백하였다.

두 번째 예제는 Roscamp, Roberts, 그리고 Frank에 의한 논문으로부터의 것이다(Ref. 2). 거기에서는, 직사각 가설 경계 내부에 자기 기록 헤드(magnetic recording head)의 일부와 자성 매질(magnetic medium)의 일부를 둘러싼다. 그 알고리즘의 목적은 head의 자기 scalar potential과 매질 내에 부과되는 자화(磁化, magnetization)를 계산하는 것이다. 거기에서는 유한요소법으로 자기 scalar potential을 계산하였다. 다시, 경계의 일부에 걸쳐 0이 아닌 potential을 사용하였으며, 다시, 이 0이 아닌 경계 potential의 선택에 주의를 기울여야 했다. 이것을 계산된 자계와 자화를 그림으로써 그리고 이것이 물리적 의미를 갖는 것을 보장하도록 만듦으로써 이루었다.

10.4 EXTERIOR MAGNETIC STATIC PROBLEM

10.4.1 General Considerations

외부 정자장 문제를 풀기 위한 몇 가지 방법이 최근 발표된 논문에서 보고되었다. 이 문제에 존재하는 일반적으로 허용되는 해는 1개가 아니며, 이것은 문제에 내재

(內在)하는 어떤 어려움과 복잡함의 원인이다. 본질적으로, 어려움은 장(場)을 무한원(無限遠, infinity)까지 확장하고, 동시에 (많은 문제에서), 공간 좌표(空間 座標, spatial coordinates)에 따라 복잡한 방식으로 변화할 수 있는 매질에 맞춰야 하는 필요로부터 발생한다. 균일 매질을 가진 문제의 경우에는, 적분방정식법이, 그 해(解)가 자연히 무한원까지 확장되기 때문에, 알기 쉬운 선택이다. 아래에서 보여지는 바와 같이, 이 방법은 공간 변화를 가진 매질로 확장될 수 있지만, 상당한 복잡성이라는 대가(代價)를 치른다. 그 대신으로, 유한요소법은 매질 변화에 쉽사리 맞춰지지만, 유계(有界)되지 않은 영역(unbounded region)에 적응되기에는 어려움이 있다(7장에서 논의된 바와 같이).

10.4.2 Integral Equation Algorithms

Lean과 Wexler는 그림 10-2에 보여진 문제의 풀이를 논의한다(Ref. 3). 이 구성(構成, configuration)에서, 모든 공간은 바로 2개의 영역(region) R_i와 R_e로 분할된다. 영역 R_i는 폐곡면 S 내부에 놓이며, R_e는 R_i 외부의 모든 공간을 포함한다. 모든 공간을 통하여 선형(線形, linear)이며 등방성(等方性, isotropic)인 투자율(透磁率, permeability)은, R_i를 통하여 값 μ_1로 균일(uniform)하며, R_e를 통하여 값 μ_2로 균일하다.

이 투자율 균일성 때문에, 등가 자하밀도(等價 磁荷密度, equivalent charge density)(2장, 2.6절에서 논의된)는 면 S 위에서*만* 0이 아니다. 이 이유로, 이 문제는 9장, 9.2절의 방법에 의해 풀어질 수 있다. 이 방법에서는, 적분방정식이 면 S *만을* 포함하는 문제 영역에 대해 풀어진다. 그것은 유한요소법에서는, R_i와 R_e로 이루어진 문제 영역에 대한 scalar potential을 푸는데 반하여, 이러한 제한 영역(制限 領域, restricted domain)에 대해 푸는 상당한 계산상의 이점(computational advantage)이

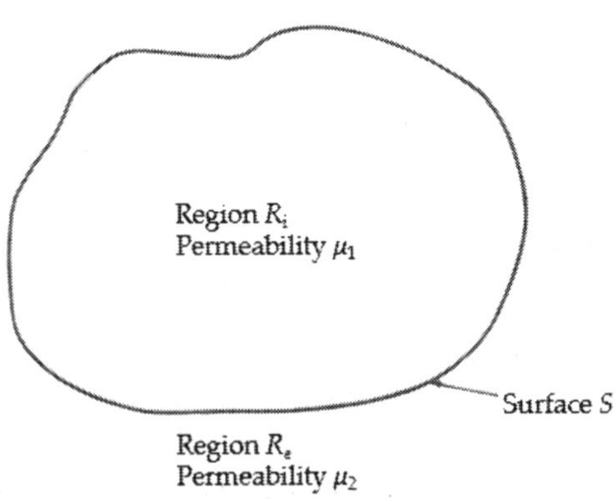

Fig. 10-2. Configuration for solution of the static magnetic problem by the boundary integral method.

있다. 이 이점은 적분방정식법에서 사용되는 줄어든 절점, 기저 함수, 그리고 유한 요소에 의한 것이다.

적분방정식 풀이를 위한 문제 영역이 경계면 S 만을 포함하기 때문에, Lean과 Wexler는 이 방법을 "경계적분법(境界積分法, boundary integral method)"이라 부른다. 9.2절에서 한 것과 같이, S 위에서의 등가 전하(자하)밀도나 S 위에서의 scalar potential에 대한 적분방정식을 풀 수 있음을 보인다. 이 해(解)의 어느 것으로부터 든, S 내부의 R_i 내에서나 S 외부의 R_e 내에서의 potential을 계산할 수 있다.

9.2절과 Ref. 3에서의 경계적분법의 논의 둘 다에서, 정식화는 각 영역을 통하여 균일한 투자율을 가진 바로 2개의 영역인 경우에 대하여 보여졌다. 그리고 각 경우에서, 이 영역의 한 개는 유계(有界)되었으며(bounded) 다른 것은 유계되지 않았다. 하지만, 이 방법을 한 개의 유계되지 않은 영역과, 다시, 각 영역을 통하여 균일한 투자율을 가진, *임의의 수(數)(any number)*의 유계 영역을 가진 문제로 확장하는 것이 가능할 것임을 볼 수 있다. 특히, 이 확장은 식 (9.2.1-2), (9.2.1-3), 그리고 (9. 2.1-4)로 출발함으로써 그리고 9.2절에서 사용된 방법을 사용함으로써 이루어질 수 있다.

Armstrong 등은 영역 R_i(그림 10-2에서)의 매질이 포화될 수 있는(가포화(可飽和)인, saturable) 철(鐵, iron)이며, 영역 R_e의 매질은 자유 공간인 경우에 대한 비슷한 정식화를 논의한다(Ref. 4). 이 문제에서, R_e는 다시 실제 또는 등가 전하(자하)가 없다. 그리고 다시, 등가 전하(자하)밀도는 면 S 위에 있다. 하지만, R_i에 있는 철의 가포화 성질(saturable nature)이 Lean-Wexler 문제에서와는 다른 이 문제에서의 매질이 된다. R_i에 포화(飽和, saturation)가 일어나면 대응하는 투자율은 불균일(不均一)이다. 9장, 9.3절에서 보여진 바와 같이. 이 불균일성은 R_i에서의 0이 아닌 등가 전하(자하)밀도로 귀착(歸着)한다. 이 알고리즘에서는, 그런 연유(緣由)로, 포화가 일어날 때, 적분방정식이 그림 10-2에서 S와 R_i *둘 다를* 포함하는 문제 영역에 대해 풀어진다. 이 영역에서의 scalar potential에 대한 이 적분방정식을 푼다. 다시, 이 해(解)는 또한 R_e에서의 potential을 계산하기 위해 사용될 수 있다.

포화가 R_i 내에서 일어나지 않고 이 영역에서 투자율이 균일한 경우도 또한 논의한다. 이 경우에는, 적분방정식 풀이를 위한 문제 영역이, Lean-Wexler 논문에서 그랬던 것처럼, 바로 면 S로 줄어든다. 다시 이 상황(狀況)에서는, 등가 전하(자하)밀도가 면 S 위에서만 0이 아니다.

10.4.3 General Observations Regarding the Static Magnetic Exterior Problem

앞서의 절(節)은 적분방정식법에 의해 풀어질 수 있는 임의의 정자기 외부 문제(靜

磁氣 外部 問題 static magnetic exterior problem)를 보인다. 그러한 문제에서 불균일인, 또는 비선형조차인, 매질은 그러한 풀이를 매우 어렵게 만들 수 있어도, 결코 불가능하지는 않다. 한편, 7장은 유한요소법 역시 외부 문제에 적용될 수 있음을 보인다.

그러므로, 정자기 외부 문제는 유한요소법에 의하거나 아니면 적분방정식법에 의하거나 항상 풀어질 수 있다고 결론짓는다. 이 방법 사이의 선택은 명확하지 않으며, 전형적으로 매질의 불균일성의 정도(程度, degree) 같은 그런 객관적인 고려와 사용자(user)의 선호(選好)에 의거(依據)한다.

10.5 STATIC MAGNETIC FIELD IN A SATURABLE MEDIUM

10.5.1 General Approach

가포화 자성 매질(可飽和 磁性 媒質, saturable magnetic media)(철(鐵, iron), 강(鋼, steel), 페라이트(ferrite) 물질, 기타)은 자계를 계산하기를 원하는 많은 자기 장치(磁氣 裝置, magnetic device)(전동기(電動機, motor), 발전기(發電機, generator), 기록(記錄) 헤드(recording head), 기타)에서 사용된다. 그러한 장(場, field)을 계산하는데 있어서, 전형적으로 매질 내의 장(場)은 다음과 같은 성질을 가진다고 가정한다:

1. 매질은 **H**와 **B**가 같은 방향(方向)인 등방성(等方性, isotropic)이다.
2. 함수 **B**는 **B**의 포화치(飽和值, saturation value)인 점근선(漸近線, asymptote)에 접근하는 **H**의 꾸준히 증가(增加)하는(단조 증가(單調 增加, monotone increasing))(비선형(非線形, nonlinear)) 함수이다.
3. $\nabla \cdot \mathbf{B} = 0$.
4. $\nabla \times \mathbf{H} = 0$인 결과와 함께, 자성 매질 내에는 전류밀도(電流密度, current density)가 없다. 그리고 **H**는 $\mathbf{H} = -\nabla\psi$에 의해 총(總) 스칼라 포텐셜(total scalar potential) ψ의 항(項, term)으로 주어질 수 있다.

전형적으로, 총 scalar potential ψ를 계산한다. 이 4가지 성질과 적당히 제시(提示)된 경계조건을 만족하도록 계산된 ψ는 유일(唯一)하다(unique). **B**와 **H** 사이의 관계가 비선형이기 때문에, 이것은, 가포화 매질 내의 임의의 점에서, 투자율(透磁率, permeability)이 문제의 출발에서 알려지지 않음을 의미한다. 전형적으로, 사실, 이 투자율은 가포화 매질을 통하여 한 점에서 다른 점으로 연속적으로 변화한다. 가포화 매질 문제에서는, 그러면, ψ와 투자율 μ 둘 다를 계산해야 한다. (그 대신으로, **B**와 **H** 둘 다를 계산하는 것으로 생각할 수 있다.) 이렇게 하여, 가포화 매질을 가진 문제는 포화되지 않는(비포화인, unsaturated), 또는 선형인, 매질을 가진 문제보다 상당히 더 어렵다.

μ와 ψ가 서로 관련됨에 유의하라. 주어진 μ 장(場)의 경우, ψ는 위의 가정(假定, assumption) 3을 만족하도록 계산된다(선형 문제에서처럼). 그러나, 가정 2에 의해, μ는 **H**(또는 $|\nabla\psi|$)의 함수이다. 그러므로, 임의의 선형 매질 문제는 *연립*해(*聯立*解, *simultaneous* solution)를 가질 수 있는 한편, 가포화 매질 문제는 *반복*해(*反復*解, *iterative* solution)를 가져야 한다. 가포화 매질 문제는 반복의 연속(sequence of iterations)에 의해 풀어진다. 각 반복은 2가지 단계를 가진다:

1. 주어진 μ 장(場)에 대하여, 가정 3과 4를 만족하는 ψ 장을 계산한다.
2. 이 ψ 장에 대하여, 가정 2를 만족하는 새로운 μ(**H**) 장을 계산한다.

10.5.2 Specific Implementations

정적 장 계산(靜的 場 計算, static field computation)은 유한요소법이나 적분방정식법을 사용하여 실행될 수 있다.

Bertram과 본 저자는 미분방정식(微分方程式, differential equation)의 수치 풀이(numerical solution)를 기초로 한 알고리즘을 소개한다(Ref. 1). 유한차분법(有限差分法, finite difference method)을 사용했지만, 알고리즘은 사소(些少)한 변경(變更)(minor change)으로 유한요소법에 채용될 수 있다. 이것은, 위의 10.3절에서 논의된 것과 같은, 내부 문제로 근사화된 외부 문제이다.

Ref. 5에서, 본 저자는 이 알고리즘이 반복 과정(反復 過程, iterative process)에 의해 외부 문제의 진해(眞解, true solution)를 내도록 적응(適應)시켰다. 이 알고리즘은, 하나는 내부(inside)이며 다른 하나가 있는, 2개의 반복 과정을 포함한다. 내부 반복(內部 反復, inner iteration)은 해(解)가 무한원(無限遠, infinity)에서의 경계조건에 부합(符合)하도록 하는데 사용된다. 외부 반복(外部 反復, outer iteration)은 가포화 매질에 걸친 투자율 μ를 다시 계산한다.

이 알고리즘 둘 다 가포화 장(可飽和 場, saturable field)에 걸쳐 유일(唯一)한 투자율 장(透磁率 場)(unique permeability field)으로 만족스럽게 수렴(收斂)함을(converge) 알았다. 덧붙여, Ref. 5는 무한원에서의 경계조건에 부합하는 반복은 수렴해야 함을 증명(證明)한다.

Trowbridge는 적분방정식법에 의해 가포화 매질에서의 장(場)을 계산하기 위한 알고리즘을 소개 한다(Ref. 6).

REFERENCES

1. Bertram, H. Neal and Steele, Charles W., "Pole Tip Saturation in Magnetic Recording

Heads," *IEEE Trans. on Magnetics,* November 1976, Vol. MAG-12, No. 6, pp. 702-706.

2. Roscamp, T. A., Roberts, G. A. and Frank, Paul D., "Optimization of Thin Film Heads for High Density Disc Recording on Particulate Media," *IEEE Trans. on Magnetics,* September 1980, Vol. MAG-16, No. 5, pp. 973-975.
3. Lean, M. H. and Wexler, A., "Accurate Field Computation with Boundary Element Method," *IEEE Trans. on Magnetics,* March 1982, Vol. MAG-18, No. 2, pp. 331-335.
4. Amstrong, A. G., Collie, C. F., Simkin, J. and Trowbridge, C. W., "The Solution of 3D Magnetostatic Problems Using Scalar Potentials," *Report RL-78-088,* Rutherford Laboratory, Chilton, Dideot, Oxon, OXI, OQX, September 1978.
5. Steele, Charles W., "Interactive Algorithm for Magnetostatic Problems with Saturable Media," *IEEE Trans. on Magnetics,* March 1982, Vol. MAG-18, No. 2, pp. 393-396.
6. Chari, M. V. K. and Silvester, P. P., Editors, *Finite Elements in Electrical and Magnetic Field Problems,* New York: John Wiley & Sons, 1980.

11 Eddy Current Problem

11.1 INTRODUCTION

와(전)류(渦(電)流, eddy current)는 자계(磁界)가 시간에 따라 변화하는 곳에 있는 임의의 도전 매질(導電 媒質, conducting medium)에서 유도(誘導)된다. 따라서, 와류는 전동기(electric motor)와 발전기(generator)의 고정자(固定子, stator)와 회전자(回轉子, rotor) 철심(鐵心, core), 변압기(變壓器, transformer), 금속(金屬) 기록 헤드(metallic recording head)(자기 기록에서 사용되는), 그 밖의 다른 것에서 발생한다. 이 와류는 전력 손실(電力 損失, power loss), 발열(發熱, heating), 그리고–자기 기록에서–성능(性能)의 저하(低下, degradation)같은 바람직하지 않은 효과(效果, effect)를 일으킬 수 있다. 값비싼 시제품(試製品, prototype)이 만들어지기 전에, 앞서서 이 문제를 예측(豫測)하기 위해서 이 와류를 계산하기를 원한다.

와류 문제에서, 자계의 시간 변화(時間 變化, time variation)는 전계(電界)를 유도한다. 이 전계는, 다음에는, 도전 매질에 흐르는 전류의 원인이 된다. 이 전류는, 다음에는, 자계에 영향을 미친다. 따라서, 전계와 자계는, 말하자면, 라디오 파(波)(radio wave)에서의 전계 및 자계와 대체로 똑같이, 상호 작용(相互 作用)한다. 와류 문제는, 하지만, 변위 전류(變位 電流, displacement current)가 무시(無視)될 수 있기 때문에, 동적 문제(動的 問題, dynamic problem)보다 어느 정도 더 간단하다. 모든 실제 주파수(周波數, frequency) 그리고 모든 철심 금속(鐵心 金屬, core metal)의 도전율(導電率, conductivity)의 경우, 변위 전류는 전도 전류(傳導 電流, conduction current)보다 훨씬 더 적다. 즉, 와류 문제는 *준-정적* 문제(*準-靜的* 問題, *quasi-static* problem)이다(2장, 2.2절을 보라).

와류는, Maxwell 방정식에 의해, 자계의 회전(回轉, curl; rotation)이 0이 되지 않는 원인이 된다(2장에서 논의된 바와 같이). 그러므로, 일반적으로, 와류 문제에 대한 완전한 풀이(full solution)에 쓸 수 있는 스칼라 자기(磁氣) 포텐셜(scalar magnetic potential)을 정의할 수 없다. 간단히 말해 이 문제에 대한 완전해(完全解, exact solution)을 나타내는 스칼라 장(場)(scalar field)은 없다. 다른 방식으로 설명하면, 이 문제를 풀기 위해서는, 적어도 벡터 장(場)(vector field)의 한 성분(成分)(one component)을 풀어야 한다.

아래에서 보여지는 바와 같이, 어떤 매우 제한(制限)된 종류(種類, class)의 문제는 단일-성분(單一-成分, single-component) vector 장(場)으로 풀어질 수 있다. 하지만, 대부분의 실제 문제는 이 종류의 밖에 속한다.

이러한 더 복잡한 문제는 문제 영역의 각 점에서 둘 또는 더 많은 양(量, quantity)을 연립(聯立)으로(simultaneously) 계산하는 것에 의해서만 풀어질 수 있다. 이 양(量)은 vector 장의 1개, 2개, 또는 3개의 성분을 포함할 수 있으며, scalar potential 장을 포함하거나 포함하지 않을 수 있다. 적어도 3개의 다른 방법이 이 문제를 정식화(定式化)하는데 사용된다:

1. 물리적(物理的)인 바탕(ground)에서, 에너지 범함수(汎函數)(energy functional)를 전개한다; 이 범함수가 최소(最小, minimum)를 가지면 그것이 해(解, solution)임을 추론(推論)한다. 이 최소는 그러면 변분 접근(變分 接近, variational approach)에 의해 찾아진다. 이것은 본질적으로 유한요소법이며 Ref. 1에서 보고되었다.
2. 물리적인 바탕에서, 연산자 형(演算子 形, operator form)으로 두었을 때, 대칭(對稱) 연산자를 산출하는 미분방정식 계(微分方程式 系, system of differential equations)를 전개한다. 이 연산자를 사용하여, 그것이 해(解)인 최소를 가지는 범함수를 전개한다. 이 최소는 변분법(變分法, variational method)에 의해 찾아진다. 다시, 이것은 Ref. 2에서 논의된 유한요소법이다.
3. 물리적인 바탕에서, 미분방정식 계를 전개한다. (이것은 위의 방법 2에서 사용된 것과 같은 계(系, system)일 수 있다.) 이 계의 근사해(近似解, approximate solution)는 사영법(射影法, 투영법(投影法), projection method)에 의해 정식화된다. (귀착(歸着)하는 알고리즘은 위의 방법 2에서 얻어진 것과 같아질 수 있다.) 다시, 이것은, Ref. 3에서 논의된 것과 같은, 유한요소법이다.
4. 와류 문제의 근사해는, Ref. 4에서 논의된 것과 같은, 적분방정식법에 의해 얻어질 수 있다.

이 3가지 방법 중에서 세 번째인 사영법이 이 장(章)에서 논의된다.

11.2절은 와류 문제를 위해 가장 일반적으로 사용되는 기본 정식화(basic formulation)를 나타낸다. 11.3절은, 실제로는 3-차원에서인, 근사화가 어떻게 되는지를 2-차원에서 논의한다.

정상-상태 시-조화(定常 狀態 時調和) 와류 문제(steady-state time-harmonic eddy current problem)와 시간-영역(時間-領域, time-domain) 와류 문제 둘 다가 Ref. 5에서 Bryant, Emson, 그리고 Trowbridge에 의해 제안된 $\mathbf{A}-\phi_e$ 알고리즘을 사용하여 풀어진다. 이 알고리즘이 정상 상태 문제에 대한 풀이(solution)와 함께 11.4절에서 소개된다. 11.5절은 과도(過渡, transient) 와류 문제에 이 알고리즘을 적합(適合)시킨

다.

11.2 COMMOMLY USED BASIC FORMULATIONS FOR THE EDDY CURRENT PROBLEM

11.2.1 $A - \phi_e$ Formulation

2장에서 나타낸 어떤 방정식으로 시작한다. 식 (2.5.2-4), (2.3.2-6), 그리고 (2.2.2-1)로부터,

$$\mathbf{B} = \nabla \times \mathbf{A}$$
$$\mathbf{B} = \mu \mathbf{H}$$

와

$$\nabla \times \mathbf{H} = \mathbf{J}$$

를 가진다. 여기서 **B**는 자속밀도(磁束密度, magnetic flux density), **A**는 자기(磁氣) 벡터 포텐셜(magnetic vector potential), μ는 투자율(透磁率, permeability), **H**는 자계(磁界, magnetic field), 그리고 **J**는 전류밀도(電流密度, electric current density)이다. 이 식을

$$\nabla \times \frac{1}{\mu} \nabla \times \mathbf{A} = \mathbf{J} \tag{11.2.1-1}$$

가 얻어지도록 결합한다. 이 식은, 전류밀도가 시작에서 알려져 있는, 즉, 이것이 구동(驅動) 전류밀도(driving current density)인, 정자기 문제(*static* magnetic problem)의 문제 영역에 있는 점(points)에서 사용될 수 있다.

어느 정도 다른 정식화가 와류를 위해서 요구된다. 와류는 도전율과 함께 작용하는 전계로부터 생긴다. 이 전계는, 다음에는, 자속밀도의 시간 변화(時間 變化, time variation)로부터 생긴다. 다시, 2장의 식 (2.5.4-4), (2.5.4-7), 그리고 (2.5.4-9)를 참조(參照)하여,

$$\mathbf{E} = \mathbf{E}_a + \mathbf{E}_d$$
$$\mathbf{E}_a = -\frac{\partial \mathbf{A}}{\partial t}$$

와

$$\mathbf{E}_d = -\nabla \phi_e$$

를 가진다. 여기서 ϕ_e는 축소(縮小) 전기 스칼라 포텐셜(reduced electric scalar potential)이다. 이 식으로부터,

$$\mathbf{E} = -\frac{\partial \mathbf{A}}{\partial t} - \nabla\phi_e \tag{11.2.1-2}$$

를 가진다. 덧붙여,

$$\mathbf{J}_e = \sigma\mathbf{E}$$

를 안다. 여기서 σ는 도전율이다. 이 식으로부터,

$$\mathbf{J}_e = -\sigma\frac{\partial \mathbf{A}}{\partial t} - \sigma\nabla\phi_e \tag{11.2.1-3}$$

을 가지며,

$$\nabla\times\frac{1}{\mu}\nabla\times\mathbf{A} = -\sigma\frac{\partial \mathbf{A}}{\partial t} - \sigma\nabla\phi_e \tag{11.2.1-4}$$

를 얻도록 식 (10.2.1-1)과 결합한다.

식 (11.2.1-1)은 그 다음 구동 전류가 있는 문제 영역 내의 점에서 사용되며, 식 (11.2.1-4)는 와류가 있는 점에서 사용된다. 컴퓨터 알고리즘에서 사용하기 위해서는, 식 (11.2.1-1)과 (11.2.1-4)를 한 개의 식으로 결합하는 것이 필요하다. 이 식은

$$\nabla\times\frac{1}{\mu}\nabla\times\mathbf{A} + \sigma\frac{\partial \mathbf{A}}{\partial t} + \sigma\nabla\phi_e = \mathbf{J}_s \tag{11.2.1-5}$$

이다. 문제 영역 내의 임의의 점에서는, (a) 원천(源泉, source) 전류밀도 $\mathbf{J}_s$는 있지만, 와전류밀도(eddy current density)는 없거나, (b) 와전류밀도는 있지만, 원천 전류밀도는 없는 것으로 가정한다. 모든 원천 전류 점(point)에서 σ가 0이 되도록 규정(規定)하는 한, 이 식은 두 요구 조건을 모두 만족함을 본다.

두 번째 식의 경우에는, 와전류밀도의 발산(發散, divergence)이 0이 되는 것을 요구한다. 식 (2.2.2-1)(이 절(節)의 시작에서 기술(記述)된)의 발산을 취함으로써, 이것이 참(진(眞), true)이 되어야 함을 본다. 그러므로, 식 (11.2.1-3)의 발산이 0과 같게 두어진다:

$$\nabla\cdot\left[\sigma\frac{\partial \mathbf{A}}{\partial t} + \sigma\nabla\phi_e\right] = 0 \tag{11.2.1-6}$$

이 정식화의 식은 그러면 식 (11.2.1-5)와 (11.2.1-6)이다. 장(場)이 정현적 시변(正弦的 時變, sinusoidally time-varying), 정상 상태인 문제의 경우에는, 이 식이 복소형(複素形, complex form)으로 두어질 수 있다:

$$\nabla \times \frac{1}{\mu}\mathbf{\nabla} \times \mathbf{A} + j\omega\sigma\mathbf{A} + \sigma\mathbf{\nabla}\phi_e = \mathbf{J}_s \tag{11.2.1-7}$$

과

$$\mathbf{\nabla} \cdot [j\omega\sigma\mathbf{A} + \sigma\mathbf{\nabla}\phi_e] = 0 \tag{11.2.1-8}$$

계면(界面, interface)에서의 **A**와 ϕ_e에 대한 2가지 연속 조건(連續 條件, continuity condition)을 요구한다. 첫째로, **E**의 접선 성분(接線 成分, tangential component)이 계면을 통하여 연속이어야 하기 때문에, 식 (11.2.1-2)로부터, vector

$$\frac{\partial \mathbf{A}}{\partial t} + \mathbf{\nabla}\phi_e$$

의 접선 성분이 연속이라는 것을 가진다. 둘째로, 식 (11.2.1-6)으로부터, vector

$$\sigma\left[\frac{\partial \mathbf{A}}{\partial t} + \mathbf{\nabla}\phi_e\right]$$

의 법선 성분(法線 成分, normal component)이 계면에서 0이 되어야 함을 본다.

Ref. 2와 3은 이 정식화를 사용한다.

식 (11.2.1-5)와 (11.2.1-6)에 기초를 둔 어떤 알고리즘은 Ref. 5와 13에서 Bryant, Emson, 그리고 Trowbridge에 의해 제안된다. 11.4절에 있는 자료(資料, material)는 Ref. 5에 근거(根據)를 둔 것이며, 아래의 11.5절에 있는 자료는 Ref. 13에 근거를 둔 것이다.

11.2.2 Modified Vector Potential, A^* Formulation

이 절(節)은 *수정(修正, modified)* vector potential $\mathbf{A}^*$인 경우의 정식화를 전개한다. $\mathbf{A}^*$ 사용의 이점은, 위의 11.2.1절에서 요구된 것과 같은, 전기 scalar potential ϕ_e의 계산에 대한 필요를 피한다는 것이다. 따라서, 3-차원 문제는 각 절점에서 바로 $\mathbf{A}^*$의 세 성분을 계산함으로써 풀어질 수 있다. 그 대신으로, 위의 11.2.1절에서 설명된 $\mathbf{A} - \phi_e$ 알고리즘을 사용할 때에는, 4개의 양(量)(**A**의 세 성분과 ϕ_e)이 각 절점에서 계산되어야 한다.

수정된 와류 문제(modified eddy current problem)는 Ref. 6에서 Emson과 Simkin

에 의해 $\mathbf{A}^*$의 항(項)으로 표현되었다. $\mathbf{A}^*$를

$$\frac{\partial \mathbf{A}^*}{\partial t} = \frac{\partial \mathbf{A}}{\partial t} + \nabla \phi_e \tag{11.2.2-1}$$

로 정의한다. 이 $\mathbf{A}^*$의 정의가 식 (11.2.1-4)에 대입(代入)될 때, 그것은

$$\nabla \times \frac{1}{\mu} \nabla \times \mathbf{A}^* = -\sigma \frac{\partial \mathbf{A}^*}{\partial t} \tag{11.2.2-2}$$

가 된다. 이 식의 발산(divergence)을 취할 때,

$$\frac{\partial}{\partial t} \nabla \cdot \sigma \mathbf{A}^* = 0 \tag{11.2.2-3}$$

을 얻는다.

이제 인접(隣接)한(adjacent) 부분 영역 S_1과 S_2를 내포(內包)하며, 이 부분 영역이 서로 다른 도전율 σ_1과 σ_2를 갖는 문제 영역을 가정한다. 더욱이, $\mathbf{A}^*_{1n}$과 $\mathbf{A}^*_{2n}$은 S_1과 S_2 사이의 경계(boundary)에서 그 경계에 수직(垂直)인(normal) $\mathbf{A}^*$의 성분이라고 가정한다. 그러면, 식 (11.2.2-3)으로부터,

$$\sigma_1 \mathbf{A}^*_n = \sigma_2 \mathbf{A}^*_n \tag{11.2.2-4}$$

를 가진다. σ_1과 σ_2가 서로 다르기 때문에, 이 식은 거기에 $\mathbf{A}^*_n$의 불연속(不連續, discontinuity)이 있음을 보인다. (절점(節點, node)이 이 경계에 있다면, $\mathbf{A}^*_n$은 실제로 그 절점에서 *2개의 값(two values)*을 가질 것이다.) 지금 유한요소법은 문제 영역을 통하여 연속인 양(量) 만을 계산한다. 이로부터, 서로 다른 도전율의 부분 영역이 서로 인접하는 임의의 문제에서는 유한요소법을 사용하여 $\mathbf{A}^*$가 계산될 수 없음을 본다.

소절(小節, subsection) 11.2.1의 $\mathbf{A} - \phi_e$ 알고리즘과 이 소절의 $\mathbf{A}^*$ 알고리즘을 비교하면, $\mathbf{A}^*$ 알고리즘이 다른 도전율의 물질로 된 인접 블록(adjacent block)을 갖지 않는 문제의 경우 각 절점에서 계산하는 것이 4개 대신 3개의 양(量)인 이점을 가짐을 본다. 그러므로 이것이 이러한 문제를 위한 일반적인 알고리즘(popular algorithm)이다. 그러나 다른 도전율의 인접 block을 갖는 문제의 경우에는, $\mathbf{A} - \phi_e$ 알고리즘 또는 어떤 다른 적당한 알고리즘이 사용되어야 한다.

11.2.3 $T - \Omega$ Formulation

이 정식화는 자계 $\mathbf{H}$가

$$\mathbf{H} = \mathbf{T} - \nabla\Omega \tag{11.2.3-1}$$

로 표현된다는 사실로부터 그 명칭(名稱)을 취한다. 여기서 **T**는 *전기 벡터 포텐셜(electric vector potential)*이며 Ω는 *자기 스칼라 포텐셜(magnetic scalar potential)*이다. **T**는

$$\nabla \cdot \mathbf{T} = 0 \tag{11.2.3-2}$$

와 같은 방식으로 정의된다. 2장에서 보여진 바와 같이, 임의의 vector는, 한 개는 0의 발산(發散)(zero divergence)을 가지며 한 개는 0의 회전(回轉)(zero curl)을 가지는, 2개의 유일(唯一) 벡터(unique vector)로 분해될 수 있다. 그러므로, **T**와 Ω는 유일하다. 그러면 2장에서 정의된 바와 같이, **T**는 인가 자계(印加 磁界, applied magnetic field) $\mathbf{H}_a$와 같으며, Ω는 축소(縮小, reduced) 자기 scalar potential ϕ_m과 같다(일정(一定)인 범위 안에서). 기호(記號, symbol) **T**와 Ω는 단순히 와류 계산에 관한 논문에서 공통으로 사용하기 때문에 이 논의에서 사용된다.

T − Ω 정식화는 Carpenter(Ref. 5, 6, 그리고 7)와 Preston과 Reece(Ref. 1과 8)에 의해 논의되었다.

Maxwell 방정식 (2.2.2-1)(준-정적 영역(quasi-static regime)에서)

$$\nabla \times \mathbf{H} = \mathbf{J}$$

가 식 (11.2.3-1)과 결합될 때,

$$\nabla \times \mathbf{T} = \mathbf{J} \tag{11.2.3-3}$$

을 가진다.

벡터 방정식(vector equation)과 스칼라 방정식(scalar equation) 등 2개의 방정식이 **T** − Ω 풀이에서 사용된다. Vector 방정식은 Maxwell 방정식 (2.2.1-2)

$$\nabla \times \mathbf{E} = -\frac{\partial \mathbf{B}}{\partial t}$$

를 **T** − Ω 항(項, term)으로 둠으로써 얻어진다.

$$\mathbf{E} = \frac{\mathbf{J}}{\sigma} = \frac{1}{\sigma}\nabla \times \mathbf{T}$$

이기 때문에, 그리고 식 (11.2.3-1)과 함께

$$\mathbf{B} = \mu\mathbf{H} = \mu(\mathbf{T} - \nabla\Omega) \tag{11.2.3-4}$$

이기 때문에, 그러면 식 (2.2.1-2)는

$$\nabla \times \left(\frac{1}{\sigma}\nabla \times \mathbf{T}\right) = -\mu\left(\frac{\partial \mathbf{T}}{\partial t} - \nabla\frac{\partial \Omega}{\partial t}\right) \tag{11.2.3-5}$$

가 된다. Scalar 방정식은 Maxwell 방정식 (2.2.1-3)

$$\nabla \cdot \mathbf{B} = 0$$

을 식 (11.2.3-4)와

$$\nabla \cdot \mu(\mathbf{T} - \nabla\Omega) = 0 \tag{11.2.3-6}$$

을 산출하도록 결합함으로써 얻어진다. 이제 **T**와 Ω에 부과(賦課)되는 계면 조건(界面 條件, interface condition)을 고려한다. Ω가 계면에서 연속이 될 것을 요구한다. **H**의 회전(curl)이 유한(有限, finite)이기 때문에(식 (2.2.2-1)), 계면에 접선(接線) 방향인(tangential)인 **H**의 성분은 그것을 가로질러 연속이다. 이 사실과 식 (11.2.3-1)로부터, 계면에 접선 방향인 **T**의 성분은 그것을 가로질러 연속임을 본다. 식 (11.2.3-6)으로부터, 계면에 수직(垂直) 방향인(normal) vector $\mu(\mathbf{T} - \nabla\Omega)$의 성분은 그것을 가로질러 연속임을 본다.

어떤 응용에서는, 계면의 한 쪽 변(邊, side)을 흐르는 전류(電流, current)가 없다. 계면의 그 변에서는, 그러면, **H**가 보존적(保存的, conservative)이며(준-정적인 영역에서, 0의 회전), scalar의 구배(勾配, gradient)로써 *완전(完全)히(entirely)* 표현될 수 있다. 이러한 응용에서는, 계면의 그 변에서 **T**를 0으로 만드는 것이 편리하게 될 수 있다. 계면에 접선 방향인 **T**의 성분은 계면을 가로질러 연속이기 때문에, 그러면 계면에서의 이 접선 성분은 계면의 *다른* 변(*other* side)에서도 또한 0이다. 하지만, **T**가 다른 변에서 0이 아닌 계면에 수직인 성분을 가진다고 가정한다. 이것은 계면에서 Ω의 법선 미분(法線 微分, normal derivative)에서의 적합한 불연속에 의해 맞춰질 수 있다.

Ref. 5는 $\mathbf{A} - \phi_e$와 $\mathbf{T} - \Omega$ 정식화 둘 다를 논의하고 비교(比較)한다.

11.2.4 R − ψ Formulation

마지막으로, 와류 문제의 세 번째 정식화가 나타났다(Ref. 3). 이 정식화는 특히 앞 절(節)의 마지막에서 논의된 문제의 형태에서 다루어진다. 즉, 이 문제에서는, 계면(interface)의 한 변(one side) 위의 공간(空間, space)이 전류가 없으며(current-free), **H**는 보존적(保存的, conservative)이고 scalar의 구배(gradient)로써 *완전히(entirely)*

표현된다. 이것은 Ref. 3에서 표현된 $\mathbf{R}-\psi$ 정식화이다.

바로 한 가지를 제외하고, **R**은 **T**와 같으며, ψ는 Ω와 같다. 이 한 가지 제외되는 것은 계면에 수직인 vector $\mu(\mathbf{R}-\nabla\psi)$의 성분이 그것을 가로질러 연속이 되는 것을 요구하는 방식과 관계된다.

특히, $\mu(\partial\psi/\partial n)$(여기서 이 미분은 계면(interface)에 수직이다)은 계면을 가로질러 연속일 것을 요구한다. 이로부터, 계면에 수직인 **R**의 성분이 그것을 가로질러 연속이 될 것임을 본다. 그러나 **T**의 접선 성분과 같은, **R**의 접선 성분은 계면을 가로질러 연속이다. 그러므로, **R**은 계면을 가로질러 연속이다. **R**이 계면의 전류가 없는 변(邊, side)에서 0이기 때문에, 그러면 계면에서 0이어야 하며 곧 그것의 다른 변에서도 역시 그렇다.

11.3 TWO-DIMENSIONAL EDDY CURRENT PROBLEM

이 절(節)에서 논의되는 문제는, 매우 많은 potential과 장 문제와 같이 3-차원 외부 문제에 대한 2-차원 근사이다. 이 문제는 그림 11-1에 예시(例示)되어 있다. 이 그림에서는, *축(軸, axial)*, 또는 *z*, 방향으로 상대적(相對的)으로 매우 긴 전자석(電磁石, electromagnet)이 있다. 즉, 자석(磁石, magnet)의 철심(鐵心, core)과 권선(捲線, winding)은 축 방향에 수직(normal)인 방향으로 훨씬 더 짧은 거리로 펼쳐 있다. 자석의 양 끝(end)의 중간(中間, midway)에 축 방향에 수직(垂直)인(perpendicular) 평면인 *문제 평면(問題 平面, problem plane)*이 있다. 자석의 끝은 자석의 끝에서의 전류와 철심에 기인(起因)한 장(場, field)과 potential, 즉 "단부 효과(端部 效果, end effect)"가 문제 평면에 걸쳐 무시해도 좋을 정도로 문제 평면으로부터 멀리 떨어져 있다.

이 상황에서는, 권선 (또는 원천) 전류, 와류, 전계 **E**, 그리고 자기 vector poten-

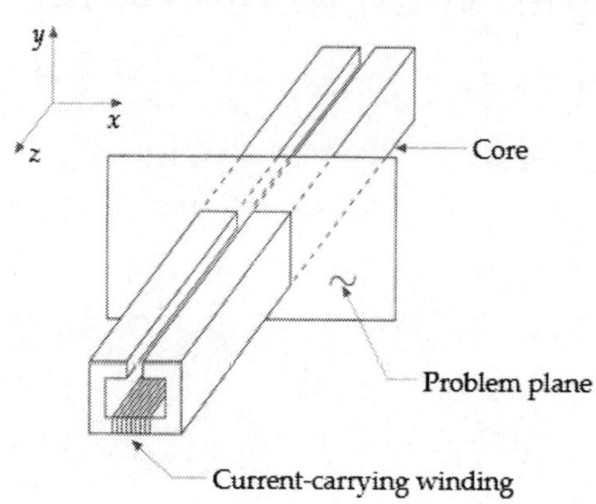

Fig. 11-1. Long electromagnet.

tial **A**는 모두 축 방향으로 있으며, 그러므로 문제 평면에 수직이라고 가정된다. 자계 **H**와 자속밀도 **B**는 문제 평면에 놓인다.

Ampere의 법칙, 준-정적인 경우에, 식 (2.2.2-1)로부터, 전도 전류밀도(傳導 電流密度, conduction current density)는 0의 발산을 가진다고 추론(推論)할 수 있다. 이로부터, 원천 전류와 와류 둘 다가 문제 평면에 수직이라는 가정으로부터, *문제 평면을 가로지르는 순 전류(純 電流, net current)는* 0이라고 추론한다.

문제 평면에서, **E**의 발산은 0이다. 그 결과로서, 전기 scalar potential ϕ_e는 문제 평면에서 0이다. 이 사실과, **A**가 문제 평면에서 축, 또는 z, 성분만을 가진다는 사실을 사용하여, 식 (11.2.1-5)는

$$\nabla \cdot \left(\frac{1}{\mu}\nabla \mathbf{A}_z\right) - \sigma\frac{\partial \mathbf{A}_z}{\partial t} = -\mathbf{J}_z \tag{11.3-1}$$

로 줄어든다.

이 식은, 그 식에서 $\boldsymbol{\gamma}$를 $\mathbf{A}_z$로, ν를 $\frac{1}{\mu}$로 대체(代替)하며, 2번째 항을 더하고, f를 $\mathbf{J}_z$로 대체하면, 6장의 식 (6.2.1-1)과 매우 비슷함에 유의하라. 그러므로 식 (11.3-1)을 풀기 위한 알고리즘은 6장과 7장에서 세워진 potential 문제를 위한 알고리즘과 매우 같은 방식으로 세워질 수 있다. 이 문제에 대한 풀이는 Hodder와 Monson에 의해(Ref. 11) 그리고 본 저자에 의해(Ref. 12) 보고되었다.

11.4 THREE-DIMENSIONAL STEADY-STATE EDDY CURRENT PROBLEM

이 절(節)은 Ref. 5에서 Bryant, Emson, 그리고 Trowbridge에 의해 발표된 알고리즘에 근거를 둔다. 이 알고리즘은 그림 11-2에 보여진 구성에 적용한다. 이 그림에서 자성(磁性, permeable), 도전성(導電性, conductive)이며, 그리고 전류가 흐르는 영역 R_c가 있다. R_c 외부에는 투자율 μ를 갖지만, 도전성이 아닌 영역 R_f가 있다.

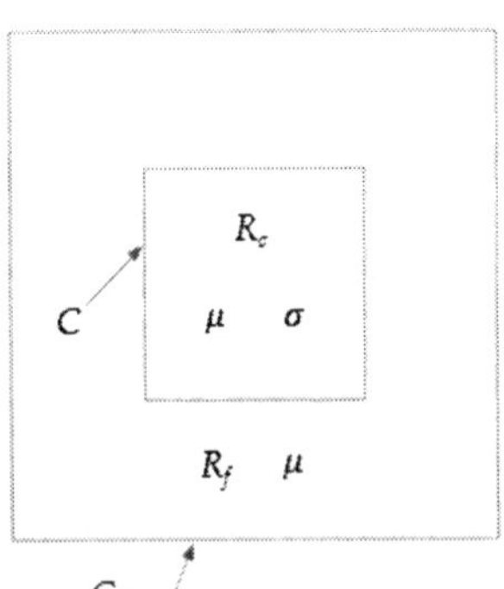

Fig. 11-2. Configuration for eddy current algorithm of Bryant, Emson and Trowbridge.

영역 R_c 내부에서 자기 vector potential **A**와 전기 scalar potential ϕ_e를 계산한다. R_f 내에서는 자기 scalar potential ψ_m을 계산한다. 그것의 임의의 바깥 경계 C_f의 외부에는 무한원(無限遠, infinity)까지, ψ_m을 계산하는 것으로 선택하지 않는, 자유공간(free space)만 있다. 그 대신에, C_f가 R_c로부터 먼 바깥으로 선택되기 때문에, 무시할 수 있는 오차가 되는, ψ_m을 C_f 위에서 0으로 둔다.

아래에서 전개되는 알고리즘에서는, 2-단계의 과정으로 R_c 내에서의 **A**와 ϕ_e를 계산한다. 즉, 첫 번째 단계에서 **A**를 계산하며, **A** 장(field)을 기초로 하여, 두 번째 단계에서 ϕ_e를 계산한다. 이 2-단계 과정은 R_c 내에서 **A**와 ϕ_e를 연립(聯立)으로(simultaneously) 계산하는 어떤 알고리즘에 비해 다음과 같은 이점을 가진다:

1. 주 계산(主 計算, main computation)(**A**에 대한)에서 R_c 내의 각 절점에서 3개의 계산 만을 하는 한편, 다른 알고리즘에서는 이 각 절점에서 4개가 계산된다.
2. 와류 계산이 필요하지 않게 되면, 그러면 ϕ_e의 계산이 필요하지 않게 되고, 이 두 번째 단계는 삭제(削除)될 수 있다.

A와 ϕ_e를 계산하는 것은 또한 수정 vector potential(위의 11.2.2절에서 표현된)에 비해 다른 도전율의 물질 사이의 계면과 이 계면을 따른 절점에 적응한다는 이점을 가진다.

이러한 이점때문에, 이 알고리즘이 아래에서 전개되며 정상 상태 주파수 영역 문제(定常 狀態 周波數 領域 問題, steady-state frequency-domain problem)와 과도 와류 문제(過渡 渦流 問題, transient eddy current problem) 둘 다에서의 사용에 대하여 표현된다..

더욱이, 그림 11-2에 보여진 바와 같이, R_c 내의 **A**는 계면 C에 걸쳐 R_f 내의 ψ_m과 부합(符合)해야 한다. 즉, R_c 내의 **A**와 R_f 내의 ψ_m에 대한 해(解, solution)가 계면 C에 걸쳐 접선 자계(接線 磁界, tangential magnetic field) $\mathbf{H}_t$와 법선 자속밀도(法線 磁束密度, normal magnetic flux density) $\mathbf{B}_n$이 같은 값을 가져야 한다. 이것을 위해서, R_c 내에서 **A**와 R_f 내에서 ψ_m을 연립으로(동시에) 계산하는 것이 필요하다. 이러한 요인(要因, factor)이 다음과 같은 2-단계의 알고리즘으로 이끈다:

1. 계면 C에서 $\mathbf{H}_t$와 $\mathbf{B}_n$에 대한 연속성을 제공하도록 R_c 내에서 **A**와 R_f 내에서 ψ_m을 연립으로 계산한다.
2. R_c 내에서 ϕ_e를 계산한다.

A에 대한 정식화는 소절(subsection) 11.4.1에서 표현된다. 소절 11.4.2와 11.4.3은 **A**에 대한 Galerkin 정식화를 준다. 소절 11.4.4는 위에서 논의된 2-단계 알고리즘의 단계 1에서의 **A**와 ψ_m에 대한 유일성(唯一性, uniqueness)을 위한 필요조건(必要

條件, requirement)을 논의한다. 소절 11.4.5는 R_f 내에서의 ψ_m에 대한 정식화를 나타낸다. 소절 11.4.6은 C위에서 $\mathbf{H}_t$와 $\mathbf{B}_n$이 부합(符合)하도록 R_c 내에서의 $\mathbf{A}$와 R_f 내에서의 ψ_m을 연립으로 계산하기 위한 정식화를 나타낸다. 마지막으로 소절 11.4.7은 R_c 내에서 ϕ_e를 계산하기 위한 정식화를 나타낸다.

11.4.1 Algorithm for Computing A in R_c

이 알고리즘은

$$\nabla \cdot \mathbf{A} = -\mu\sigma\phi_e \tag{11.4.1-1}$$

에 의해 주어지는 로렌츠 게이지(로렌츠 조건(條件), Lorentz's Gauge, Lorentz's condition)에 의해 vector $\mathbf{A}$를 부분적으로(in part) 정의한다*. 이 식으로부터 ϕ_e를 식 (11.2.1-5)에 대입하면,

$$\nabla \times \left(\frac{\nabla \times \mathbf{A}}{\mu}\right) + \sigma\frac{\partial \mathbf{A}}{\partial t} - \sigma\nabla\left(\frac{\nabla \cdot \mathbf{A}}{\mu\sigma}\right) = \mathbf{J}_s \tag{11.4.1-2}$$

를 산출한다.

11.4.2 Vector Basis Functions for the Three-Dimensional Problem

이 문제에서는, vector 기저 함수가 자기 vector potential을 나타내기 위해 필요해진다. 이 목적을 위하여, 각 절점에서 3개의 기저 함수 또는 문제 영역에서 총(總, total) $3N$개의 기저 함수가 필요하다. 각 절점 i에서 이 3개의 기저 함수를 $\boldsymbol{\alpha}_i^{(1)}$, $\boldsymbol{\alpha}_i^{(2)}$, 그리고 $\boldsymbol{\alpha}_i^{(3)}$으로 나타내며

$$\begin{aligned} \boldsymbol{\alpha}_i^{(1)} &= \mathbf{a}_x\alpha_i \\ \boldsymbol{\alpha}_i^{(2)} &= \mathbf{a}_y\alpha_i \\ \boldsymbol{\alpha}_i^{(3)} &= \mathbf{a}_z\alpha_i \end{aligned} \tag{11.4.2-1}$$

와 같이 정의한다. 여기서 $\mathbf{a}_x$, $\mathbf{a}_y$, 그리고 $\mathbf{a}_z$는 공간에서 x, y, 그리고 z 좌표 방향의 단위(單位) 벡터(unit vector)이며, α_i는 4장에서 논의된 피라미드형 국부-지원 기저 함수(pyramid-type local-support basis function)이다.

유한요소 근사해(有限要素 近似解, finite element approximate solution) $\mathbf{A}_a$는

---

* $\nabla \times \mathbf{A}$를 특정(特定)할 때(그것을 $\mathbf{B}$와 같게 만듦에 의해), 선택하는 대로 특정될 수 있는 $\nabla \cdot \mathbf{A}$를 제한할 아무런 방법도 없다. 2장, 식 (2.5.2-3)에서 주어진 $\mathbf{A}$의 특별한 정의(particular definition)는 $\nabla \cdot \mathbf{A}$가 0일 것을 요구한다. 위에서 주어진 $\mathbf{A}$의 정의는, 그것의 발산(發散, divergence)이 다른 만큼, 다르다. 11.2.2절에서는, 아직은 다른 발산으로, *수정(修正, modified)* vector potential $\mathbf{A}^*$가 정의되었다.

$$\mathbf{A}_a = \sum_{i=1}^{N_a} \sum_{j=1}^{3} A_i^{(j)} \boldsymbol{\alpha}_i^{(j)} \tag{11.4.2-2}$$

와 같이 표현되는 이 기저 함수의 선형 결합(線形 結合, linear combination)이다. 이 식에서, $A_i^{(j)}$는 시간-영역 와류 문제(時間-領域 渦流 問題, time-domain eddy current problem)에서는 실수(實數, real number)이며 정상-상태 시-조화 문제(定常-狀態 時-調和 問題, steady-state time-harmonic problem)에서는 복소수(複素數, complex number)이다.

11.4.3 Galerkin Formulation for A

위에서 전개한 기저 함수를 사용하여 식 (11.4.1-2)와 같이 표현되는 **A**에 대한 갈러킨 풀이(Galerkin solution)를 전개하는 것으로 나아간다. 식 (11.4.1-2)에 $\boldsymbol{\alpha}_i^{(j)}$를 곱하고 영역 R_c에 대해 적분하면

$$\begin{aligned}\int_{R_c} \left[\nabla \times \left(\frac{\nabla \times \mathbf{A}}{\mu}\right) + \sigma \frac{\partial \mathbf{A}}{\partial t} - \sigma \nabla \left(\frac{\nabla \cdot \mathbf{A}}{\mu\sigma}\right)\right] \cdot \boldsymbol{\alpha}_i^{(j)}\, dv \\ = \int_{R_c} \mathbf{J}_s \cdot \boldsymbol{\alpha}_i^{(j)}\, dv, \quad 1 \le i \le N_a, \quad 1 \le j \le 3\end{aligned} \tag{11.4.3-1}$$

을 산출한다.

식 (11.4.3-1)에서 대괄호(大括弧, bracket) 내에 있는 첫 번째와 세 번째 항(項) 둘 다에서, **A**는 2번 미분됨에 유의하라. 이 식이 이와 같은 형태로 사용된다면, 사용하는 기저 함수가 연속이어야 할 것*이며*, 유한요소 경계에서 연속인 법선 미분(法線 微分)(continuous normal derivative)을 가져야 할 것이다. 이것은 더 복잡한 Hermite 형상 함수를 요구할 것이다. 더 간단한 Lagrange 형상 함수의 사용을 허용하기 위해서, 이 항의 둘 다에 대해 부분 적분(部分 積分, integration by parts)을 실행한다. 그린의 벡터 정리(定理)(Green's Vector Theorem)의 사용에 의해,

$$\begin{aligned}\int_{R_c} \nabla \times \left(\frac{\nabla \times \mathbf{A}}{\mu}\right) \cdot \boldsymbol{\alpha}_i^{(j)}\, dv = \int_{R_c} \left(\frac{\nabla \times \mathbf{A}}{\mu}\right) \cdot \left(\nabla \times \boldsymbol{\alpha}_i^{(j)}\right) dv \\ - \int_{C} \boldsymbol{\alpha}_i^{(j)} \times \left(\frac{\nabla \times \mathbf{A}}{\mu}\right) \cdot \mathbf{n}_c\, dc\end{aligned} \tag{11.4.3-2}$$

를 유도한다. 발산 정리(發散 定理, divergence theorem)에 의해,

$$\int_{R_c} \sigma \boldsymbol{\alpha}_i^{(j)} \boldsymbol{\nabla}\left(\frac{\boldsymbol{\nabla}\cdot\mathbf{A}}{\mu\sigma}\right) dv = \int_C \left(\frac{\boldsymbol{\nabla}\cdot\mathbf{A}}{\mu}\right)\left(\mathbf{n}_c\cdot\boldsymbol{\alpha}_i^{(j)}\right) dc - \int_{R_c} \left(\frac{\boldsymbol{\nabla}\cdot\mathbf{A}}{\mu\sigma}\right)\left(\boldsymbol{\nabla}\cdot\sigma\boldsymbol{\alpha}_i^{(j)}\right) dv \tag{11.4.3-3}$$

을 유도한다. 이 식이 식 (11.4.3-1)에 대입(代入)되고, $\mathbf{A}$가 $\mathbf{A}_a$로 치환(置換)되면, 결과는

$$\begin{aligned}\int_{R_c} &\left[\left(\frac{\boldsymbol{\nabla}\times\mathbf{A}_a}{\mu}\right)\cdot\left(\boldsymbol{\nabla}\times\boldsymbol{\alpha}_i^{(j)}\right) + \sigma\frac{\partial\mathbf{A}_a}{\partial t}\cdot\boldsymbol{\alpha}_i^{(j)} + \left(\frac{\boldsymbol{\nabla}\cdot\mathbf{A}_a}{\mu\sigma}\right)\left(\boldsymbol{\nabla}\cdot\sigma\boldsymbol{\alpha}_i^{(j)}\right)\right] dv \\ &- \int_C \mathbf{n}_c\cdot\left[\boldsymbol{\alpha}_i^{(j)}\times\left(\frac{\boldsymbol{\nabla}\times\mathbf{A}_a}{\mu}\right)\right] dc - \int_C \mathbf{n}_c\cdot\left[\left(\frac{\boldsymbol{\nabla}\cdot\mathbf{A}_a}{\mu}\right)\boldsymbol{\alpha}_i^{(j)}\right] dc \\ &= \int_{R_c} \mathbf{J}_s\cdot\boldsymbol{\alpha}_i^{(j)}\, dv, \quad 1\le i\le N_a, \quad 1\le j\le 3\end{aligned} \tag{11.4.3-4}$$

이다*. 식 (11.4.3-4)에서 $\mathbf{A}_a$는 *한 번(once)*만 미분됨에 유의하라.

11.4.4 *Uniqueness of Algorithm and Adaptation to Steady-State Time-Harmonic Eddy Current Problem*

Bryant, Emson, 그리고 Trowbridge는 Ref. 5에서 다음과 같은 단계(段階, step)가 취해지면:

1. 영역 R_c 내에서 식 (11.4.3-4)에 의해 $\mathbf{A}$를 정식화한다;
2. 영역 R_f 내에서 자기(磁氣) scalar potential ψ_m을

   $$\boldsymbol{\nabla}\cdot(\mu\boldsymbol{\nabla}\psi_m) = 0$$

   에 의해 정식화하고 ψ_m이 C_f에 걸쳐 0이 될 것을 요구한다;
3. 그림 11-2에서 계면(界面, interface) C에 걸쳐 $\mathbf{H}_t$와 $\mathbf{B}_n$이 연속이 될 것을 요구한다(이 절(節)의 서론(序論, introduction)에서 논의된 바와 같이);

그러면 이 요구 조건(要求 條件, requirement) 아래에서 계산되는 $\mathbf{A}$와 ψ_m의 값은 유일(唯一)하게 되지 않음(not be unique) 것임을 보였다.

Ref. 5는 또한 그림 11-2에서 계면 C에 걸쳐

$$\mathbf{A}\cdot\mathbf{n} = k^2\phi_e \tag{11.4.4-1}$$

* 식 (11.4.2-2)에서 정의된 것과 같은 $\mathbf{A}_a$는 Lagrange 기저 함수를 사용하기 때문에, 한 번만 미분될 수 있다. 그러므로 $\mathbf{A}_a$는 식 (11.4.3-1)에서는 사용될 수 없지만 식 (11.4.3-4)에서는 사용될 수 있다.

인 다른 필요 조건(必要 條件, requirement)을 더함으로써 유일성(唯一性, uniqueness)이 이루어질 수 있음을 보인다. 이 식에서 k는 임의로 선택된다. k의 값이 다른, 넓게 변화하는, 실례 문제(實例 問題, sample problem)를 수치적으로 풀어, 해(解, solution)가 k의 이러한 넓은 변화에 매우 둔감(鈍感)함을(quite insensitive) 보인다.

Lorentz's Gauge(식 (11.4.1-1))를 식 (11.4.4-1)과 결합할 때,

$$\frac{\nabla \cdot \mathbf{A}_a}{\mu\sigma} = -\frac{\mathbf{A}\cdot\mathbf{n}}{k^2} \tag{11.4.4-2}$$

를 얻는다. 식 (11.4.3-4)는 이제 2가지 목적을 이루기 위해 수정(修正)된다(revised): (1) 식 (11.4.4-2)의 사용에 의해 알고리즘에 유일성을 주기 위하여, 그리고 (2)

$$\frac{\partial \mathbf{A}_a}{\partial t}$$

를

$$j\omega\mathbf{A}_a$$

로 대체함으로써

$$\begin{aligned}\int_{R_c} \left[\left(\frac{\nabla\times\mathbf{A}_a}{\mu}\right)\cdot\left(\nabla\times\boldsymbol{\alpha}_i^{(j)}\right) + j\omega\sigma\mathbf{A}_a\cdot\boldsymbol{\alpha}_i^{(j)} + \left(\frac{\nabla\cdot\mathbf{A}_a}{\mu\sigma}\right)\left(\nabla\cdot\sigma\boldsymbol{\alpha}_i^{(j)}\right)\right] dv \\ -\int_C \mathbf{n}_c\cdot\boldsymbol{\alpha}_i^{(j)}\times\left(\frac{\nabla\times\mathbf{A}_a}{\mu}\right)dc + \int_C \sigma\left(\frac{\mathbf{A}_a\cdot\mathbf{n}}{k^2}\right)\left(\boldsymbol{\alpha}_i^{(j)}\cdot\mathbf{n}_c\right)dc \\ = \int_{R_c} \mathbf{J}_s\cdot\boldsymbol{\alpha}_i^{(j)}\, dv, \quad 1\le i\le N_a, \quad 1\le j\le 3\end{aligned} \tag{11.4.4-3}$$

을 산출하여 그것을 정상-상태 시-조화 문제(定常-狀態 時 調和 問題, steady-state time-harmonic problem)에 적합하도록 하기 위하여.

식 (11.4.3-4)에서는 $\mathbf{A}$의 성분(成分, component)이 시간(時間, time)의 실함수(實函數, real function)인 한편, 식 (11.4.4-3)에서의 $\mathbf{A}$의 그러한 성분은 복소수(複素數, complex)임에 유의하라.

11.4.5 Formulation for ψ_m in Region R_f

영역 R_f는 자성(磁性, permeable)이지만 비도전성(非導電性, nonconducting)이기 때문에, 전류밀도 $\mathbf{J}$와 자계 $\mathbf{H}$의 회전(curl)은 R_f에서 0과 같아야 한다. 그러므로, $\mathbf{H}$는

$$\mathbf{H} = -\boldsymbol{\nabla}\psi_m$$

에 의해 표현될 수 있다. 여기서 ψ_m은 총(總, *total*) 자기 scalar potential이다. (2장 2.5.3절의 식 (2.5.3-8)을 보라.) 그러므로, ψ_m에 대하여 풀어지는 식은 R_f 내에서

$$\boldsymbol{\nabla} \cdot \mathbf{B} = -\boldsymbol{\nabla} \cdot (\mu \boldsymbol{\nabla} \psi_m) = 0 \tag{11.4.5-1}$$

에 의해 주어진다.

식 (11.4.5-1)에 대한 풀이(solution)를 정식화하는 것으로 나아간다. 접선 자계(接線 磁界, tangential magnetic field) $\mathbf{H}_t$와 법선 자속밀도(法線 磁束密度, normal magnetic flux density) $\mathbf{B}_n$을 경계 C에 걸쳐 부합(符合)시키기 위한 알고리즘은 소절(小節, subsection) 11.4.6에서 표현된다.

ψ_m에 대한 유한요소 근사(有限要素 近似, finite element approximation) ψ_{ma}가

$$\psi_{ma} = \sum_{i=1}^{N_p} \psi_{mai} \boldsymbol{\alpha}_i \tag{11.4.5-2}$$

로 주어진다고 하자. 여기서 N_p는 영역 R_f 내의 절점의 수(數)이며 $\boldsymbol{\alpha}_i$는 6장에서 사용된 형태의 scalar 기저 함수이다. 6장의 6.2절에서 전개된 정식화는 식 (6.2.1-1)에서 $f = 0$으로 둠으로써 쉽게 적합하게 될 수 있다. 이것이 행해질 때,

$$\begin{aligned}\sum_{i=1}^{N_p} \psi_{mai} \langle \boldsymbol{\alpha}_i, \boldsymbol{\alpha}_j \rangle = &\int_C (\mathbf{n}_c \cdot \mu \boldsymbol{\nabla} \psi_m) \boldsymbol{\alpha}_j \, dc \\ &+ \int_{C_f} (\mathbf{n}_f \cdot \mu \boldsymbol{\nabla} \psi_m) \boldsymbol{\alpha}_j \, dC_f, \quad 1 \le j \le N_p\end{aligned} \tag{11.4.5-3}$$

을 가진다. 이 식에서,

$$\langle \boldsymbol{\alpha}_i, \boldsymbol{\alpha}_j \rangle = \int_{R_f} (\boldsymbol{\nabla} \boldsymbol{\alpha}_i \cdot \boldsymbol{\nabla} \boldsymbol{\alpha}_j) \, dv, \quad 1 \le i, j \le N_p \tag{11.4.5-4}$$

이며 $\mathbf{n}_c$와 $\mathbf{n}_f$는 각각 면(面, surface) C와 C_f에 걸쳐 R_f로부터 수직(垂直)으로 바깥으로 향하는 방향의 단위(單位, unit) vector이다.

면 C_f에 걸쳐 ψ_m에 대해 7장에서 주어진 외부 문제 알고리즘의 한 개를 적용하는 것을 생각할 수 있을 것이다. 하지만, 이것은 이 알고리즘에 부가적(附加的)인 복잡성(複雜性)(additional complexity)을 야기(惹起)하여, Ref. 5의 저자들은 불필요하다고 인지(認知)한다. 그 대신에 ψ_{ma}를 가설 경계(假說 境界, hypothetical boundary) C_f에 걸쳐 0과 같게 만들고 이 가정(假定, assumption)에서 오차(誤差, error)가 거의 없게 C_f를 영역 R_c로부터 멀리 떨어지도록 선택한다. 더욱이, 기저 함수 $\boldsymbol{\alpha}_j$ for $1 \le j \le N_p$는 모두 C_f *내부의(inside)* 절점과 대응하여, 이 기저 함수는 모두 C_f *위에서(on)* 0과 같다. 이런 이유로, 식 (11.4.5-3)에서 C_f에 대한 표면 적분(表面積分, surface integral)은 0으로 되고, 이 식은

$$\sum_{i=1}^{N_p} \psi_{mai} \langle \boldsymbol{\alpha}_i, \boldsymbol{\alpha}_j \rangle = \int_C (\mathbf{n}_c \cdot \mu \boldsymbol{\nabla} \psi_m) \boldsymbol{\alpha}_j \, dC, \quad 1 \le j \le N_p \tag{11.4.5-5}$$

가 된다.

11.4.6 Matching H_t and B_n at Surface C

Maxwell 방정식에 의해 요구되는 바와 같이, R_c 내의 **A** 장(field)과 R_f 내의 potential ψ_{ma}는 표면(surface) C에서 접선 자계 $\mathbf{H}_t$와 법선 자속밀도 $\mathbf{B}_n$의 같은 값을 산출해야 한다*. 이렇게 하기 위하여, R_c 내의 모든 절점에서 **A**와 R_f 내의 모든 절점에서 ψ_{ma}를 계산하는 것은 물론, *연립으로(동시에, simultaneously)* C에 걸쳐 $\mathbf{H}_t$와 $\mathbf{B}_n$이 부합(符合)하는 것이 필요하다.

이렇게 하기 위하여, 각 식이 기저 함수에 대응하는 선형 계 방정식(線形 系 方程式, system of linear equations)을 세운다. 식 (11.4.2-2)에 보여진 바와 같이, 영역 R_c 내에는 N_a개의 절점이 있으며, 이 각 N_a개의 절점은 3개의 기저 함수가 있기 때문에 R_c 내에서의 **A**를 계산하기 위해 사용되는 $3N_a$개의 기저 함수를 가진다. 식 (11.4.5-2)에 보여진 바와 같이, R_f 내에는 N_p개의 절점이 있으며, 각 절점에 대해 1개의 기저 함수가 있어서, R_f 내에서의 ψ_{ma}를 계산하기 위해 N_p개의 기저 함수를 사용한다. 그러므로, 이 계산을 위해 세우는 선형 방정식의 총 수(總 數, total number)는

$$N_T = 3N_a + N_p$$

에 의해 주어지는 N_T이다.

이 N_T개의 선형 방정식 각각의 좌변(左邊, left (hand) side)은 R_c 내의 N_a개의 각 절점에서의 **A**의 세 성분(three components)의 선형 결합(線形 結合, linear combination) *그리고* R_f 내의 N_p개의 각 절점에서의 ψ_{ma}의 값(value)의 선형 결합의 합(合, sum)이다.

* 2장의 2.8.2절, 식 (2.8.2-1)과 (2.8.2-2)를 보라.

Matching $\mathbf{H}_t$

이 식의 첫 $3N_a$개는 식 (11.4.4-3)으로부터 전개되었다. 이 식에서 첫 번째 표면 적분(表面 積分, surface integral)은

$$\int_C \mathbf{n}_c \cdot \boldsymbol{\alpha}_i^{(j)} \times \left(\frac{\nabla \times \mathbf{A}_a}{\mu}\right) dC = \int_C \boldsymbol{\alpha}_i^{(j)} \cdot \mathbf{H} \times \mathbf{n}\, dC \tag{11.4.6-1}$$

와 같이 표현될 수 있다. 식 (11.4.5-2)로부터, 영역 R_f로부터의 표면 C에서 $\mathbf{H}$는

$$\mathbf{H} = -\sum_{k=1}^{N_p} \psi_{mak} \nabla \boldsymbol{\alpha}_k \tag{11.4.6-2}$$

로 주어짐을 본다. R_c 내에서의 $\mathbf{A}_a$로부터의 C 위에서의 $\mathbf{H}_t$는 다음과 같은 2개의 단계(段階, step)를 취함으로써 R_f 내에서의 ψ_{ma}로부터의 C 위에서의 $\mathbf{H}_t$와 같게 만들어질 수 있음을 본다:

1. 식 (11.4.6-2)로 주어진 $\mathbf{H}$를 식 (11.4.6-1)에 대입(代入)한다.
2. 결과 식을 식 (11.4.4-3)에 대입한다.

이 단계가 취해질 때, 결과는

$$\begin{aligned}\int_{R_c} \left[\left(\frac{\nabla \times \mathbf{A}_a}{\mu}\right) \cdot \left(\nabla \times \boldsymbol{\alpha}_i^{(j)}\right) + j\omega\sigma \mathbf{A}_a \cdot \boldsymbol{\alpha}_i^{(j)} + \left(\frac{\nabla \cdot \mathbf{A}_a}{\mu\sigma}\right)\left(\nabla \cdot \sigma \boldsymbol{\alpha}_i^{(j)}\right)\right] dv \\ + \int_C \sigma \left(\frac{\mathbf{A}_a \cdot \mathbf{n}_c}{K^2}\right)\left(\boldsymbol{\alpha}_i^{(j)} \cdot \mathbf{n}_c\right) dC - \sum_{k=1}^{N_p} \psi_{mak}\, \varepsilon(i, j, k) \\ = \int_{R_c} \mathbf{J}_S \cdot \boldsymbol{\alpha}_i^{(j)}\, dv, \quad 1 \le i \le N_a, \quad 1 \le j \le 3\end{aligned} \tag{11.4.6-3}$$

이다. 이 식에서,

$$\varepsilon(i, j, k) = \int_C \boldsymbol{\alpha}_i^{(j)} \cdot (\mathbf{n}_c \times \nabla \boldsymbol{\alpha}_k)\, dC \tag{11.4.6-4}$$

이다. N_T개의 계 방정식(系 方程式)(system of N_T equations)의 첫 $3N_a$개의 식은 식 (11.4.6-3)에 의해 주어진다.

Matching $\mathbf{B}_n$

영역 R_f 내에서의 ψ_m으로부터의 C 위에서의 $\mathbf{B}_n$이 영역 R_c 내에서의 $\mathbf{A}$로부터의 C 위에서의 $\mathbf{B}_n$과 같음이 필요하도록 N_T개의 선형 계 방정식의 마지막 N_p개의 식을 세우는 것으로 나아간다.

$$-\mu\nabla\psi_m = \mathbf{B}_n = \nabla \times \mathbf{A}_a \cdot \mathbf{n}_c$$

을 식 (11.4.5-5)의 우변(右邊, right (hand) side)에 대입한 후,

$$\sum_{i=1}^{N_p} \psi_{mai} \langle \boldsymbol{\alpha}_i, \boldsymbol{\alpha}_j \rangle = \int_C \nabla \times \mathbf{A}_a \cdot \mathbf{n}_c \, dC \tag{11.4.6-5}$$

가 된다. 이 식은 경계 C에 걸쳐 $\mathbf{B}_n$의 부합(符合, matching)을 요구함에 유의하라. $\mathbf{A}_a$가 식 (11.4.2-2)에 의해 기저 함수의 항(項, term)으로 전개될 때,

$$\sum_{j=1}^{N_p} \psi_{maj} \langle \boldsymbol{\alpha}_i, \boldsymbol{\alpha}_j \rangle + \sum_{k=1}^{N_p} \sum_{j=1}^{3} A_k^{(j)} \varepsilon(i, j, k) = 0, \quad 1 \le i \le N_p \tag{11.4.6-6}$$

이 된다. 여기서 $\varepsilon(i, j, k)$는 식 (11.4.6-4)에 의해 정의된다.

Problem Representation by Partitioned Matrix-Vector Equation

이제 방금 전개된 N_T개의 선형 계 방정식을 이해하고 푸는데 있어서 그림 11-3에 보여진 분할(分割)된 행렬(行列)-벡터 방정식(partitioned matrix-vector equation)의 형태로 나타내는 것이 상당히 도움이 된다. 이 그림에서, 좌변(左邊) vector에 있는 부분 벡터(subvector) $\hat{\mathbf{A}}_a$는 $\mathbf{A}_a$를 정의하는 식 (11.4.2-2)에서 나타난 $A_i^{(j)}$ for $1 \le i$

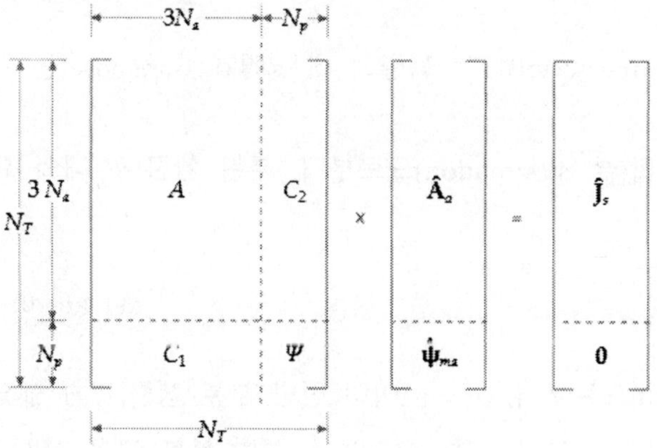

Fig. 11-3. Partitioned matrix-vector equation.

$\le N_a$, $1 \le j \le 3$를 요소(要素, element)로 가진다. 부분 vector $\hat{\boldsymbol{\psi}}_{ma}$는 ψ_{ma}를 정의하는 식 (11.4.5-2)에서 나타난 ψ_{mai} for $1 \le i \le N_p$를 요소로 가진다. 우변 vector에서 부분 vector $\hat{\mathbf{J}}_s$는

$$J_{si}^{(j)} = \int_{R_c} \mathbf{J}_s \cdot \boldsymbol{\alpha}_i^{(j)} dv, \quad 1 \le i \le N_a, \quad 1 \le j \le 3 \tag{11.4.6-7}$$

로 주어지는 요소 $J_{si}^{(j)}$를 가진다. 그림 11-3에서 우변 vector에 있는 $\hat{\mathbf{J}}_s$ 아래의 **0**은 $3N_a$보다 더 큰 지표(指標, index)를 갖는 이 vector의 모든 요소가 0과 같음을 가리킨다.

그림 11-3에서 부분 행렬(部分 行列, submatrix)은 식 (11.4.6-3)과 (11.4.6-6)으로부터 유도된다. 정방 행렬(正方 行列, square matrix) A의 요소를 얻기 위해, 기저 함수의 선형 결합으로 된 $\mathbf{A}_a$의 전개식(식 (11.4.2-3)으로부터)을 식 (11.4.6-3)의 좌변에 있는 적분에 대입한다. 이것이 이루어질 때, 부분 행렬 A는 대칭(對稱, symmetric)임을 본다. 부분 행렬 C_2에 있는 임의의 요소는 식 (11.4.6-3)에 있는 $\varepsilon(i, j, k)$인데, 여기서 $N_T \times N_T$ 행렬 내의 그것의 행 지표(行 指標, row index)는 $j + 3(i-1)$이며 열 지표(列 指標, column index)는 $3N_a + k$로 주어진다. 부분 행렬 C_1과 Ψ의 요소는 식 (11.4.6-6)으로부터 얻어진다. 부분 행렬 C_1의 요소는, 다시, $N_T \times N_T$ 행렬 내의 그것의 행 지표가 $3N_a + i$이며 열 지표가 $j + 3(k-1)$인 $\varepsilon(i, j, k)$이다. 식 (11.4.2-1)에서 주어진 vector 기저 함수 $\boldsymbol{\alpha}_i^{(j)}$의 정의와 식 (11.4.6-4)를 사용하여,

$$\varepsilon(i, j, k) = \varepsilon(k, j, i) \tag{11.4.6-8}$$

을 본다. 이 식과 위에서 주어진 부분 행렬 C_1과 C_2의 행과 열 지표로부터,

$$C_1 = C_2^T \tag{11.4.6-9}$$

를 본다. 여기서 상첨자(上添字, superscript) T는 행렬의 전치(轉置, transpose)를 가리킨다.

식 (11.4.6-6)에 있는 첫 번째 합(合, summation)으로부터, 부분 행렬 Ψ 내의 요소 p_{ij}는

$$p_{ij} = \langle \boldsymbol{\alpha}_i, \boldsymbol{\alpha}_j \rangle \tag{11.4.6-10}$$

으로 주어짐을 본다. 식 (11.4.6-10)으로부터, $p_{ij} = p_{ji}$이며 정방 부분 행렬(正方 部分 行列, square submatrix) Ψ는 대칭임을 본다. 그림 11-3에서, 정방 부분 행렬 A와 Ψ가 대칭이며, 부분 행렬 C_1과 C_2는 서로 전치(transpose)이기 때문에, 그러면 이

그림에 있는 $N_T \times N_T$ 행렬도 역시 대칭이다.

그림 11-3에 있는 선형 계(線形 系, linear system)는, vector $\widehat{\mathbf{A}}_a$에 대해, 블록 형태(block form)로 해석적(解析的)으로(analytically) 풀어질 수 있다. 이 그림으로부터,

$$A\,\widehat{\mathbf{A}}_a + C_2\widehat{\boldsymbol{\psi}}_{ma} = \hat{\mathbf{J}}_s \tag{11.4.6-11}$$

과

$$C_1\widehat{\mathbf{A}}_a + \Psi\widehat{\boldsymbol{\psi}}_{ma} = 0 \tag{11.4.6-12}$$

를 본다. 식 (11.4.6-12)로부터, 행렬 Ψ가 정방(square)이며 정칙(正則, 비특이(非特異), nonsingular)이기 때문에, 가역(可逆, invertible)이어서,

$$\widehat{\boldsymbol{\psi}}_{ma} = -\Psi^{-1}C_1\widehat{\mathbf{A}}_a \tag{11.4.6-13}$$

을 가진다. 이 식이 식 (11.4.6-11)에 대입되면,

$$[A - C_2\Psi^{-1}C_1]\widehat{\mathbf{A}}_a = \hat{\mathbf{J}}_s \tag{11.4.6-14}$$

를 가진다. 이 식에서 대괄호(大括弧)가 쳐진 행렬(bracketed matrix)은 대칭 ($3N_a \times 3N_a$)이며 정칙이기 때문에, 이 식은 $\widehat{\mathbf{A}}_a$에 대하여 풀어질 수 있다. 그리고 $\widehat{\boldsymbol{\psi}}_{ma}$를 원한다면, 그 다음 식 (11.4.6-13)으로부터 찾아질 수 있다.

식 (11.4.6-13)과 (11.4.6-14)가 이 절(11.4절)의 시작에서 논의된 2-단계 알고리즘의 단계 1을 완성한다. 다음 소절(小節, subsection)은 이 알고리즘의 단계 2를 나타낸다.

11.4.7 Computation of $\boldsymbol{\phi}_e$

ϕ_e의 계산을 정식화하는 것으로 나아간다(11.4절의 서론에서 논의된 단계 2). 이 계산을 위하여, ϕ_{ea}를, N_a개의 scalar 기저 함수 $\boldsymbol{\alpha}_i$의 선형 결합으로써, 유한요소 근사 ϕ_e로 나타낸다. 이것들은 4장에서 정의되고 5, 6, 그리고 7장에서 사용된 것과 같은 피라미드형 국부-지원 기저 함수(pyramid-type local-support basis function)이다. 즉,

$$\phi_{ea} = \sum_{i=1}^{N_a} \phi_i \boldsymbol{\alpha}_i \tag{11.4.7-1}$$

이다. ϕ_{ea}는 정상-상태 시-조화 해(定常-狀態 時-調和 解, steady-state time-harmonic solution)의 일부(一部, part)이기 때문에, 이 식에서 ϕ_{ea}와 ϕ_i는 복소수(複素數, complex number)이다.

ϕ_{ea}에 대한 Galerkin 풀이(solution)를 전개한다. 이 풀이에서 첫 번째 단계는

$$\nabla \cdot \mathbf{J} = 0$$

를 상기(想起)하는 것이다. 이 식은

$$\int_{R_c} \boldsymbol{\alpha}_i \nabla \cdot \mathbf{J}\, dv = 0 \tag{11.4.7-2}$$

를 산출하도록 각 기저 함수에 곱해지고 R_c에 대해 적분된다. 벡터 항등식(恒等式)(vector identity)

$$\nabla \cdot \boldsymbol{\alpha}_i \mathbf{J} = \boldsymbol{\alpha}_i \nabla \cdot \mathbf{J} + \mathbf{J} \cdot \nabla \boldsymbol{\alpha}_i$$

에 의해 그리고

$$\nabla \cdot \mathbf{J} = 0$$

이기 때문에, 이 식은

$$\nabla \cdot \boldsymbol{\alpha}_i \mathbf{J} = \mathbf{J} \cdot \nabla \boldsymbol{\alpha}_i \tag{11.4.7-3}$$

이 된다.

이 식이 R_c에 대해 적분되고 발산 정리(發散 定理, divergence theorem)가 사용될 때, 결과는

$$\int_C \mathbf{n}_c \cdot \boldsymbol{\alpha}_i \mathbf{J}\, dC = \int_{R_c} \nabla \boldsymbol{\alpha}_i \cdot \mathbf{J}\, dv \tag{11.4.7-4}$$

이다. 여기서, 그림 11-2에 보여진 바와 같이, C는 영역 R_c의 경계이며 $\mathbf{n}_c$는 C에 수직(normal)인 단위 vector이다. C 외부의 영역 R_f는 전류가 없기(current-free) 때문에, C에 걸쳐

$$\mathbf{n}_c \cdot \mathbf{J} = 0$$

을 안다. 그러므로, 식 (11.4.7-4)의 좌변에 있는 적분은 0으로 가서,

$$0 = \int_{R_c} \mathbf{J} \cdot \nabla \boldsymbol{\alpha}_i\, dv \tag{11.4.7-5}$$

가 된다.

식 (11.2.1-3)을 페이저 표현(phasor representation)(이 정상-상태 시-조화 문제에 대한)으로 바꾸면,

$$\mathbf{J} = -j\omega\sigma\mathbf{A} - \sigma\nabla\phi_e \tag{11.4.7-6}$$

가 되며, 식 (11.4.7-5)와 결합하면

$$\int_{R_c} (\nabla\phi_e \cdot \nabla\boldsymbol{\alpha}_i)\, dv = -j\omega \int_{R_c} \mathbf{A}\cdot\nabla\boldsymbol{\alpha}_i\, dv$$

를 산출한다. ϕ_{ea}가 이 식을 만족하게 만들어지고, 식 (11.4.7-1)이 대입될 때,

$$\sum_{j=1}^{N_a} \phi_j \int_{R_c} (\nabla\boldsymbol{\alpha}_i \cdot \nabla\boldsymbol{\alpha}_j)\, dv = -j\omega \int_{R_c} \mathbf{A}\cdot\nabla\boldsymbol{\alpha}_i\, dv, \quad 1 \le i \le N_a \tag{11.4.7-7}$$

을 가진다. 이 때 N_a개의 선형 계 방정식 (11.4.7-7)을 행렬-vector 방정식

$$M\hat{\boldsymbol{\phi}} = \hat{\mathbf{g}} \tag{11.4.7-8}$$

로 나타내는 것이 편리하다. 이 식에서, M은

$$m_{ij} = \int_{R_c} (\nabla\boldsymbol{\alpha}_i \cdot \nabla\boldsymbol{\alpha}_j)\, dv, \quad 1 \le i \le N_a \tag{11.4.7-9}$$

로 주어지는 요소 m_{ij}를 가지는 행렬이고, $\hat{\boldsymbol{\phi}}$는 ϕ_i for $1 \le i \le N_a$를 요소로 가지는 vector이며, $\hat{\mathbf{g}}$는

$$g_i = -j\omega \int_{R_c} \mathbf{A}\cdot\nabla\boldsymbol{\alpha}_i\, dv, \quad 1 \le i \le N_a \tag{11.4.7-10}$$

인 요소 g_i를 가지는 vector이다.

P를 영역 R_c 내의 임의의 점이라 하자. 더욱이, $\boldsymbol{\alpha}_i$는 최저차(最低次, lowest order), 또는 선형 피라미드형 국부-지원 기저 함수(linear pyramid-type local-support basis function)(4장에서 설명된 것과 같은)라 가정한다. 그러면 R_c 내의 임의의 점 P에서,

$$\sum_{i=1}^{N_a} \boldsymbol{\alpha}_i(P) = 1$$

이며, 이 식의 구배(勾配, gradient)를 취하면,

$$\sum_{i=1}^{N_a} \nabla \boldsymbol{\alpha}_i(P) = 0 \qquad (11.4.7\text{-}11)$$

이다. 각 요소가 1(unity)과 같은 N_a개의 요소를 가지는 vector(단위(單位) 벡터, unit vector) **U**를 정의한다. 그러면, 식 (11.4.7-9)와 (11.4.7-11)로부터,

$$M\mathbf{U} = 0 \qquad (11.4.7\text{-}12)$$

를 가지며 이로부터 M은 *특이(비정칙) 행렬(特異(非正則) 行列, singular matrix)*임을 본다.

식 (11.4.7-7)이 유일해(唯一解, unique solution) $\hat{\boldsymbol{\phi}}$를 가지기를 바랄 것이다. 그러나 식 (11.4.7-12)는, Ref. 5에 따라, 이것이 참(진(眞), true)이 아님을 보인다. 이 어려움은 선형 계 방정식 (11.4.7-7)을 다음과 같은 단계에 의해 수정함으로써 극복(克服)될 수 있다:

1. ϕ_j의 N_a개의 값 중 한 개를 0으로 둔다. 즉, $\phi_k = 0$이라 한다. 여기서 $1 \le k \le N_a$이다.
2. 이 선형 계(線形 系, linear system)로부터 k번째 식 (11.4.7-7)(즉, $i = k$에 대한 식)을 소거(消去)한다.
3. 이 결과 선형 계를 행렬-vector 형으로 나타낸다(식 (11.4.7-8)과 비슷하게).

이 단계가 취해질 때, 수정된 행렬은 정칙(비특이, nonsingular)이며, 더 이상 식 (11.4.7-12)를 만족하지 않는다. 다시, Ref. 15에 의해, 이 수정 선형 계(修正 線形 系, revised linear system)는 찾으려고 하는 유일해를 가진다.

$\phi_k = 0$이라는 사실은 $\nabla \phi_{ea}$의 값 또는 식 (11.4.7-6)의 와전류밀도(渦電流密度, eddy current density) **J**에 영향을 미치지 않는다. 사실, k는 영향을 미침이 없이 1과 N_a 사이의 임의의 정수(整數, integer)일 수 있고 그것에 의해 와류가 계산된다.

11.5 TRANSIENT EDDY CURRENT PROBLEM

전형적으로, 시간 영역 와류 문제(時間 領域 渦流 問題, time domain eddy current problem)는, 보통 같은 시간 단계(時間 段階) (same time step)로, 시간-단계 알고리즘(time-stepping algorithm)에 의해 풀어진다. 이 문제의 경우, 초기조건(初期條件, initial condition)이 주어지며, 내부 문제라면, 경계조건도 또한 주어진다. 초기조건의 경우, 문제 영역을 통한 모든 절점에서의 장(場, field)(또는 potential)이 시간

$t = 0$에서 주어진다. 덧붙여, 이것이 내부 문제라면 문제 영역의 경계에서의 조건이 각 시간 단계에서 주어진다. 그러면, 시간 단계 n에서의 알려진 해(解)와 경계 조건을 근거로 하여, 시간 단계 $n+1$에서의 장(場)의 potential을 계산한다. 이 계산을 위한 알고리즘의 정식화는 아래에서 개설(概說)된다.

여기에서 설명되는 알고리즘은 Ref. 13에서 Bryant, Emson, 그리고 Trowbridge에 의해 보고된 것이다. 그림 11-2도 또한 이 알고리즘에 적용한다. 다시, 영역(region) R_c 내에서 자성(磁性), 도전성(導電性) 블록(permeable, conductive block)을 가진다. 그리고 다시, R_c는 자성, 비도전성(非導電性, nonconductive) 영역 R_f로 둘러싸인다. 하지만, 이 경우에서는, 영역 R_c와 R_f *둘 다(both)*를 통하여 자기 vector potential **A**를 계산한다. 다시, R_f는 영역 R_c로부터 멀리 떨어진 임의의 경계 C_f를 가진다. 장(場)은 접선 자계(接線 磁界, tangential magnetic field)가 C_f에서 0이 되는 요구에 의해 C_f에 걸쳐 임의로 한정(限定)된다.

이 과도(過渡, transient)의 경우에 대한 알고리즘은 2개의 단계를 가지는 정상-상태 시-조화의 경우에 대해 위에서 설명된 것과 비슷하다. 다시, **A**는 단계 1에서 계산되며, ϕ_e는, R_c 내에서, 단계 2에서 계산된다.

이 알고리즘에서는, 시간(時間, time)에 있어서 다수(多數)의 이산 단계(離散 段階, discrete step) t_n을 가정하여,

$$t_{n+1} = t_n + \Delta t_n \tag{11.5-1}$$

이다. 여기서 시간의 증분(增分, increment) Δt_n은 n에 따라 변화할 수 있다(즉, Δt_n은 n의 함수(函數, function)로서 생각될 수 있다). 각 시간 t_n에서, R_c와 R_f 내의 모든 절점에서 **A**의 x, y, 그리고 z 성분을 내포(內包)하는 vector $\widehat{\mathbf{A}}_n$를 가진다. 그 다음, 식

$$\widehat{\mathbf{A}}_{n+1} = \widehat{\mathbf{A}}_n + \boldsymbol{\Gamma}_n \Delta t_n \tag{11.5-2}$$

에 의해 $\widehat{\mathbf{A}}_{n+1}$를 계산한다. 다음과 같은 단계로, $\widehat{\mathbf{A}}_n$와 Δt_n은 물론, 절점과 유한요소의 구조(構造, construction) 뿐만 아니라, 문제 구성(problem configuration)도 근거로 하여, vector $\boldsymbol{\Gamma}_n$이 계산되는 알고리즘을 전개한다:

1. 식 (11.4.3-4)를 이 문제에 적합시킨다. 이 문제에 필요한 적합화(適合化, adaptation)는 소절 11.5.1에서 만들어진다.
2. 단계 1에서 전개된 식을

$$K\widehat{\mathbf{A}} + C\frac{\partial \widehat{\mathbf{A}}}{\partial t} = \hat{\mathbf{f}} \tag{11.5-3}$$

의 형태로 나타낸다. 즉, 행렬 K와 C, 그리고 vector $\hat{\mathbf{f}}$와 $\hat{\mathbf{A}}$를 정식화한다. 이것은 소절 11.5.2에서 이루어진다.

3. 단계 2에서 전개된 행렬과 vector는 물론, 시간 증분 Δt_n과 vector $\hat{\mathbf{A}}_n$을 근거로 하여, 식 (11.5-2)에 보여진 vector $\boldsymbol{\Gamma}_n$을 계산하기 위한 알고리즘을 정식화한다. 이것은 소절 11.5.3에서 이루어진다.

11.5.1 Unique Formulation for This Problem

이 과도 문제에서는, A가 R_c*와* R_f *둘 다(both)*에서 계산되기 때문에, 식 (11.4.3-4)를 R_c와 R_f 둘 다를 포함하는 영역에 적합하게 할 수 있다:

$$\int_{R_c+R_f}\left[\left(\frac{\nabla\times\mathbf{A}_a}{\mu}\right)\cdot\nabla\times\boldsymbol{\alpha}_i^{(j)}+\sigma\frac{\partial\mathbf{A}_a}{\partial t}\cdot\boldsymbol{\alpha}_i^{(j)}+\left(\frac{\nabla\cdot\mathbf{A}_a}{\mu\sigma}\right)\nabla\cdot\sigma\boldsymbol{\alpha}_i^{(j)}\right]dv$$
$$-\int_{C_f}\mathbf{n}\cdot\left[\boldsymbol{\alpha}_i^{(j)}\times\left(\frac{\nabla\times\mathbf{A}_a}{\mu}\right)\right]dC_f-\int_{C_f}\mathbf{n}\cdot\left[\left(\frac{\nabla\cdot\mathbf{A}_a}{\mu}\right)\boldsymbol{\alpha}_i^{(j)}\right]dC_f \tag{11.5.1-1}$$
$$=\int_{R_c}\mathbf{J}_s\cdot\boldsymbol{\alpha}_i^{(j)}\,dv$$

이 식에서 표면 적분(surface integral)은, C_f가 R_c와 R_f 둘 다를 둘러싸는 표면이기 때문에, C_f에 대하여 취해짐에 유의하라. Ref. 13은 이 식이 유일해(unique solution) **A**를 산출하지 않음을 보인다. 그 결과로서, **A**에 대한 부가 조건(附加 條件, additional condition)을 나타낸다. 고려하고 있는(at hand) 알고리즘의 경우, 이 조건은

$$\frac{\nabla\cdot\mathbf{A}_a}{\mu}=-\sigma\phi_e=\frac{\mathbf{n}\cdot\mathbf{A}_a}{k^2} \tag{11.5.1-2}$$

이다*. 11.5절의 출발에서 기술(記述)된 바와 같이, 임의의 면 C_f에 걸쳐 접선 자계가 0이 될 것을 요구한다. 이것은 식 (11.5.1-1)에 있는 첫 번째 표면 적분이 0임을 의미한다. 이 사실과 식 (11.5.1-2)를 사용하여,

$$\int_{R_c+R_f}\left[\left(\frac{\nabla\times\mathbf{A}_a}{\mu}\right)\cdot\nabla\times\boldsymbol{\alpha}_i^{(j)}+\sigma\frac{\partial\mathbf{A}_a}{\partial t}\cdot\boldsymbol{\alpha}_i^{(j)}-\left(\frac{\nabla\cdot\mathbf{A}_a}{\mu\sigma}\right)\nabla\cdot\sigma\boldsymbol{\alpha}_i^{(j)}\right]dv$$
$$+\int_{C_f}\left(\mathbf{n}\cdot\boldsymbol{\alpha}_i^{(j)}\right)\left(\frac{\mathbf{n}\cdot\mathbf{A}_a}{\mu}\right)dC_f \tag{11.5.1-3}$$
$$=\int_{R_c}\mathbf{J}_s\cdot\boldsymbol{\alpha}_i^{(j)}\,dv,\quad 1\le i\le N,\quad 1\le j\le 3$$

* 11.4절의 알고리즘에서 유일성을 위해서 더해진 조건(식 (11.4.4-2))은 이 경우를 위해서는, 도전율 σ가 면 C_f에 걸쳐서 0이기 때문에, 적당하지 않다.

을 준다. 이것은 유일해를 주는 식이며 이 과도 문제를 위해 사용되는 정식화이다.

11.5.2 Development of Matrices and Vectors in Equation (11.5-3)

식 (11.5-3)(편의를 위해 여기에 반복된)에 있는 행렬과 vector를 전개하는 것으로 나아간다:

$$K\widehat{\mathbf{A}} + C\frac{\partial \widehat{\mathbf{A}}}{\partial t} = \hat{\mathbf{f}} \tag{11.5-3}$$

이 식에서, vector $\widehat{\mathbf{A}}$는 각 요소가, 식 (11.4.2-2)에 주어진 $\mathbf{A}_a$의 전개에서 정의된, $A_i^{(j)}, 1 \le i \le N, 1 \le j \le 3$인 $3N$개의 요소를 가진다.

$3N$개의 기저 함수 $\boldsymbol{\alpha}_i^{(j)}$의 각각에 대해 한 개의 식인 $3N$개의 식 (11.5.1-3)이 있다. 식 (11.5-3)에 있는 행렬 K와 C를 전개하기 위하여, 먼저 식 (11.4.2-2)로 주어진 기저 함수의 항(項)으로 된 $\mathbf{A}_a$의 전개를 식 (11.5.1-3)에 대입한다. 식 (11.5.1-3)의 각각의 좌변(左邊, left side)은, 각각이 $3N$개의 항을 내포(內包)하는, 2개의 선형 전개(線形 展開, linear expansion)의 합(合, sum)이다:

1. $A_i^{(j)}, 1 \le i \le N, 1 \le j \le 3$를 내포하는 항의 선형 전개가 있다.
2. $\frac{\partial A_i^{(j)}}{\partial t}, 1 \le i \le N, 1 \le j \le 3$를 내포하는 항의 선형 전개가 있다.

$3N$개의 식 (11.5.1-3)의 각각으로부터 첫 번째 선형 전개의 $3N$개의 계수(係數, coefficient)는 행렬 K의 요소를 구성한다. $3N$개의 식 (11.5.1-3)의 각각으로부터 두 번째 선형 전개의 계수는 행렬 C의 요소를 구성한다. 기저 함수 $\boldsymbol{\alpha}_i^{(j)}$의 지원(支援, support)이 종종 서로 교차(交叉)하지 않기 때문에, K와 C 둘 다는 *성긴(소(疎)한), 대 행렬(帶 行列)(sparse, banded matrix)*이다.

식 (11.5-3)에 있는 vector $\hat{\mathbf{f}}$는, 물론, R_c내의 구동 전류밀도(驅動 電流密度, driving current density) $\mathbf{J}_s$를 나타낸다. 즉, 식 (11.5-3)에 있는 vector $\hat{\mathbf{f}}$의 q번째 요소 f_q는

$$f_q = \int_{R_c} \mathbf{J}_s \cdot \boldsymbol{\alpha}_i^{(j)}\, dv \tag{11.5.2-1}$$

로 주어진다. 여기서 $q = 3(i-1) + j$이다. $\mathbf{J}_s$를 기저 함수의 항으로 전개하면(식 (11.4.2-2)에 있는 $\mathbf{A}_a$와 같이),

$$\mathbf{J}_s = \sum_{k=1}^{N}\sum_{m=1}^{3} J_k^{(m)} \boldsymbol{\alpha}_k^{(m)} \tag{11.5.2-2}$$

가 된다. 식 (11.5.2-2)가 (11.5.2-1)에 대입될 때,

$$f_q = \sum_{k=1}^{N}\sum_{m=1}^{3} J_k^{(m)} \int_{R_c} \boldsymbol{\alpha}_k^{(m)} \cdot \boldsymbol{\alpha}_i^{(j)}\, dv, \quad 1 \le i \le N, \quad 1 \le j \le 3 \tag{11.5.2-3}$$

을 가진다.

11.5.3 Formulation of Algorithm for the Computation of Γ_n

이 소절(小節)은 식 (11.5-2)에 나타난 vector $\boldsymbol{\Gamma}_n$을 계산하기 위한 알고리즘을 정식화한다. 이 정식화는 Ref. 14에서 보고된 Zienkiewicz의 방법에 기초를 둔다. 식 (11.5-2)로부터, 장(場) $\widehat{\mathbf{A}}_n$ for $n = 1, 2, 3, \cdots$은 시간의 이산 순간(離散 瞬間, discrete instant) t_n에 대해서만 계산된다. 그러나 식 (11.5-3)과 (11.5.1-3)으로부터, $\mathbf{A}_a$에 대한 식은

$$\frac{\partial \mathbf{A}_a}{\partial t}$$

를 포함함을 본다. 그러므로 $\mathbf{A}_a$를 시간 t의 *연속* 함수(*連續* 函數, *continuous* function)로 표현하는 것이 필요하지만, $\mathbf{A}$는 이산 시간 순간(離散 時間 瞬間, discrete time instant) t_n에서만 *값이 구해진다*. Ref. 14는 이 문제를 다음에 의해 다룬다:

1. $\mathbf{A}_a$를 시간 t에서 다항식(多項式, polynomial)으로 나타낸다.
2. 5장의 5.4.2절에서 논의되고 식 (5.4.2-5)에서 표현된 가중잔차법(加重殘差法, method of weighted residuals)을 채용한다.

Ref. 13은 $\mathbf{A}$를 나타내기 위해 t에서 1차 다항식(一次 多項式, first-degree polynomial)을 채용한다. 이것이 행해질 때, $\boldsymbol{\Gamma}_n$에 대한 식은

$$(\theta K \Delta t_n + C)\boldsymbol{\Gamma}_n = K\widehat{\mathbf{A}}_n - \theta \hat{f}_{n+1} - (1-\theta)\hat{f}_n \tag{11.5.3-1}$$

이다. 이 식에서, θ는 가중잔차법의 적용에서 생기는 실수(實數, real number)이다. Ref. 13의 저자들은 시간 t(즉, 1차(first degree)인 시간)를 가중 함수(加重 函數, weighting function)로 선택한다. 이렇게 가정하는 것과, $\mathbf{A}$를 t에서 1차 다항식으로 나타내는 것은 $\theta = 2/3$을 가져온다. 이 식의 좌변에 있는 괄호(括弧, parenthesis) 안의 항(項)은 $3N \times 3N$ 행렬이다. 우변은 $3N$개의 요소를 가지는 알려진 vector이다. 이 식은 그러면 역시 $3N$개의 요소를 가진 vector $\boldsymbol{\Gamma}_n$에 대하여 풀어질 수 있다. 그 다음 $\widehat{\mathbf{A}}_{n+1}$이 식 (11.5-2)에 의해 $\widehat{\mathbf{A}}_n$, $\boldsymbol{\Gamma}_n$, 그리고 Δt_n으로부터 계산될 수 있다.

REFERENCES

1. Preston, T. W. and Reece, A. B. J., "Solution of 3-Dimensional Eddy Current Problems by the T-Method," *IEEE Trans. on Magnetics,* March 1982, Vol. MAG-18, No. 2, pp. 486-491.
2. Chari, M. V. K., Konrad, A., Palmo, M. A. and Angelo, J. D., "Three-Dimensional Vector Potential Analysis for Machine Field Problems," *IEEE Trans. on Magnetics,* March 1982, Vol. MAG-18, No. 2, pp. 436-446.
3. Biddlecombe, C. S., Heighway, E. A., Simkin, J. and Trowbridge, C. W., "Methods of Eddy Current Computation in Three Dimensions," *IEEE Trans. on Magnetics,* March 1982, Vol. MAG-18, No. 2, pp. 492-497.
4. McWirter, J. H., "Numerical Solutions of Eddy Current Problems via Fredholm Equations," *COMPUMAG Conference,* Grenoble, France, September 1978, paper 10.3.
5. Bryant, C. F., Emson, C. R. I. and Trowbridge, C. W., "A Comparison of Lorentz Gauge Formulations in Eddy Current Computations," *IEEE Trans. on Magnetics,* March 1990, Vol. MAG-26, No. 2, pp. 430-433.
6. Emson, C. R. I. and Simkin, J., "An Optimal Method for 3-D Eddy Current," *IEEE Trans. on Magnetics,* November 1983, Vol. MAG-19, No. 6, pp. 2450-2452.
7. Carpenter, C. J. and Wyatt, E. A., "Efficiency of Numerical Techniques for Computing Eddy Current in Two and Three Dimensions," *Proceedings COMPUMAG 76,* Oxford, 1976, pp. 242-230.
8. Carpenter, C. J., "Computation of Magnetic Fields and Eddy Currents," *Fifth Annual Conference on Magnetic Technology,* Rome, April 1975, pp. 147-155.
9. Carpenter, C. J., "Comparison of Alternative Formulations of 3-Dimensional Magnetic Field and Eddy-Current Problems at Power Frequencies," *Proc. IEE,* November 1977, Vol. 124, No. 11, pp. 1026-1034.
10. Preston, T. W. and Reece, A. B. J., "Finite Element Solution of Three Dimension Eddy Current Problems in Electrical Machines," *Proceedings COMPUMAG 78,* Grenoble, France, 1978, paper 7.4.
11. Hodder, W. K. and Monson, J. E., "Field Analysis for Magnetic Heads with Eddy Current or Complex Permeability," *IEEE Trans. on Magnetics,* September 1971, Vol. MAG-7.
12. Steele, Charles W., "Convergent Algorithm for Unbounded, Two-Dimensional, Linear Eddy Current Problems," *COMPUMAG Conference,* Grenoble, France, September 1978.
13. Bryant, C. F., Emson, C. R. I. and Trowbridge, C. W., "A General Purpose 3-D Formulation for Eddy Currents Using the Lorentz Gauge," *IEEE Trans. on Magnetics,* September 1990, Vol. MAG-26, No. 5, pp. 2373-2375.
14. Zienkiewicz, O. C., Wood, W. L., Hine, N. W. and Taylor, R. L., "A Unified Set of Single Step Algorithms, Part 1: General Formulation and Applications," *International Journal for Numerical Methods in Engineering,* 1984, Vol. 20, pp. 1529-1552.
15. Anton, Howard and Rorres, Chris, *Elementary Linear Algebra, Application Version,* New York: John Wiley & Sons, 1993, Theorem 2.3.6, p. 99.

Glossary

1 *GREEK LOWER CASE LETTERS (그리스어 소문자, 希臘語 小文字)*

Letter	*Name*	*Description*
$\boldsymbol{\alpha}$	alpha	$\boldsymbol{\alpha}_1, \boldsymbol{\alpha}_2$ 기저 함수(基底 函數, basis function)
$\boldsymbol{\beta}$	beta	근사해(近似解, approximate solution) (N 기저 함수의 선형 결합, 그리고 그러므로 Hilbert 공간 $\mathcal{H}$의 요소)
$\boldsymbol{\gamma}$	gamma	완전해(完全解, exact solution) (Hilbert 공간 $\mathcal{H}$의 요소, 그리고 그러므로 문제 영역에 걸쳐 정의되는 함수)
δ	delta	δ_{ij} 크로넥커 델타(Kronecker delta); $\delta(i-j)$ 디랙 델타 함수(Dirac delta function)
ε	epsilon	유전율(誘電率, permittivity); 표준 삼각형(標準 三角形, standard triangle)의 좌표; 표준 직사각형(標準 直四角形, standard rectangle)의 좌표
ε_0		자유공간(自由空間, free space)의 유전율
ε_r		비유전율(比誘電率, relative permittivity)
η	eta	표준 삼각형의 좌표; 표준 직사각형의 좌표
θ	theta	위상 각(位相 角, phase angle)
μ	mu	투자율(透磁率, permeability)
μ_0		자유공간의 투자율
$\underline{\overline{\chi_e}}$		전기 분극율(電氣 分極率) 텐서(electric susceptibility tensor)
$\underline{\overline{\chi}}$		자기 분극율(磁氣 分極率) 텐서(magnetic susceptibility tensor)
τ	tau	삼각형에 대한 고차 형상 함수(高次 形狀 函數, higher order shape function)
ψ	psi	ψ_e 총(總) 전기(電氣) 스칼라 포텐셜(total electric scalar potential); ψ_m 총 자기(磁氣) 스칼라 포텐셜(total magnetic scalar potential)
ω	omega	[rad/s]로 나타낸 주파수(周波數, frequency)
σ	sigma	$\sigma(\mathbf{r}_b)$ 혼합 경계조건(混合 境界條件, mixed boundary condition)의

		부분
ϕ	phi	ϕ_e 축소(縮小) 전기 포텐셜(electric potential, reduced); ϕ_m 축소 자기 포텐셜(magnetic potential, reduced)
χ	chi	χ_e 전기 분극율(電氣 分極率, electric susceptibility); χ 자기 분극율(磁氣 分極率, magnetic susceptibility)
ν	nu	매질 매개변수(媒質 媒介變數, medium parameter) 또는 매질 텐서(medium tensor)
ξ	xi	S_N의 요소 (필연적으로 문제의 수치해(數値解, numerical solution)는 아닌)
ρ	rho	전하(電荷)의 체적 밀도(體積 密度)(volume density of electric charge); ρ_e 등가 전하밀도(等價 電荷密度, equivalent electric charge density)

2 *GREEK UPPER CASE LETTERS (그리스어 대문자, 希臘語 大文字)*

Letter	*Name*	*Description*
Λ	lambda	삼각형 면적 좌표(三角形 面積 座標, triangular area coordinate)
Π	pi	총승 기호(總乘 記號, continued product symbol)
Σ	sigma	합(合, summation; 총합 기호(總合 記號), summation symbol)
Φ	phi	자속(磁束, magnetic flux)
Ψ	psi	전속(電束, electric flux)

3 *ROMAN LOWER CASE LETTERS (로마체 소문자, 羅馬體 小文字)*

Letter	*Description*
a	$\mathbf{a}_r$ 반경 방향(半徑 方向) 단위(單位) 벡터(unit vector in radial direction)
b	스칼라 실수(實數)(scalar real number)
d	거리(距離, distance) (길이, length) $d(x, y)$ 점 x와 y 사이의 거리
e	오차(誤差, error) (완전해와 근사 수치해 사이의 차이)
f	영역(領域, domain)과 치역(値域, range)이 실수 공간 안에 놓인 함수
g	Hilbert 공간의 요소, (문제 영역에 걸쳐 정의된)
h	$h(r_b)$ Neumann 경계조건; h 단계 간격(段階 間隔, step spacing)

i 정수 지표(整數 指標, integer index)

j −1의 제곱근(square root);

정수 지표

k 정수 지표

l 길이(length);

$l_i^N(s)$ 정규화(正規化) 라그랑주 보간 다항식(補間 多項式)(normalized Lagrange interpolating polynomial)

m **m** 자기 쌍극자(磁氣 雙極子) 모멘트(magnetic dipole moment);

m_{ij} 행렬 요소(行列 要素, matrix element)

n (표)면((表)面, surface)에 수직(垂直, normal)인 방향의 길이;

n 면에 수직인 단위 벡터

p **p** 전기 쌍극자 모멘트(electric dipole moment);

p_i 삼각형에 대한 선형 보간 함수(線形 補間 函數, linear interpolation function)

q q_i 표준(標準) 삼각형(standard triangle)에 대한 선형 보간 함수(線形 補間 函數, linear interpolation function)

r 두 점 사이의 반경 (거리)

t 시간(時間, time)

u 선형 공간(線形 空間, linear space)의 요소(要素, element)

v 선형 공간의 요소

x 공간에서의 데카르트 좌표(座標)(Cartesian coordinate)

y 공간에서의 데카르트 좌표

z 공간에서의 데카르트 좌표

$\mathbf{r}_f$ 원점(原點, origin)에서 장점(場點, field point) 까지의 반경 벡터(radius vector)

$\mathbf{r}_s$ 원점(原點, origin)에서 원천점(源泉點, source point) 까지의 반경 벡터

4 *ROMAN UPPER CASE LETTERS (로마체 대문자, 羅馬體 大文字)*

Letter *Description*

A 적분 면적(積分 面積, area of integration);

자기(磁氣) 벡터 포텐셜(magnetic vector potential)

B 자속밀도(磁束密度, magnetic flux density) (자기 유도(磁氣 誘導, magnetic induction))

C 헬름홀츠의 정리(Hemlholtz's theorem)의 정식화에서 사용된 벡터

D (전기) 변위((電氣) 變位, displacement) (전속밀도(電束密度, electric flux density));

D_k 연산자(演算子, operator) k의 영역

E 전계의 세기(electric field strength);

$\mathbf{E}_a$ 인가 전계(印加 電界, applied electric field);

$\mathbf{E}_d$ 감극(減極, 소극(消極)) 전계(depolarizing electric field)

F 힘(force)

F Helmholtz의 정리의 정식화에서 사용된 벡터

G G_2 2-차원 자유 공간에 대한 그린 함수(Green's function);

G_3 3-차원 자유 공간에 대한 Green 함수

H 자계(磁界)의 세기(magnetic field strength);

$\mathbf{H}_a$ 인가 자계(印加 磁界, applied magnetic field);

$\mathbf{H}_d$ 감자(減磁) 자계(demagnetizing magnetic field)

I 전류(電流, electric current)

J 전류밀도(電流密度, current density);

$\mathbf{J}_e$ 등가 전류밀도(等價 電流密度, equivalent current density);

$\mathbf{J}_m$ 등가 자기 전류밀도(等價 磁氣 電流密度, equivalent magnetic current density);

$\mathbf{J}_t$ 총 전류밀도(總 電流密度, total current density)

K 적분 연산자(積分 演算子, integral operator)

L 적분 연산자

$L_i^N(x)$ 라그랑주 보간 다항식(Lagrange interpolating polynomial)

M 입자(粒子)의 수(數)(number of particles);

분할되는 삼각형의 변(邊)의 부분 구간(部分 區間, sub-interval)의 수(數);

M 자화(磁化, magnetization)

N 선형 공간(線形 空間, linear space)의 차원(次元, dimension)

P 점(點)의 위치(位置)(point location);

P 전기 분극(電氣 分極, electric polarization)

Q 전하(電荷, electric charge)

R 잔차(殘差, residual)

S (표)면적((表)面積, surface area);

무한 차원(無限 次元) 선형 공간(infinite-dimensional linear space);

S_N N-차원 선형 공간(N-dimensional linear space)

U N-요소 벡터(N-element vector)

V	체적(體積, volume)
W	N-요소 벡터
X_j	행렬 M에 있는 x_j의 여인자(餘因子, 여인수(餘因數), cofactor)
Y_j	행렬 M에 있는 y_j의 여인자
Z_j	행렬 M에 있는 z_j의 여인자

Appendix A
Derivation of the Helmholtz's Theorem

헬름홀츠의 정리(定理)(Helmholtz's theorem)의 가치(價値, value)는 맥스웰 방정식(Maxwell's equation)으로부터 쉽사리 얻을 수 있는 장(場, field)의 발산(發散, divergence)과 회전(回轉, curl, rotation)의 항(項)으로 장에 대한 적분 표현을 유도하는 것을 허용한다는 것이다. 이것은 2.5절에서 이루어진다.

아래의 단계 1, 2, 3, 4, 그리고 5에서는, Helmholtz의 정리가 3차원에 대해서 일반적으로 전개된다. 단계 6에서는, 어떤 유계(有界, bounded) 및 유계되지 않은 영역(unbounded region)에 적용된다. 마지막으로, 단계 7에서는 2차원에 적합된다.

A.1 PRELIMINARY DERIVATION

Helmholtz의 정리는 처음에, 그림 A-1에 보여진 바와 같은, 체적(體積, volume) V의, 그리고 경계면(境界面, boundary surface) S를 가진 3차원에서의 유계 영역(有界領域, bounded region) R_i에 대하여 유도되었다. 보여진 바와 같이, 원점(原點, origin)

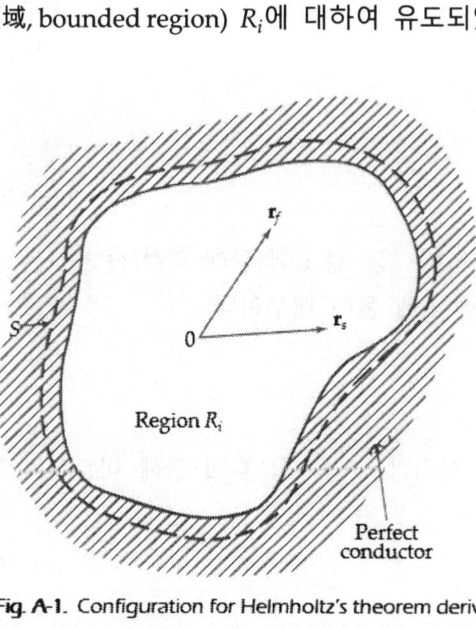

Fig. A-1. Configuration for Helmholtz's theorem derivation.

으로부터 반경(半徑) 벡터(radial vector) $\mathbf{r}_s$ 만큼 떨어진 *원천점(源泉點, source point)*이 있다. 그리고 반경 vector $\mathbf{r}_f$ 만큼 떨어진 *장 점(場 點, field point)*이 있다. Helmholtz의 정리는 영역 R_i 내에 있는 장 점 $\mathbf{r}_f$에서의 장(field)을 원천점 $\mathbf{r}_s$에서의 장의 어떤 적분의 항(項, term)으로 나타낸다. $\mathbf{r}_s$와 $\mathbf{r}_f$는 둘 다 영역 R_i 내에 있는 점에서만 정의된다.

3차원에서 Helmholtz의 정리를 유도하기 위해, vector $\mathbf{Q}$가

$$\mathbf{Q}(\mathbf{r}_f) = \int_V G_3(\mathbf{r}_f, \mathbf{r}_s)\mathbf{F}(\mathbf{r}_s)\, dv \tag{A-1}$$

와 같이 $\mathbf{r}_s$에 관한 체적 적분(體積 積分, volume integral)으로 정의된다. 여기서 $G_3(\mathbf{r}_f, \mathbf{r}_s)$는, 식 (2.5.1-4)에서 정의된 것과 같은, 3차원 자유 공간에서의 그린 함수(Green's function)이고, $\mathbf{F}$는 장 벡터(field vector) $\mathbf{E}$, $\mathbf{H}$, $\mathbf{B}$, 또는 $\mathbf{D}$를 나타내며, V는 정리가 적용되는 영역 R_i의 체적이다. 편의를 위하여, 아래에서 주어지는 유도에서는, Green 함수의 독립 변수(獨立 變數, argument) $(\mathbf{r}_f, \mathbf{r}_s)$와 $\mathbf{Q}$의 독립 변수 $(\mathbf{r}_f)$가 생략(省略)된다.

벡터 항등식(恒等式)(vector identity)

$$\nabla \times \nabla \times \mathbf{Q} = \nabla(\nabla \cdot \mathbf{Q}) - \nabla^2\mathbf{Q} \tag{A-2}$$

를 사용하고, $\mathbf{C}$와 ϕ를

$$\mathbf{C} = \nabla \times \mathbf{Q} \tag{A-3}$$

$$\phi = \nabla \cdot \mathbf{Q} \tag{A-4}$$

로 정의하면,

$$-\nabla^2\mathbf{Q} = \nabla \times \mathbf{C} - \nabla\phi \tag{A-5}$$

를 가진다. 식 (A-2)부터 (A-5)에서, 연산자 ∇는 장 점 $\mathbf{r}_f$에 관해 미분(微分)하는 한편, 연산자 ∇_s(아래에서 사용되는)는 원천점 $\mathbf{r}_s$에 관해 미분한다.

A.2 EVALUATION OF $\nabla^2\mathbf{Q}$

식 (A-1)로부터, $\mathbf{F}(\mathbf{r}_s)$가 원천점 만의 함수이지만, ∇^2은 장 점에 관해 미분하기 때문에,

$$\nabla^2 \mathbf{Q} = \int_V \mathbf{F}(\mathbf{r}_s)\nabla^2 G_3 \, dv \tag{A-6}$$

이다.

$$\nabla^2 G_3 = 0 \quad \text{for} \quad \mathbf{r}_f \neq \mathbf{r}_s$$

이기 때문에, 식 (A-6)과 함께,

$$\nabla^2 \mathbf{Q} = \mathbf{F}(\mathbf{r}_f) \int_V \nabla^2 G_3 \, dv$$

를 가진다. 직접 전개(直接 展開, direct expansion)에 의해

$$\nabla G_3 = -\nabla_s G_3$$

와

$$\nabla^2 G_3 = \nabla_s^2 G_3$$

을 볼 수 있기 때문에,

$$\nabla^2 \mathbf{Q} = \mathbf{F}(\mathbf{r}_f) \int_V \nabla_s^2 G_3 \, dv \tag{A-7}$$

을 가진다. 식 (A-7)에 발산 정리(發散 定理, divergence theorem)를 적용하면,

$$\nabla^2 \mathbf{Q} = -\mathbf{F}(\mathbf{r}_f)$$

와, 식 (A-5)와 함께,

$$\mathbf{F}(\mathbf{r}_f) = \nabla \times \mathbf{C} - \nabla \phi \tag{A-8}$$

을 가진다. 따라서, **F**를 비회전(非回轉, 무회전(無回轉), irrotational, curl-free)과 비발산(非發散, 무발산(無發散), solenoidal, divergence-free) vector의 합(合, sum)으로 분해(分解)하였다. Vector **C**와 scalar ϕ를 구하는 것이 남았다.

A.3 EVALUATION OF ϕ

식 (A-1)과 (A-4)를 결합하면

$$\phi = \int_V \nabla \cdot [G_3 \mathbf{F}(\mathbf{r}_s)]\, dv$$

이며 ∇는 장 점에 관해 미분하기 때문에,

$$\phi = \int_V \mathbf{F}(\mathbf{r}_s) \cdot \nabla G_3\, dv = -\int_V \mathbf{F}(\mathbf{r}_s) \cdot \nabla_s G_3\, dv$$

$$\phi = -\int_V \nabla_s \cdot [G_3 \mathbf{F}(\mathbf{r}_s)]\, dv + \int_V G_3 \nabla_s \cdot \mathbf{F}(\mathbf{r}_s)\, dv \tag{A-9}$$

이다. 마지막으로, 발산 정리가 식 (A-9)의 우변에 있는 첫째 항에 적용될 때,

$$\phi = \int_V G_3 \nabla_s \cdot \mathbf{F}(\mathbf{r}_s)\, dv - \int_S G_3 \mathbf{F}(\mathbf{r}_s) \cdot \mathbf{n}\, dS \tag{A-10}$$

을 가진다.

A.4 DERIVATION OF IDENTITY

C에 대한 표현을 유도하기 위하여, 다음 절(節)에서 사용되는 vector 항등식을 유도하는 것이 필요하다. 먼저, **K**는 상수(常數, constant) vector이고 **U**는 변수(變數, variable) vector인 vector $(\mathbf{K} \times \mathbf{U})$에 발산 정리를 적용한다:

$$\int_V \nabla_s \cdot (\mathbf{K} \times \mathbf{U})\, dv = \int_S \mathbf{n} \cdot (\mathbf{K} \times \mathbf{U})\, da \tag{A-11}$$

식 (A-11)의 좌변과 우변에 있는 적분의 조작(操作, manipulation)에 의해,

$$-\mathbf{K} \cdot \int_V (\nabla_s \times \mathbf{U})\, dv = \mathbf{K} \cdot \int_S (\mathbf{U} \times \mathbf{n})\, da$$

을 가지며, 이 식은 *임의의* vector **K**에 대해 유효(有效)해야 하기 때문에,

$$-\int_V (\nabla_s \times \mathbf{U})\, dv = \int_S (\mathbf{U} \times \mathbf{n})\, da \tag{A-12}$$

를 가진다.

A.5 EVALUATION OF C

식 (A-1)과 (A-3)으로부터,

$$\mathbf{C} = \int_V \boldsymbol{\nabla} \times [G_3\mathbf{F}(\mathbf{r}_s)]\, dv$$

이며, 다시, $\boldsymbol{\nabla}$는 $\mathbf{r}_f$에 관해 미분하기 때문에, 원천 좌표(源泉 座標, source coordinates)에 관한 연산(演算, operation)을 보이는

$$\mathbf{C} = \int_V \mathbf{F}(\mathbf{r}_s) \times \boldsymbol{\nabla} G_3\, dv$$

$$\mathbf{C} = -\int_V \boldsymbol{\nabla}_s \times [G_3\mathbf{F}(\mathbf{r}_s)]\, dv + \int_V \boldsymbol{\nabla}_s G_3 \times \mathbf{F}(\mathbf{r}_s)\, dv \tag{A-13}$$

을 가진다.

식 (A-12)에서

$$\mathbf{U} = G_3\mathbf{F}(\mathbf{r}_s)$$

라 두고 이것을 식 (A-13)과 결합하면,

$$\mathbf{C} = \int_V G_3\boldsymbol{\nabla}_s \times \mathbf{F}(\mathbf{r}_s)\, dv + \int_S G_3\mathbf{F}(\mathbf{r}_s) \times \mathbf{n}\, da \tag{A-14}$$

를 가진다.

Helmholtz의 정리는 식 (A-8), (A-10), 그리고 (A-14)에 의해 기술(記述)된다. 그것은 장 vector $\mathbf{F}$의 발산 및 회전의 체적 적분과 그것의 등가(等價, equivalent) scalar 및 vector 원천(源泉, source) $\mathbf{n} \cdot \mathbf{F}$ 및 $\mathbf{n} \times \mathbf{F}$의 표면 적분의 항으로 장(場) 벡터(field vector) $\mathbf{F}$에 대한 표현식을 준다.

A.6 APPLICATION OF THE HELMHOLTZ'S THEOREM TO CERTAIN BOUNDED AND UNBOUNDED REGIONS

식 (A-10)과 (A-14)에 있는 표면 적분은 보통 계산하기가 어렵거나 불가능하다. 다행히도, 이 적분이 0으로 가는 어떤 영역(여기서 논의되는)이 있다. 이 논의의 경우, 식 (A-8), (A-10), 그리고 (A-14)를 다음과 같은 형태로 다시 쓰는 것이 편리하다:

$$\mathbf{F} = \boldsymbol{\nabla} \times \mathbf{U} - \boldsymbol{\nabla}\psi + \varepsilon_1 - \varepsilon_2 \tag{A-15}$$

여기서

$$\mathbf{U} = \int_V G_3 \nabla \times \mathbf{F}\, dv \tag{A-16}$$

는 **F**의 회전(curl)을 포함하며

$$\psi = \int_V G_3 \nabla \cdot \mathbf{F}\, dv \tag{A-17}$$

는 발산(divergence)을 포함한다. 남은 항은:

$$\varepsilon_1 = \nabla \times \int_S G_3 \mathbf{F}(\mathbf{r}_s) \times \mathbf{n}\, da \tag{A-18}$$

그리고

$$\varepsilon_2 = \nabla \int_S G_3 \mathbf{F}(\mathbf{r}_s) \cdot \mathbf{n}\, da \tag{A-19}$$

이다.

먼저 경계가 되는 표면(bounding surface)이 S(파선 곡선(破線 曲線, dashed curve)으로 보여진)인, 그림 A-1에 보여진 것과 같은 유계 영역 R_i를 고려한다. 장 **F**는 S에 걸쳐 0으로 취해진다. (이것은, 예를 들어, 그림에 보여진 바와 같이, S가 완전 도체(完全 導體, perfect conductor)의 표면 아래에 파묻혀 있다면 일어날 수 있다.) **F**가 S에 걸쳐 0이기 때문에, 식 (A-18)과 (A-19)로부터,

$$\varepsilon_1 = \varepsilon_2 = 0$$

을 가지며 식 (A-15)는

$$\mathbf{F} = \nabla \times \mathbf{U} - \nabla \psi \tag{A-20}$$

이 된다.

이제 Helmholtz의 정리를 유계되지 않은 영역, 즉, 모든 공간(all space)에 적용하는 것을 원한다고 가정한다. 이것을 하기 위하여, 그림 A-2에 보여진 구성(構成, configuration)을 사용한다. 이 구성에서는, 모든 원천(源泉, source)과 매질 불연속(媒質 不連續, medium discontinuity)은 원점(原點, origin)에 중심(中心)을 둔, 반경(半徑, radius) r_i의 구(球, sphere) S_i로 둘러싸인다. 영역 R_i는 원점에 중심을 둔, 반

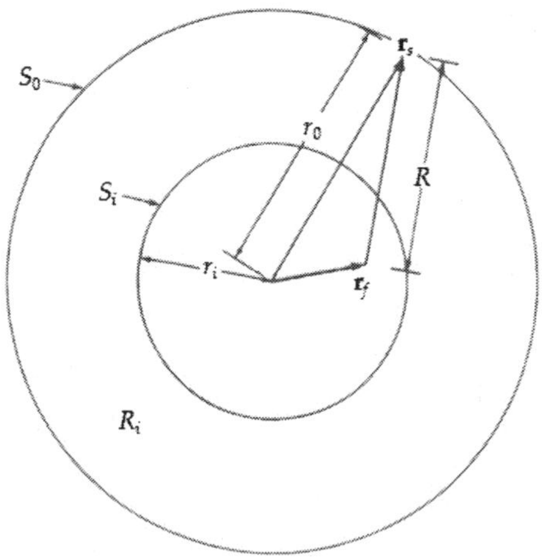

Fig. A-2. Configuration for extension of Helmholtz's theorem to exterior problem.

경 r_0의 더 큰 구 S_0의 내부에 있는 모든 공간을 포함한다. 식 (A-18)과 (A-19)에서 미분이 장 점(field point)에 관해 실행될 때,

$$\varepsilon_1 = \int_{S_0} (\mathbf{F}(\mathbf{r}_s) \times \mathbf{n}) \times \nabla G_3 \, da = \int_{S_0} \frac{(\mathbf{F}(\mathbf{r}_s) \times \mathbf{n}) \times \mathbf{a}_r G_3}{R} \, da \tag{A-21}$$

$$\varepsilon_2 = \int_{S_0} (\mathbf{F}(\mathbf{r}_s) \cdot \mathbf{n}) \nabla G_3 \, da = \int_{S_0} \frac{(\mathbf{F}(\mathbf{r}_s) \cdot \mathbf{n}) \, \mathbf{a}_r G_3}{R} \, da \tag{A-22}$$

를 가진다. 여기서 $\mathbf{a}_r$은 R 방향의 단위 vector이다.

$$M_1 = \max_{r_s \text{ in } S_0} | \mathbf{F}(\mathbf{r}_s) \times \mathbf{n} \times \mathbf{a}_r |$$

$$M_2 = \max_{r_s \text{ in } S_0} | \mathbf{F}(\mathbf{r}_s) \cdot \mathbf{n} |$$

으로 둔다면, 그러면 식 (A-21), (A-22)와 함께, ε_1과 ε_2는 다음과 같이 제한(制限)된다:

$$|\varepsilon_1| \le M_1 \int_{S_0} \frac{G_3}{R} \, da \tag{A-23}$$

$$|\varepsilon_2| \le M_2 \int_{S_0} \frac{G_3}{R} \, da \tag{A-24}$$

식 (A-21)과 (A-22)에 있는 적분에서, $\mathbf{r}_s$는 S_0 내에 있기 때문에,

$$|\mathbf{r}_s| = r_0$$

을 가지며 그림 A-2로부터 S_i 내부의 $\mathbf{r}_f$와 함께,

$$|\mathbf{r}_s - \mathbf{r}_f| = R \geq |\mathbf{r}_s| - |\mathbf{r}_f| = r_0 - |\mathbf{r}_f| \tag{A-25}$$

를 가진다. 식 (A-23)과 (A-24)에서 적분이 반경 r_0의 구의 (표)면적(area) S_0에 대해 취해지기 때문에, 식 (A-25)와 함께

$$\int_{S_0} \frac{G_3}{R}\, da \leq \frac{4\pi r_0^2}{4\pi[r_0 - |\mathbf{r}_f|]^2} = \frac{1}{[1 - (|\mathbf{r}_f|/r_0)]^2} \tag{A-26}$$

을 가진다. 마지막으로, 식 (A-23), (A-24), 그리고 (A-25)로부터,

$$|\varepsilon_1| \leq \frac{M_1}{[1 - (|\mathbf{r}_f|/r_0)]^2} \tag{A-27}$$

$$|\varepsilon_2| \leq \frac{M_2}{[1 - (|\mathbf{r}_f|/r_0)]^2} \tag{A-28}$$

을 가진다. 이 식들로부터, r_0가 무한대(無限大, infinity)로 감으로써, M_1과 M_2가 0으로 가야 하기 때문에 $|\varepsilon_1|$과 $|\varepsilon_2|$도 마찬가지로 0으로 가야 함을 본다. 다시, 모든 원천이 유계 영역 내부로 제한되는 유계되지 않은 영역의 경우에는, 장(field) **F**가 식 (A-20)으로 주어지며, **U**와 ψ는 식 (A-16)과 (A-17)로 주어진다.

A.7 TWO-DIMENSIONAL HELMHOLTZ'S THEOREM

Helmholtz의 정리는 종종 2-차원 문제에서 필요로 한다. 대부분의 경우, 그림 A-3 (a)에서와 같이, 이것은 유계 영역으로부터 제외(除外)되는 영역(그 경계에 걸쳐 장(field)이 0으로 가는)이 있거나 없는 유계되지 않은 영역을 가진 문제이다. 덧붙여, 그림 A-3 (b)에서와 같이, 2-차원 유계-영역 문제에 Helmholtz의 정리를 적용하려고 하는 것도 생각할 수 있다. 따라서, 이러한 영역의 모두에 적용하는 Helmholtz의 정리의 이형(異形, version)이 아래에서 유도된다.

이 영역의 각각은 그것을 따라 영역(region), 매질(medium), 임의의 장 원천(any field sources), 그리고 장(field) **F**가 불변(不變, invariant)인 축(軸, axis)(z 방향)을 가진다. 영역이 유계되지 않았다면, 그러면, 그림 A-3 (a)에 보여진 바와 같이, 외부에는 원천 또는 매질 불연속이 없고, 오직 자유 공간인, 그 축으로서 z 축을 가지는 원통(圓筒, circular cylinder)이 있다고 가정한다.

한편, 3-차원 유계되지 않은 영역의 경우에는, 외부가 모든 원천과 매질 불연속

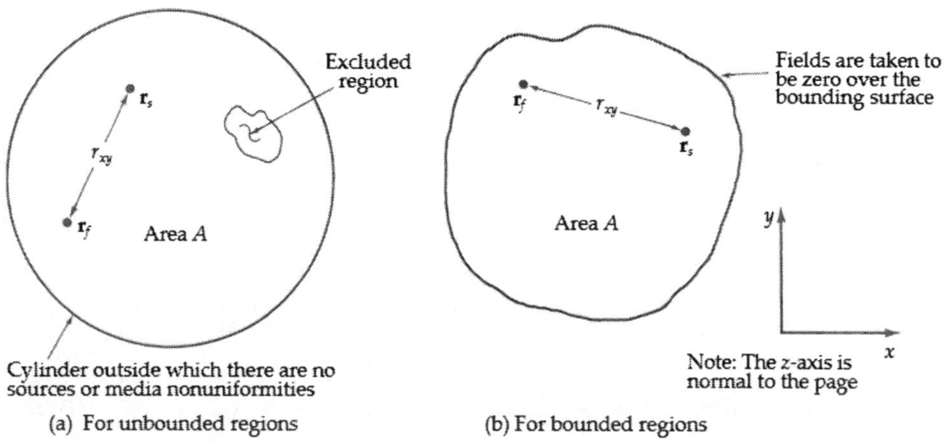

Fig. A-3. Configuration for two-dimensional Helmholtz's theorem.

이 0인, 2-차원의 경우에서 와는 달리, z 방향으로 무한원(無限遠, infinity)까지 확장한 영역이 있다고 가정할 수 있다. 이것을 다루기 위하여, 우선 간격(間隔, interval) $-z_l \le z \le z_l$ 사이로만 확장되었다고 하고 식 (A-16)과 (A-17)에 있는 적분을 적용하고, 그 다음 z_l을 무한원으로 보내자. 식 (A-17)은 그러면

$$\psi = \lim_{z_l \to \infty} \int_A \int_{-z_l}^{z_l} (\nabla \cdot \mathbf{F}) G_3 \, dz \, da \tag{A-29}$$

가 된다. 여기서 A는 모든 원천과 매질 불연속을 내포(內包)하는 원통의 단면적(斷面積, cross-sectional area)이다. 즉, $\nabla \cdot \mathbf{F}$는 이 원통의 외부에서 0으로 간다.

$\nabla \cdot \mathbf{F}$가 z에 독립이기(무관하기) 때문에,

$$\psi = \lim_{z_l \to \infty} \int_A \nabla \cdot \mathbf{F} \, I(x, y) \, da \tag{A-30}$$

을 가진다. 여기서

$$I(x, y) = \int_{z=-z_l}^{z_l} G_3 \, dz \tag{A-31}$$

이다. 장 점(field point) $\mathbf{r}_f$가 $z = 0$ 평면(平面, plane)에 있는 것으로 취하면, 결과는

$$G_3 = \frac{1}{4\pi \sqrt{r_{xy}^2 + z^2}}$$

이다. 여기서 r_{xy}는 $\mathbf{r}_f$로부터 $z=0$ 평면으로의 $\mathbf{r}_s$의 정사영(正射影, 직각 투영(直角投影), orthogonal projection)까지의 거리(距離, distance)와 같다. G_3이 z의 우함수(偶函數, even function)이기 때문에, 식 (A-30)과 (A-31)로부터,

$$I(x,y)=\frac{1}{2\pi}\int_0^{z_l}\frac{dz}{\sqrt{r_{xy}^2+z^2}}=\frac{1}{2\pi}\left[\ln\left(\sqrt{r_{xy}^2+z^2}+z\right)\right]_{z=0}^{z_l}$$

$$=\frac{1}{2\pi}\left[\ln\left(\sqrt{r_{xy}^2+r_l^2}+z_l\right)-\ln r_{xy}\right]$$

$$I(x,y)=\frac{1}{2\pi}\left[\ln 2z_l+\ln\left(\frac{1}{2}\sqrt{\frac{r_{xy}^2}{r_l^2}+1}+\frac{1}{2}\right)-\ln r_{xy}\right] \tag{A-32}$$

를 가진다. 모든 매질 불연속과 원천이 단면적 A의 원통 내부로 제한되기 때문에,

$$\int_A \nabla\cdot\mathbf{F}\,da=0 \tag{A-33}$$

을 안다. 식 (A-30)을 (A-32)와 결합하고 식 (A-33)을 사용할 때, $\ln r_{xy}$ 항(項)만 남고,

$$\psi=\frac{1}{2\pi}\int_A \nabla\cdot\mathbf{F}\,\ln r_{xy}\,da \tag{A-34}$$

를 얻는다. 이 식에서, r_{xy}는 원천점과 장 점의 x와 y 좌표 *만의* 함수이다. 식 (A-34)에 있는 적분이 r_{xy}가 0으로 감으로써 발산(發散)하는 뜻밖의 검사 결과(casual inspection)가 나타난 것 같다. 이것은 참(진(眞), true)이 아니다. 식 (A-33)을 사용하고 $\nabla\cdot\mathbf{F}$가 단면적 A에 걸쳐서만 0이 아님을 상기(想起)함으로써 r_{xy}가 무한대(無限大, infinity)로 가더라도 이 적분이 수렴(收斂)함을 보일 수 있다.

다시, 모든 매질 불연속과 원천이 단면적 A의 원통 내부로 제한되기 때문에,

$$\int_A \nabla\times\mathbf{F}\,da=0 \tag{A-35}$$

를 안다(A.1절에서 보여진 이후, **F**는 **E**, **H**, **B**, 또는 **D**를 나타내야 한다).

이 사실을 사용하여, 식 (A-16)으로부터, 2-차원의 경우에서와 비슷한 방식으로,

$$\mathbf{U}=-\frac{1}{2\pi}\int_A \nabla\times\mathbf{F}\,\ln r_{xy}\,da \tag{A-36}$$

을 보인다.

Appendix B
Properties of the Magnetic Vector Potential, A

B.1 PROOF THAT THE DIVERGENCE OF A IS ZERO

식 (2.5.2-3)의 발산(發散, divergence)을 취하면

$$\nabla \cdot \mathbf{A} = \mu_0 \int_V (\mathbf{J} + \nabla_s \times \mathbf{M}) \cdot \nabla G_3 \, dv$$

를 산출한다. 관측자(觀測者, observer)와 원천의 식 (2.4.2-3)을 통한 교체(交替)에 의해,

$$\nabla \cdot \mathbf{A} = -\mu_0 \int_V (\mathbf{J} + \nabla_s \times \mathbf{M}) \cdot \nabla_s G_3 \, dv$$

와 벡터 항등식(vector identity)에 의해,

$$\nabla \cdot \mathbf{A} = -\mu_0 \int_V [\nabla_s \cdot G_3(\mathbf{J} + \nabla_s \times \mathbf{M}) - G_3 \nabla_s \cdot (\mathbf{J} + \nabla_s \times \mathbf{M})] \, dv \tag{B-1}$$

이 된다. 식 (2.2.2-1)로부터(**H**의 회전(回轉, curl, rotation)에 의해 **J**를 표현하는), 그리고 임의의 vector의 회전의 발산은 0과 같기 때문에, 식 (B-1)의 첫 번째 항(項, term)만 남아,

$$\nabla \cdot \mathbf{A} = \mu_0 \int_V \nabla_s \cdot G_3(\mathbf{J} + \nabla_s \times \mathbf{M}) \, dv$$

이며, 발산 정리에 의해

$$\nabla \cdot \mathbf{A} = \mu_0 \int_S G_3(\mathbf{J} + \nabla_s \times \mathbf{M}) \cdot \mathbf{n} \, da \tag{B-2}$$

가 된다. 유계 영역(有界 領域, bounded region)의 경우에는, **J**와 **M**이 경계 S에 걸

쳐 0으로 간다. 유계되지 않은 영역(unbounded region)의 경우에는, S를 모든 원천과 자성(磁性, permeable), 유전성(誘電性, dielectric), 그리고 도전성(導電性, conducting) 물질을 둘러싸는 폐곡면(閉曲面, closed surface)으로 만들 수 있다. 그러면, 다시, **J**와 **M**은 S에 걸쳐 0으로 간다. 어떠한 경우에도, 식 (B-2)로부터,

$$\nabla \cdot \mathbf{A} = 0 \tag{B-3}$$

이다.

B.2 ALTERNATIVE FORMULATION OF A

Vector $G_3\mathbf{M}$에 식 (A-12)를 적용하면

$$\int_V \nabla \times (G_3\mathbf{M})\, dv = -\int_S (G_3\mathbf{M}) \times \mathbf{n}\, da$$

를 산출(算出)하지만, **M**이 S 위에서 0으로 가기 때문에(면 S가 충분히 크게 취해져서 제공된),

$$\int_V \nabla \times (G_3\mathbf{M})\, dv = 0 \tag{B-4}$$

이다. 식 (B-4)를 항등식

$$G_3\nabla_s \times \mathbf{M} = -\mathbf{M} \times \nabla_s G_3 + \nabla_s \times (G_3\mathbf{M})$$

과 함께 사용하면

$$\int_V G_3\nabla_s \times \mathbf{M}\, dv = -\int_V \mathbf{M} \times \nabla_s G_3\, dv \tag{B-5}$$

로 귀결(歸結)된다. 마지막으로, 식 (2.5.2-3)을 (B-5)와 결합하면

$$\mathbf{A} = \int_V \mu_0[G_3\mathbf{J} - \mathbf{M} \times \nabla_s G_3]\, dv \tag{B-6}$$

을 준다.

Appendix C
Proof Regarding Split of Quadrangle into Two Triangles

이 부록(附錄, appendix)은 8.2절에서 만들어진 단언(斷言, assertion), 즉, 임의의 사각형(四角形, quadrangle)의 대각선(對角線, diagonal)을 2개의 삼각형(三角形, triangle)으로 쪼개기 위해 사용할 때, 그러면 이 삼각형의 *둘 다*가 들로니 삼각형(Delaunay triangle)이거나, 이 삼각형의 *어느 것도* Delaunay 삼각형이 아니라는 것을 증명(證明)한다.

그림 C-1 (a)는 비(非)-들로니 삼각형(non-Delaunay triangle)으로 쪼개진 사각형을 보이며, 그림 C-1 (b)는 Delaunay 삼각형으로 쪼개진 사각형을 보인다. 그림 C-1의 부분 (a)와 (b) 둘 다에서, 사각형의 점 ②와 ④ 사이의 대각선을 세우고, 또한 이 대각선의 수직 2등분선(垂直 二等分線, perpendicular bisector)을 세운다. 그 다음 이 대각선의 중점(中點, midpoint)을 원점으로, 수직 이등분선을 x 축으로 가지며 이 대각선이 y 축과 일치(一致)하는 직교 좌표계(直交 座標系, rectangular coordinate system)를 세운다. 점 ②와 ④ 그리고 그들 사이의 대각선은 y 축 위에 위치한다. 반경 r_1의 원(圓, circle) C_1은 점 ①, ②, 그리고 ④를 통과한다. 그것이 점 ②와 ④를 통과하기 때문에, 그것의 중심은 x 축 위의 점 x_{c1}에 위치해야 한다. 비슷하게, 반경 r_3의 원 C_3이 점 ②, ③, 그리고 ④를 통과하며 x 축 위의 점 x_{c3}을 중심으로 가진다.

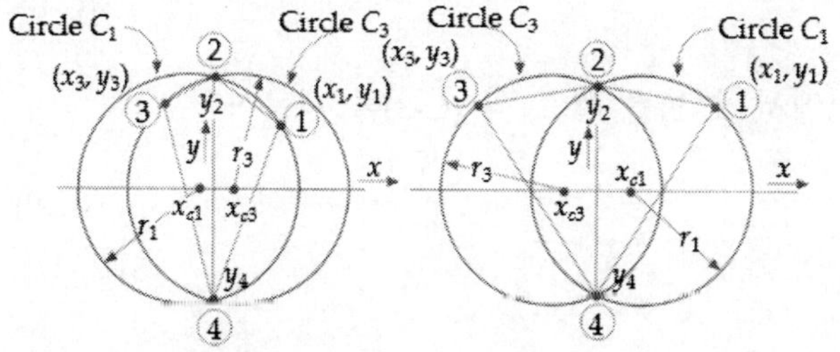

(a) Non-Delaunay triangles (b) Delaunay triangles

Fig. C-1. Non-Delaunay and Delaunay triangles.

그림 C-1로부터, 그림의 부분 (a)이거나 부분 (b)에서

$$r_1^2 = x_{c1}^2 + y_2^2 = x_{c1}^2 + y_4^2 \tag{C-1}$$

과

$$r_1^2 = (x_1 - x_{c1})^2 + y_1^2 \tag{C-2}$$

를 본다. 비슷하게,

$$r_3^2 = x_{c3}^2 + y_2^2 = x_{c3}^2 + y_4^2 \tag{C-3}$$

과

$$r_3^2 = (x_3 - x_{c3})^2 + y_3^2 \tag{C-4}$$

이다. 식 (C-3)에서 (C-1)을 빼면,

$$r_3^2 - r_1^2 = x_{c3}^2 - x_{c1}^2 \tag{C-5}$$

를 가진다.

원 C_3의 중심으로부터 점 (x_1, y_1)까지의 거리를 O_3이라 하면,

$$O_3^2 = (x_1 - x_{c3})^2 + y_1^2 \tag{C-6}$$

이다. 식 (C-2)와 (C-6)으로부터,

$$O_3^2 - r_1^2 = 2x_1(x_{c1} - x_{c3}) + x_{c3}^2 - x_{c1}^2 \tag{C-7}$$

을 가진다. 이제 Δ_3가

$$\Delta_3 = O_3^2 - r_3^2 \tag{C-8}$$

로 정의되었다고 하자. 식 (C-7)에서 (C-5)를 빼고 식 (C-8)을 사용하면,

$$\Delta_3 = 2x_1(x_{c1} - x_{c3}) \tag{C-9}$$

를 본다. 비슷하게,

$$O_1^2 = (x_3 - x_{c1})^2 + y_3^2 \tag{C-10}$$

이 되는 원 C_1의 중심으로부터 점 (x_3, y_3)까지의 거리 O_1을 정의하고, Δ_1을

$$\Delta_1 = O_1^2 - r_1^2 \tag{C-11}$$

로 정의한다. 식 (C-10)에서 (C-4)를 빼고 그 결과를 식 (C-5)와 결합하면, 식 (C-11)과 함께,

$$\Delta_1 = 2x_3(x_{c3} - x_{c1}) \tag{C-12}$$

를 가진다.

식 (C-9)와 (C-12)가 요구하는 결과를 준다. (a) $x_{c1} = x_{c3}$와 (b) $x_{c1} \neq x_{c3}$인 두 가지 경우를 고려한다.

$x_{c1} = x_{c3}$라면, 그러면 원 C_1과 C_3은 일치(一致)한다. 즉, 같은 원이 직사각형의 4 정점(頂點)(four vertices)을 모두 통과한다. 이 경우에는, 삼각형 ①, ②, 그리고 ④와 삼각형 ②, ③, 그리고 ④가 둘 다 Delaunay 삼각형이다.

이제 x_{c1}과 x_{c3}이 같지 않다고 가정한다. 먼저, 식 (C-9)와 (C-12)는 *같은 구성(構成)(same configuration)*에 적용하였음을 유의(留意)해야 한다. 즉, 이 식 둘 다에 대해 $x_{c3} > x_{c1}$이거나(그림 C-1 (a)에서와 같이), 이 식 둘 다에 대해 $x_{c1} > x_{c3}$이거나(그림 C-1 (b)에서와 같이) 이다. 다음으로, 이 그림의 구조(構造, construction)로부터, x_{c1}과 x_{c3}이 반대 부호(反對 符號, opposite sign)임을 유의하라. 이 사실과 식 (C-9)와 (C-12)로부터, Δ_1과 Δ_3은 *같은 부호를 가져야* 한다.

그림 C-1 (a)에서처럼, 삼각형 ①, ②, ④가 Delaunay 삼각형이 아니라면, 그리고 이 삼각형의 외접원(外接圓, circumcircle)이 점 ③을 둘러싼다면, 그러면 식 (C-11)로부터,

$$\Delta_1 < 0$$

를 가진다. 이로부터,

$$\Delta_3 < 0$$

를 가져, 삼각형 ②, ③, ④의 외접원이 점 ①을 둘러싸 이 삼각형이 Delaunay 삼각형이 아님을 본다.

비슷한 이유에 의해, 삼각형 ①, ②, ④가 Delaunay 삼각형이라면, 그러면 이 삼각형의 외접원이 점 ③을 둘러싸지 않고, 그러므로 $\Delta_1 > 0$여서,

$$\Delta_3 > 0$$

인 결과가 되어, 삼각형 ②, ③, ④의 외접원이 점 ①을 둘러싸지 않고, 이 삼각형 역시 Delaunay 삼각형이다.

Appendix D
Derivation of Formulations Used in the Csendes-Shenton Adaptive Mesh Algorithm

D.1 COMPUTATION OF THE ERROR, e, AND ITS NORM

D.1.1 General Formulation for the Error, e

편의를 위해 여기에 다시 나타낸, 식 (8.4.1-1)로 시작한다:

$$\nabla^2 \boldsymbol{\gamma} - \mathbf{f} = 0 \tag{8.4.1-1}$$

여기서 $\boldsymbol{\gamma}$는 완전해(完全解, exact solution)이다. 이 식에 능동 절점(能動 節點, active node point)의 기저 함수 $\boldsymbol{\alpha}_j$가 곱해지고, 문제 영역 D에 대해 적분되면,

$$\int_D (\nabla^2 \boldsymbol{\gamma} - \mathbf{f})\boldsymbol{\alpha}_j \, dD = 0, \quad 1 \leq j \leq N_a \tag{D-1}$$

을 가진다. 여기서 N_a는 능동 절점의 수(數)이다. (*능동* 절점은 5장, 5.4절의 서론과 소절(小節, subsection) 5.5.2에서 정의되었다.) 문제 영역 D는, 각 삼각형이 지표(指標, index) m과 면적 A_m을 갖는, M개의 삼각형으로 이루어진 것으로 고려된다. 그러므로, 식 (D-1)은

$$\sum_{m=1}^{M} \int_{A_m} (\nabla^2 \boldsymbol{\gamma} - \mathbf{f})\boldsymbol{\alpha}_j \, dA_m = 0, \quad 1 \leq j \leq N_a \tag{D-2}$$

로 써질 수 있다. D를 통하여 오차 $\mathbf{e}$는

$$\mathbf{e} = \boldsymbol{\beta} - \boldsymbol{\gamma} \tag{D-3}$$

과 같이 정의된다. 여기서 $\boldsymbol{\beta}$는 유한요소 *근사*해(finite element *approximate* solution)이다. 각 삼각형의 내부에 걸쳐, $\boldsymbol{\beta}$와 $\mathbf{e}$ 둘 다는 2번 미분(2계 미분(二階 微分)) 가

능(twice differentiable)이며 둘 다 라플라시안(Laplacian)을 지닌다. (하지만, **β**와 **e**의 삼각형 경계를 가로지르는 법선 미분(法線 微分, normal derivative)은 불연속(不連續, discontinuous)이다.) 그러면, 식 (D-3)의 Laplacian이 취해질 때,

$$\nabla^2 \boldsymbol{\gamma} - \mathbf{f} = \mathbf{r} - \nabla^2 \mathbf{e} \tag{D-4}$$

를 쓸 수 있다. 여기서 **r**은

$$\mathbf{r} = \nabla^2 \boldsymbol{\beta} - \mathbf{f} \tag{D-5}$$

로 주어지는 잔차(殘差, residual)이다. 여기서 고려되는 문제에서는, $\nabla^2\boldsymbol{\beta}$, **f**, 그리고 그러므로 **r**은 모두 각 삼각형에 걸쳐 상수(常數, constant)이다. 아래의 D.2절은 각 삼각형에 걸쳐 $\nabla^2\boldsymbol{\beta}$를 계산하기 위한 정식화를 준다.

식 (D-4)가 (D-2)에 대입될 때, 결과는

$$\sum_{m=1}^{M} \int_{A_m} (\nabla^2 \mathbf{e} - \mathbf{r}) \boldsymbol{\alpha}_j \, dA_m = 0, \quad 1 \le j \le N_a \tag{D-6}$$

이다. Vector 항등식(恒等式, identity)

$$\nabla \cdot \boldsymbol{\alpha}_j \nabla \mathbf{e} = \boldsymbol{\alpha}_j \nabla^2 \mathbf{e} + \nabla \boldsymbol{\alpha}_j \cdot \nabla \mathbf{e}$$

을 A_m에 대해 적분하고 발산 정리(發散 定理, divergence theorem)를 적용함으로써

$$\int_{A_m} \boldsymbol{\alpha}_j \nabla^2 \mathbf{e} \, dA_m = \int_{C_m} \boldsymbol{\alpha}_j \, \mathbf{n} \cdot \nabla \mathbf{e} \, dC_m - \int_{A_m} \nabla \boldsymbol{\alpha}_j \cdot \nabla \mathbf{e} \, dA_m \tag{D-7}$$

이 된다. 여기서 C_m은 삼각형 m의 경계이다. 식 (D-7)이 (D-6)에 대입될 때, 결과는

$$\sum_{m=1}^{M} \left[\int_{C_m} \boldsymbol{\alpha}_j \, \mathbf{n} \cdot \nabla \mathbf{e} \, dC_m - \int_{A_m} (\nabla \boldsymbol{\alpha}_j \cdot \nabla \mathbf{e} + \mathbf{r} \boldsymbol{\alpha}_j) \, dA_m \right] = 0, \quad 1 \le j \le N_a \tag{D-8}$$

이다.

$$\int_{A_m} (\nabla \boldsymbol{\alpha}_j \cdot \nabla \mathbf{e}) \, dA_m = -\mathbf{r} \int_{A_m} \boldsymbol{\alpha}_j \, dA_m, \quad 1 \le m \le M, \quad 1 \le j \le N_a \tag{D-9}$$

를 만족하도록 각 삼각형에 걸쳐 **e**를 계산한다. 이 계산을 하기 위한 알고리즘은

아래의 소절 D.1.2에 주어진다. 식 (D-9)가 (D-8)에 대입될 때,

$$\sum_{m=1}^{M} \int_{C_m} \boldsymbol{\alpha}_j \, \mathbf{n} \cdot \nabla \mathbf{e} \, dC_m = 0, \quad 1 \leq j \leq N_a \tag{D-10}$$

을 가진다. 삼각형 m의 경계 C_m은 세 개의 변(邊, side) C_{1m}, C_{2m}, 그리고 C_{3m}으로 이루어져 있어, 식 (D-10)은

$$\sum_{m=1}^{M} \sum_{k=1}^{3} \int_{C_{km}} \boldsymbol{\alpha}_j \, \mathbf{n} \cdot \nabla \mathbf{e} \, dC_{km} = 0, \quad 1 \leq j \leq N_a \tag{D-11}$$

과 같이 써질 수 있다.

삼각형 변 C_{km}은 또한 절점을 연결하는 선(線) 조각(line segment)으로 고려될 수 있다. 편의를 위하여, 이 조각의 각각이 지표(index) q로 주어지며 이 선 조각은 S_q로 개명(改名)된다. 이 선 조각에는, 경계 조각(boundary segment)과 내부 조각(interior segment) 등, 2종류가 있다(그림 D-1에 보여진 바와 같이).

경계 조각은, 그림 D-1에 보여진 바와 같이, 문제 영역 D의 경계의 일부(一部, part)이다. S_q가 그것에 걸쳐 지정(指定)된 Dirichlet 경계조건을 가진다면, 그러면 $\boldsymbol{\alpha}_j$(능동 절점의 기저 함수)는 S_q에 걸쳐 0과 같다. S_q가 그것에 걸쳐 지정(指定)된 Neumann 경계조건을 가진다면, $\boldsymbol{\beta}$와 $\boldsymbol{\gamma}$가 같은 Neumann 경계조건을 만족해야 하기 때문에, 그러면 $\mathbf{n} \cdot \nabla \mathbf{e} = \mathbf{n} \cdot \nabla(\boldsymbol{\beta} - \boldsymbol{\gamma})$는 그것에 걸쳐 0이다. 어느 경우든, S_q가 경계 조각이라면, 그러면

$$\int_{S_q} \boldsymbol{\alpha}_j \, \mathbf{n} \cdot \nabla \mathbf{e} \, dS_q = 0 \tag{D-12}$$

이다.

내부 조각 S_q는 그림 D-1에 보여진 바와 같이, 두 삼각형 사이의 경계이다. 이

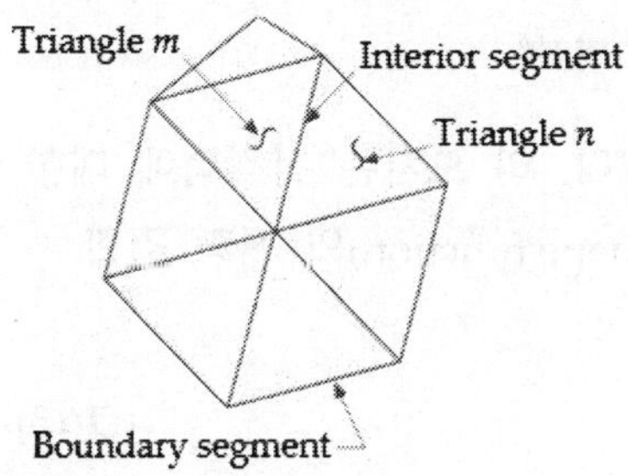

Fig. D-1. Problem domain with interior segments and boundary segments.

S_q에 걸쳐 0이 아닌 유일한 기저 함수는 절점을 따른 기저 함수이다. 더욱이, S_q를 따라 이 기저 함수는 이 두 개의 인접(隣接)하는 삼각형에서는 같다.

내부 조각의 총 수(總 數, total number)가 Q_i라고 가정한다. 그러면 식 (D-11)은

$$\sum_{q=1}^{Q_i} \int_{S_q} (\mathbf{n}_m \cdot \nabla \mathbf{e}_m + \mathbf{n}_n \cdot \nabla \mathbf{e}_n)\boldsymbol{\alpha}_q \, dS_q = 0 \qquad \text{(D-13)}$$

과 같이 다시 써질 수 있다. 이 식에서, 항 $\boldsymbol{\alpha}_q$는 조각 S_q의 절점의 기저 함수의 합(合, sum)과 같다. 정수(整數, integer) m과 n은 조각 S_q의 양 쪽에 있는 삼각형의 지표(index), 그리고 $\mathbf{e}_m$과 $\mathbf{e}_n$은 각각 삼각형 m과 n에서의 오차 값(error value)이다. S_q위에서의 단위 vector $\mathbf{n}_n$과 $\mathbf{n}_m$은 삼각형 m과 n으로부터 *바깥으로* 향하는 방향이어서

$$\mathbf{n}_m = -\mathbf{n}_n \qquad \text{(D-14)}$$

이다. 그러면, 식 (D-13)에서 괄호 안의 항은 조각 S_q에 수직인(normal) $\mathbf{e}$의 미분에서의 *불연속*을 나타낸다. 즉, 식 (D-13)은 모든 내부 조각에 걸친 $\mathbf{e}$의 법선 미분(法線 微分, normal derivative)에 있어서의 불연속의 *합(合, sum)*이 0이 되는 것을 요구한다.

요약(要約)하면, 이 알고리즘은 2가지 바람직한 특징을 가지는 $\mathbf{e}$를 계산한다:

1. 식 (D-13)에 의해, 모든 내부 조각에 걸친 $\mathbf{e}$의 법선 미분에 있어서의 불연속의 합이 0과 같다.
2. 식 (D-6)에 의해, 알고리즘은 문제 영역 D내의 각 삼각형의 내부에서 식

   $$\nabla^2 \mathbf{e} = \mathbf{r}$$

   의 약해(弱解, weak solution)를 제공한다. 이것은 각 삼각형 내에서 추정(推定)하는 국부 오차(局部 誤差, local error)로 대용(代用)할 수 있는 $\mathbf{e}$를 준다.

D.1.2 Algorithm for Computing the Error, e, in a Triangle

오차 $\mathbf{e}$가 그림 D-2에 보여진 삼각형에 대해 유도된다. 이 오차는 삼각형에 대한 6개의 2차 형상 함수(二次 形狀 函數, second order shape function)의 선형 결합

$$\mathbf{e} = \sum_{i=1}^{6} e_i \, \boldsymbol{\alpha}_i \qquad \text{(D-15)}$$

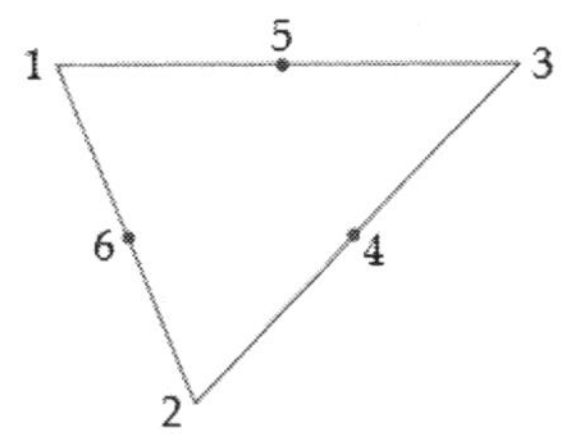

Fig. D-2. Triangular finite element with node points for second-order shape function.

이다. 여기서 $\boldsymbol{\alpha}_i$는 형상 함수이며 e_i는 실수(實數, real number)이다. **e**가 삼각형 정점에서 0과 같다고 가정하였기 때문에, 그러면 e_1, e_2, 그리고 e_3은 0과 같으며 식 (D-15)는

$$\mathbf{e} = \sum_{i=4}^{6} e_i \, \boldsymbol{\alpha}_i \tag{D-16}$$

이 된다. 식 (D-16)을 (D-9)에 대입하면

$$\sum_{j=4}^{6} e_j \int_{A_m} (\nabla\boldsymbol{\alpha}_i \cdot \nabla\boldsymbol{\alpha}_j) \, dA_m = -\mathbf{r} \int_{A_m} \boldsymbol{\alpha}_i \, dA_m, \quad 4 \le i \le 6 \tag{D-17}$$

을 산출(算出)한다.

좌변에 있는 적분이 $\boldsymbol{\alpha}_i$와 $\boldsymbol{\alpha}_j$의 내적(內積, inner product)임을 보이는 것으로 나아간다. 이 적분이 내적이 되기 위해서는, (a) 그것이 명백하게 $\boldsymbol{\alpha}_i$와 $\boldsymbol{\alpha}_j$의 쌍일차(雙一次, bilinear), (b) 명백하게 $\boldsymbol{\alpha}_i$와 $\boldsymbol{\alpha}_j$에 관해 대칭(對稱, symmetric), 그리고 마지막으로, (c) 정정(正定, positive definite)이어야 한다. 이 내적의 인수(引數, argument)를 내포(內包)하는 Hilbert 공간 $\mathscr{H}$의 경우, 삼각형에 대해 정의되고 그 정점에서 0과 같은, 모두 2번 미분 가능한 함수를 선택한다. 오차 **e**는 물론 삼각형의 변(邊, side)의 중점(中點, midpoint)에 있는 절점에 대응하는 모든 형상 함수 $\boldsymbol{\alpha}_i$는 $\mathscr{H}$의 요소이다. 식 (D-17)의 좌변의 적분이 정정(正定)이 되기 위해서는, $\mathscr{H}$ 내의 임의의 0이 아닌 요소 **u**에 대하여

$$\int_{A_m} (\nabla\mathbf{u} \cdot \nabla\mathbf{u}) \, dA_m$$

이 양(陽, 정(正), positive)인 것만 필요하다. 그러나 **u**가 0이 아니기 위해서는, 그것이 삼각형 내부의 어떤 점에서도 0이 아니어야 한다. 하지만, **u**는 모든 삼각형

정점에서 0과 같기 때문에, 그것은 $\nabla\mathbf{u}$가 0이 아니어야 하며, 그것이 위의 적분을 양(陽)으로 만든다는 것을 의미한다. 그러므로, 이 적분은, 결과가

$$\langle \boldsymbol{\alpha}_i, \boldsymbol{\alpha}_j \rangle = \int_{A_m} (\nabla\boldsymbol{\alpha}_i \cdot \nabla\boldsymbol{\alpha}_j)\, dA_m \tag{D-18}$$

와 같은 내적(內積)인, 두 인수(argument)의 정정 함수(正定 函數, positive-definitive function)이다.

식 (D-17)과 (D-18)을 결합하면

$$\sum_{j=4}^{6} \langle \boldsymbol{\alpha}_i, \boldsymbol{\alpha}_j \rangle\, e_j = -\mathbf{r} \int_{A_m} \boldsymbol{\alpha}_i\, dA_m\,, \quad 4 \le i \le 6 \tag{D-19}$$

를 산출한다. 식 (D-19)를 행렬-벡터형(matrix-vector form)

$$C\,\hat{\mathbf{e}} = \hat{\mathbf{g}} \tag{D-20}$$

으로 두는 것이 편리하다. 여기서 $\hat{\mathbf{e}}$와 $\hat{\mathbf{g}}$는 식 (D-16)에서 정의된 요소 e_4, e_5, e_6과

$$g_i = -\mathbf{r} \int_{A_m} \boldsymbol{\alpha}_i\, dA_m\,, \quad 4 \le i \le 6 \tag{D-21}$$

로 주어지는 요소 $g_4, g_5,$ 그리고 g_6을 가지는 vector이며, 행렬 C는

$$c_{ij} = \langle \boldsymbol{\alpha}_i, \boldsymbol{\alpha}_j \rangle \tag{D-22}$$

로 주어지는 요소 c_{ij}를 가진다. 식 (D-22)로부터 행렬 C가 대칭이며 정정(positive-definite)임을 보이는 것은 어렵지 않다.

Silvester와 Ferrari(Ref. 1)에 의해 주어진 알고리즘을 사용하여, 식 (D-21)과 (D-22)의 g_i와 c_{ij}를 삼각형의 정점(頂點, vertex)의 x와 y 좌표의 항으로 정식화할 수 있다. 그리고 그 다음 vector $\hat{\mathbf{e}}$가 식 (D-20)으로부터 계산될 수 있다.

D.1.3 Norm of the Error, e

이 알고리즘에서 사용된 $\mathbf{e}$의 적절(適切)한 놈(suitable norm)은

$$\|\mathbf{e}\|^2 = \sum_{j=4}^{6} e_j^2 \tag{D-23}$$

으로 주어진다. 즉, 그것은 삼각형의 변(邊, side)의 중점(中點, midpoint)에서의 오차(誤差, error)의 L_2 놈(L_2 norm)이다.

D.2 LAPLACIAN OF A SECOND ORDER SHAPE FUNCTION

이 절(節)에서는 삼각형에 대한 고차 형상 함수(高次 形狀 函數, higher order shape function)의 Laplacian에 대한 식을 유도한다. 사용된 접근법(接近法, approach)은 Silvester와 Ferrari의 접근법이다(이 Appendix의 Ref. 1).

D.2.1 Laplacian of a Higher Order Shape Function

이 형상 함수는 4장의 4.4.5절의 식 (4.4.5-6)에서 정의된

$$\tau_{ijk}^{(M)} = l_i^i[M\Lambda_1]l_j^j[M\Lambda_2]l_k^k[M\Lambda_3] \tag{D-24}$$

이다. 여기서 Λ_1, Λ_2, 그리고 Λ_3는 삼각형 면적 좌표(三角形 面積 座標, triangular area coordinates)이다. 이 면적 좌표도, 역시, 4장의 4.4.3절에서 정의된다.

연쇄 법칙(連鎖 法則, chain rule)의 사용에 의해,

$$\nabla\tau_{ijk}^{(M)} = \sum_{m=1}^{3}\left(\frac{\partial}{\partial\Lambda_m}\tau_{ijk}^{(M)}\right)\nabla\Lambda_m \tag{D-25}$$

를 쓸 수 있다. 이 식의 발산을 취하면,

$$\nabla\cdot\nabla\tau_{ijk}^{(M)} = \nabla^2\tau_{ijk}^{(M)} = \sum_{m=1}^{3}\nabla\cdot\left[\left(\frac{\partial}{\partial\Lambda_m}\tau_{ijk}^{(M)}\right)\nabla\Lambda_m\right]$$

과, vector 항등식에 의해,

$$\nabla^2\tau_{ijk}^{(M)} = \sum_{m=1}^{3}\left[\left(\frac{\partial}{\partial\Lambda_m}\tau_{ijk}^{(M)}\right)\nabla^2\Lambda_m + \left(\nabla\frac{\partial}{\partial\Lambda_m}\tau_{ijk}^{(M)}\right)\cdot\nabla\Lambda_m\right] \tag{D-26}$$

을 산출한다. $\nabla^2\Lambda_m = 0$임을 상기(想起)하고, 이 식의 두 번째 항에 있는 미분의 순서(順序)(order of differentiation)를 바꾸면,

$$\nabla^2\tau_{ijk}^{(M)} = \sum_{m=1}^{3}\nabla\Lambda_m\cdot\frac{\partial}{\partial\Lambda_m}\nabla\tau_{ijk}^{(M)} \tag{D-27}$$

이 된다. 식 (D-25)를 (D-27)에 대입하면,

$$\nabla^2\tau_{ijk}^{(M)} = \sum_{m=1}^{3}\nabla\Lambda_m \cdot \frac{\partial}{\partial\Lambda_m}\sum_{n=1}^{3}\left(\frac{\partial}{\partial\Lambda_n}\tau_{ijk}^{(M)}\right)\nabla\Lambda_n$$

이 산출되고,

$$\nabla^2\tau_{ijk}^{(M)} = \sum_{m=1}^{3}\sum_{n=1}^{3}\frac{\partial^2\tau_{ijk}^{(M)}}{\partial\Lambda_m\,\partial\Lambda_n}\nabla\Lambda_m\cdot\nabla\Lambda_n \tag{D-28}$$

과 같이 조작(操作)된다. 식 (4.4.2-5), (4.4.2-6), (4.4.2-7), 그리고 (4.4.2-8)로부터, 그리고

$$\nabla\Lambda_m\cdot\nabla\Lambda_n = \frac{\partial\Lambda_m}{\partial x}\frac{\partial\Lambda_n}{\partial x} + \frac{\partial\Lambda_m}{\partial y}\frac{\partial\Lambda_n}{\partial y}$$

를 상기하면,

$$\nabla\Lambda_m\cdot\nabla\Lambda_n = \frac{b_m b_n + c_m c_n}{4A^2} \tag{D-29}$$

를 찾는다. 여기서

$$b_m = y_{m+1} - y_{m-1} \tag{D-30}$$

과

$$c_m = x_{m-1} - x_{m+1} \tag{D-31}$$

이며, A는 삼각형의 면적(面積, area)이다. 식 (D-30)과 (D-31)에 있는 x와 y의 값은 삼각형의 정점의 좌표이다. 식 (D-29)를 (D-28)에 대입하면

$$\nabla^2\tau_{ijk}^{(M)} = \sum_{m=1}^{3}\sum_{n=1}^{3}\frac{\partial^2\tau_{ijk}^{(M)}}{\partial\Lambda_m\,\partial\Lambda_n}\left(\frac{b_m b_n + c_m c_n}{4A^2}\right) \tag{D-32}$$

를 산출한다.

D.2.2 Adaptation to Second Order Shape Function

식 (D-24)와 (D-32)에서, 기호 M은 형상 함수의 차수(次數, order)를 나타낸다. 따

라서 이 식에서 M은 2로 대체되고 식 (4.4.5-5)로부터

$$2 = i + j + k \tag{D-33}$$

이다.

그림 D-2는 2차 형상 함수를 위한 절점을 가진 삼각형을 보인다. 식 (D-33)을 참조하여, 삼각형 정점에서 절점 1, 2, 그리고 3을 가지며, 이 절점에 대응하여, 각각 삼각형 면적 좌표 Λ_1, Λ_2, 그리고 Λ_3과, 형상 함수 $\tau_{200}^{(2)}, \tau_{020}^{(2)}$, 그리고 $\tau_{002}^{(2)}$를 가짐을 본다. 더욱이, 변의 중점에서, 각각 형상 함수 $\tau_{011}^{(2)}, \tau_{101}^{(2)}$, 그리고 $\tau_{110}^{(2)}$에 대응하는 절점 4, 5, 그리고 6을 가진다. 삼각형 내에서의 유한요소해 $\boldsymbol{\beta}$는

$$\boldsymbol{\beta} = \beta_1\tau_{200}^{(2)} + \beta_2\tau_{020}^{(2)} + \beta_3\tau_{002}^{(2)} + \beta_4\tau_{011}^{(2)} + \beta_5\tau_{101}^{(2)} + \beta_6\tau_{110}^{(2)} \tag{D-34}$$

에 의해 주어진다. 여기서 β_i for $1 \le i \le 6$은 실수(real number)이다. $\boldsymbol{\beta}$의 Laplacian은 그러므로

$$\nabla^2\boldsymbol{\beta} = \beta_1\nabla^2\tau_{200}^{(2)} + \beta_2\nabla^2\tau_{020}^{(2)} + \beta_3\nabla^2\tau_{002}^{(2)} + \beta_4\nabla^2\tau_{011}^{(2)} + \beta_5\nabla^2\tau_{101}^{(2)} + \beta_6\nabla^2\tau_{110}^{(2)} \tag{D-35}$$

이다.

D.2.3 Laplacians of Shape Functions Corresponding to the Triangle Vertices

형상 함수 $\tau_{200}^{(2)}$(그림 D-2에 있는 절점 1에 대응하는)의 Laplacian을 유도하는 것으로 나아간다. 식 (D-33)으로부터, 그리고 4장의 식 (4.4.4-8)에 주어진 정규화(正規化) 라그랑주 다항식(normalized Lagrange polynomial)의 정의를 사용하여,

$$\tau_{200}^{(2)} = l_2^2[2\Lambda_1] = \Lambda_1(2\Lambda_1 - 1) \tag{D-36}$$

이다.

식 (D-32)를 $\tau_{200}^{(2)}$의 Laplacian을 찾는데 사용한다. 먼저, $\tau_{200}^{(2)}$는 Λ_1 만의 함수이기 때문에, 그것의 Λ_2 또는 Λ_3에 관한 편미분(偏微分, partial derivative)은 0과 같음을 상기하라. 이 경우, 그러면, 식 (D-32)는

$$\nabla^2\tau_{200}^{(2)} = \frac{1}{4A^2}\frac{\partial^2\tau_{200}^{(2)}}{\partial\Lambda_1^2}\left(b_1^2 + c_1^2\right)$$

로 간단하게 되며, 식 (D-36)이 2번 미분되고 이 식에 대입될 때,

$$\nabla^2 \tau_{200}^{(2)} = \frac{b_1^2 + c_1^2}{A^2} \tag{D-37}$$

이 된다. 비슷하게,

$$\nabla^2 \tau_{020}^{(2)} = \frac{b_2^2 + c_2^2}{A^2} \tag{D-38}$$

과

$$\nabla^2 \tau_{002}^{(2)} = \frac{b_3^2 + c_3^2}{A^2} \tag{D-39}$$

를 가진다.

D.2.4 Laplacians of Shape Functions Corresponding to Midpoints of Sides of the Triangle

그림 D-2에 있는 절점 4에 대한 형상 함수를 정식화하는 것으로 나아간다. 이 절점은 절점 2와 3 사이에 있기 때문에, 그것의 형상 함수는

$$\tau_{011}^{(2)} = l_1^1[2\Lambda_2] l_1^1[2\Lambda_3] \tag{D-40}$$

이다.

다시, 이 형상 함수의 Laplacian을 얻기 위하여 이 식을 식 (D-32)에 대입한다. 우변에 있는 표현이 Λ_1과 무관하기 때문에, 그리고 그것이 Λ_2와 Λ_3의 1차 멱(一次冪, first power) 만을 포함하기 때문에, 식 (D-32)에 있는 미분의 0이 아닌 값은 단지 $m = 2$와 $n = 3$에 대한 항과 $m = 3$과 $n = 2$에 대한 항 뿐이다. 더욱이, 이 두 개의 항은 같아서,

$$\nabla^2 \tau_{011}^{(2)} = \frac{1}{2A^2} \frac{\partial^2 \tau_{011}^{(2)}}{\partial \Lambda_2 \partial \Lambda_3} (b_2 b_3 + c_2 c_3)$$

이다. 그러므로 식 (D-40)을 이 식에 대입하고 미분을 수행하면

$$\nabla^2 \tau_{011}^{(2)} = \frac{2}{A^2} (b_2 b_3 + c_2 c_3) \tag{D-41}$$

을 산출한다. 비슷한 방식으로,

$$\nabla^2 \tau_{101}^{(2)} = \frac{2}{A^2}(b_3 b_1 + c_3 c_1) \tag{D-42}$$

$$\nabla^2 \tau_{110}^{(2)} = \frac{2}{A^2}(b_1 b_2 + c_1 c_2) \tag{D-43}$$

을 얻는다.

D.2.5 Laplacians of β

식 (D-37)부터 (D-43)을 (D-35)에 대입하면

$$\nabla^2 \boldsymbol{\beta} = \frac{1}{A^2}\left[\beta_i\left(b_i^2 + c_i^2\right) + 2\beta_{i+3}(b_i b_{i+1} + c_i c_{i+1})\right] \tag{D-44}$$

를 산출한다. 여기서, $i = 3$이라면, 하첨자(下添字, subscript) $i + 1$은 1로 나타내진다. 대괄호(大括弧, bracket) 내의 첫 번째 항은 삼각형 정점의 형상 함수로부터 온 것이며 두 번째 항은 삼각형 변(邊, side)의 중점(中點, midpoint)의 형상 함수로부터 온 것이다.

REFERENCES

1. Silvester, P. P. and Ferrari, R. L., *Finite Elements for Electrical Engineers*, 2nd ed., New York: Cambridge University Press, 1990, p. 110.

Appendix E
Integral Expressions for Scalar Potential from Green's Theorem

E.1 GREEN'S THEOREM

폐곡면(閉曲面, closed surface) S_1에 의해 유계(有界)된 영역 R_1을 가지며(그림 E-1과 같이), $\boldsymbol{\gamma}_1$과 $\boldsymbol{\gamma}_2$가 R_1에 걸쳐 정의되었으며 2번 미분(2계 미분) 가능한 두 개의 스칼라 장(場)(scalar field)이라고 가정한다. Vector $\boldsymbol{\gamma}_1\boldsymbol{\nabla}\boldsymbol{\gamma}_2$와 $\boldsymbol{\gamma}_2\boldsymbol{\nabla}\boldsymbol{\gamma}_1$에 대해 R_1에 걸쳐 발산 정리(發散 定理, divergence theorem)를 적용하면

$$\int_{S_1} \boldsymbol{\gamma}_1 \frac{\partial \boldsymbol{\gamma}_2}{\partial n} da = \int_{R_1} \boldsymbol{\nabla} \cdot \boldsymbol{\gamma}_1 \boldsymbol{\nabla} \boldsymbol{\gamma}_2 \, dv = \int_{R_1} [\boldsymbol{\gamma}_1 \boldsymbol{\nabla}^2 \boldsymbol{\gamma}_2 + \boldsymbol{\nabla}\boldsymbol{\gamma}_1 \cdot \boldsymbol{\nabla}\boldsymbol{\gamma}_2] \, dv \tag{E-1}$$

과

$$\int_{S_1} \boldsymbol{\gamma}_2 \frac{\partial \boldsymbol{\gamma}_1}{\partial n} da = \int_{R_1} \boldsymbol{\nabla} \cdot \boldsymbol{\gamma}_2 \boldsymbol{\nabla} \boldsymbol{\gamma}_1 \, dv = \int_{R_1} [\boldsymbol{\gamma}_2 \boldsymbol{\nabla}^2 \boldsymbol{\gamma}_1 + \boldsymbol{\nabla}\boldsymbol{\gamma}_1 \cdot \boldsymbol{\nabla}\boldsymbol{\gamma}_2] \, dv \tag{E-2}$$

를 준다. 여기서 $\partial\boldsymbol{\gamma}/\partial n$은 S_1으로부터 수직(垂直)으로 바깥으로 향하는 방향(direction normally outward)으로 취해진다. 식 (E-2)를 (E-1)로부터 빼면 *그린의 제 2정리(Green's second theorem)*인

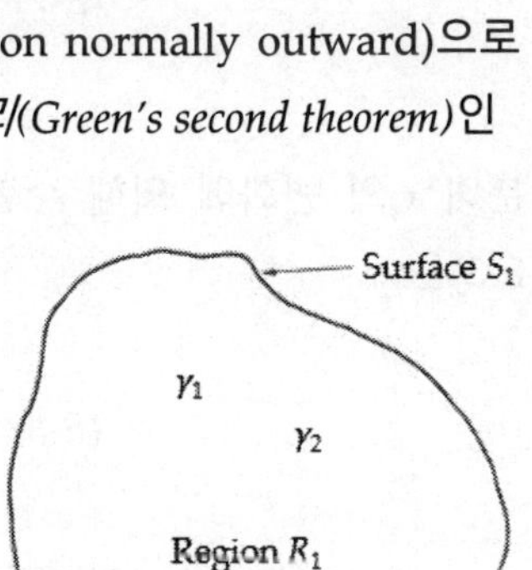

Fig. E-1. Configuration for Green's theorem derivation.

$$\int_{S_1}\left[\boldsymbol{\gamma}_1\frac{\partial\boldsymbol{\gamma}_2}{\partial n}-\boldsymbol{\gamma}_2\frac{\partial\boldsymbol{\gamma}_1}{\partial n}\right]da=\int_{R_1}\left[\boldsymbol{\gamma}_1\boldsymbol{\nabla}^2\boldsymbol{\gamma}_2-\boldsymbol{\gamma}_2\boldsymbol{\nabla}^2\boldsymbol{\gamma}_1\right]dv \tag{E-3}$$

을 산출(算出)한다.

E.2 INTEGRAL EXPRESSION FOR SCALAR POTENTIAL IN A BOUNDED REGION

이제, R_1에 걸쳐,

$$\boldsymbol{\nabla}^2\boldsymbol{\gamma}_1=0 \tag{E-4}$$

와

$$\boldsymbol{\gamma}_2=G_3(\mathbf{r}_f,\mathbf{r}_s)=\frac{1}{4\pi|\mathbf{r}_f-\mathbf{r}_s|} \tag{E-5}$$

를 가정한다. 2.5절에서 기술(記述)된 바와 같이, $G_3(\mathbf{r}_f, \mathbf{r}_s)$는 3-차원 자유 공간에서의 그린의 함수(Green's function)이다. 더욱이,

$$\boldsymbol{\nabla}^2G_3(\mathbf{r}_f,\mathbf{r}_s)=0,\quad \mathbf{r}_s\neq\mathbf{r}_f \tag{E-6}$$

임을 보일 수 있다. 이제, 그림 E-2 (a)에서와 같이, $\mathbf{r}_s$는 R_1의 *내부(inside)* 또는 S_1 위에 있으며 $\mathbf{r}_f$는 R_1과 S_1의 *외부(outside)*에 있다고 가정한다. 그러면 $\mathbf{r}_s\neq\mathbf{r}_f$이며 식 (E-5)와 (E-6)으로부터,

$$\boldsymbol{\nabla}^2G_3=\boldsymbol{\nabla}^2\boldsymbol{\gamma}_2=0 \tag{E-7}$$

이다.

이제 $\mathbf{r}_f$는 고정되어 유지되고 식 (E-3)에서 미분과 적분이 $\mathbf{r}_s$의 변화에 의해 수행된다고 가정한다, 그러면, 식 (E-4)와 (E-7)과 함께. 식 (E-3)은

$$\int_{S_1}\left[\boldsymbol{\gamma}_1\frac{\partial G_3}{\partial n}-G_3\frac{\partial\boldsymbol{\gamma}_1}{\partial n}\right]da=0 \tag{E-8}$$

이 된다. 이제, $\mathbf{r}_f$가 이제는 경계면(境界面, bounding surface) S_1 *내부(inside)*에 있는, 그림 E-2 (b)에 있는 구성(構成, configuration)을 고려한다. 이 구성에서는, 점 $\mathbf{r}_f$에 중심을 두는 반경 r_c의 작은 구(球, sphere) S_c가 있다. 이 그림에서, 영역 R_1은 S_c의 *외부*와 S_1의 *내부* 또는 위에 있는 모든 점을 포함한다. 그러면 R_1은 이제 S_1과

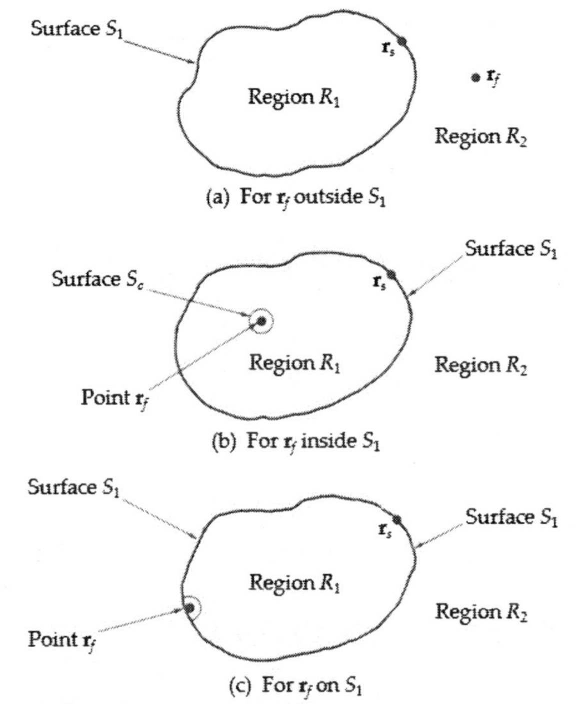

Fig. E-2. Configuration for formulating potential outside, inside and on S_1.

S_c의 두 개의 경계면을 가진다. 점 $\mathbf{r}_s$가 S_1 내에 있어야 하기 때문에, 그러면, 다시, $\mathbf{r}_s \neq \mathbf{r}_f$이다. 그 결과로서, 표면 적분이 이제는 S_1 *그리고* S_c에 대해 취해진다는 것을 제외하고는, 식 (E-8)을 다시 유지하여,

$$\int_{S_1+S_c} \left[\boldsymbol{\gamma}_1 \frac{\partial G_3}{\partial n} - G_3 \frac{\partial \boldsymbol{\gamma}_1}{\partial n} \right] da = 0 \tag{E-9}$$

가 된다. S_c에 걸친 표면 적분의 값을 구하는 것이 남았다. 먼저, S_c에 걸쳐,

$$r_c = |\mathbf{r}_s - \mathbf{r}_f|$$

이며 G_3과 $\partial G_3/\partial n$은 값

$$G_3 = \frac{1}{4\pi|\mathbf{r}_f - \mathbf{r}_s|} = \frac{1}{4\pi r_c} \tag{E-10}$$

과

$$\frac{\partial G_3}{\partial n} = -\frac{\partial G_3}{\partial r_c} = \frac{1}{4\pi r_c^2} \tag{E-11}$$

을 취하는 상수(常數, constant)임을 상기한다. **n**은 수직(垂直)으로 안으로(normally inward) $\mathbf{r}_f$로 향하는 방향임에 유의하라. G_3이 S_c에 걸쳐 상수이기 때문에, 그러면

$$\int_{S_c} G_3 \frac{\partial \boldsymbol{\gamma}_1}{\partial n} da = G_3 \int_{S_c} \frac{\partial \boldsymbol{\gamma}_1}{\partial n} da = G_3 \int_{V_s} \boldsymbol{\nabla}^2 \boldsymbol{\gamma}_1 \, dv = 0 \tag{E-12}$$

이다. 여기서 V_s는 구 S_c의 체적이다. 그러면, 식 (E-11)과 함께,

$$\int_{S_c} \boldsymbol{\gamma}_1 \frac{\partial G_3}{\partial n} da = \frac{1}{4\pi r_c^2} \int_{S_c} \boldsymbol{\gamma}_1 \, da$$

이며, 이로부터

$$\lim_{r_c \to 0} \int_{S_c} \boldsymbol{\gamma}_1 \frac{\partial G_3}{\partial n} da = \boldsymbol{\gamma}_1(\mathbf{r}_f) \tag{E-13}$$

이 된다. 식 (E-12)와 (E-13)이 (E-9)로 결합될 때, 그림 E-2 (b)에서 보여진 바와 같은 S_1 내부의 모든 $\mathbf{r}_f$에 대해

$$\boldsymbol{\gamma}_1(\mathbf{r}_f) = \int_{S_1} \left[G_3 \frac{\partial \boldsymbol{\gamma}_1}{\partial n} - \boldsymbol{\gamma}_1 \frac{\partial G_3}{\partial n} \right] da \tag{E-14}$$

를 가진다.

마지막으로, 이제, $\mathbf{r}_f$가 이제는 경계면(境界面, bounding surface) S_1 위에 있는, 그림 E-2 (c)에 있는 구성을 고려한다. 이 구성에서는 S_c는 이제 점 $\mathbf{r}_f$에 중심을 둔 반경 r_c의 작은 반구(半球, hemisphere)이다. 영역 R_1은 S_c의 *외부*와 S_1의 위 또는 *내부*에 있는 모든 점을 포함한다. 다시, R_1은 S_1과 S_c의 두 개의 경계면을 가지며 식 (E-9)는 여전히 타당(妥當)하다. 하지만, S_c는 이제는 $2\pi r_c^2$의 표면적을 가지는 반구이다. 이런 이유로, 식 (E-13)은, 이 응용에서는,

$$\lim_{r_c \to 0} \int_{S_c} \boldsymbol{\gamma}_1 \frac{\partial G_3}{\partial n} da = \frac{1}{2} \boldsymbol{\gamma}_1(\mathbf{r}_f) \tag{E-15}$$

가 된다. 그리고 식 (E-14)는

$$\frac{1}{2} \boldsymbol{\gamma}_1(\mathbf{r}_f) = \int_{S_1} \left[G_3 \frac{\partial \boldsymbol{\gamma}_1}{\partial n} - \boldsymbol{\gamma}_1 \frac{\partial G_3}{\partial n} \right] da \tag{E-16}$$

이 된다. 식 (E-8), (E-14), 그리고 (E-16) 사이의 유사성(類似性, similarity) 때문에,

이 식들은

$$\alpha_1 \boldsymbol{\gamma}_1(\mathbf{r}_f) = \int_{S_1} \left[G_3 \frac{\partial \boldsymbol{\gamma}_1}{\partial n} - \boldsymbol{\gamma}_1 \frac{\partial G_3}{\partial n} \right] da \tag{E-17}$$

의 형태로 편리하게 결합될 수 있다. 여기서 α_1은

$$\alpha_1 = \begin{cases} 0, & \mathbf{r}_f \text{ outside } S_1 \\ \dfrac{1}{2}, & \mathbf{r}_f \text{ on } S_1 \\ 1, & \mathbf{r}_f \text{ inside } S_1 \end{cases} \tag{E-18}$$

로 주어진다. 더욱이, 9장에서 보여진 알고리즘 전개를 위해서는 식 (E-17)이 표현된 방식을 더 단순화(simplification)하는 것이 편리하다.

$$\boldsymbol{\gamma}_1' = \frac{\partial \boldsymbol{\gamma}_1}{\partial n} \tag{E-19}$$

라 하고 선형 연산자(線形 演算子, linear operator) K와 L을

$$K\boldsymbol{\gamma}_1' = \int_{S_1} \boldsymbol{\gamma}_1' G_3 \, da \tag{E-20}$$

$$L\boldsymbol{\gamma}_1 = \int_{S_1} \boldsymbol{\gamma}_1 \frac{\partial G_3}{\partial n} da \tag{E-21}$$

로 정의하자. K는 *단일층(單一層)* 커널 연산자(*single-layer* kernel operator), L은 *이중층(二重層)* 커널 연산자(*double-layer* kernel operator)라 부른다. 식 (E-17)과 (E-19)부터 (E-21)을 결합하면,

$$\alpha_1 \boldsymbol{\gamma}_1(\mathbf{r}_f) = K\boldsymbol{\gamma}_1' - L\boldsymbol{\gamma}_1 \tag{E-22}$$

를 가진다.

E.3 INTEGRAL EXPRESSION FOR SCALAR POTENTIAL IN AN UNBOUNDED REGION

그림 E-3에서, 면 S_1의 외부와 S_0의 내부에 있는 모든 점(S_c 내부에 있는 점은 제외가 가능한)이 영역 R_2를 구성한다. 여기서, S_0은 S_1 외부에 있는 반경 r_0의 매우 큰 구(球, sphere)이다. 영역 R_2에서의 $\boldsymbol{\gamma}_2$를 정식화하는 것으로 나아간다.

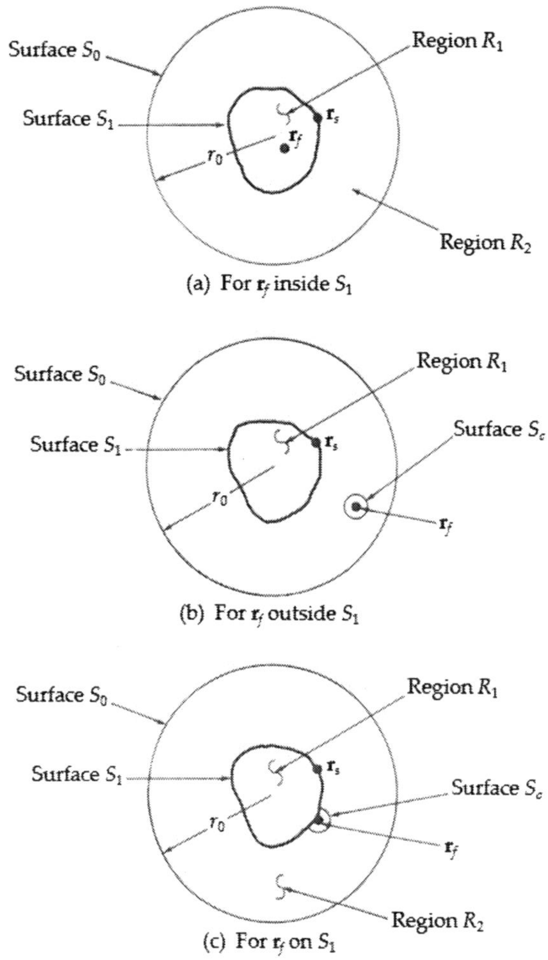

Fig. E-3. Configuration for formulating potential inside, outside and on S_1.

이 구성에서, 발생기(發生機, generator)는 무한원(無限遠, infinity)에만 있다고 가정한다. 즉, 모든 발생기는, r_0가 아무리 크다고 하더라도, S_0의 외부에 있다. 발생기에 의해 생성되는 인가(印加) 정(靜) 벡터 장(場)(applied static vector field) $\mathbf{E}_a$ 또는 $\mathbf{H}_a$는 보존적(保存的, conservative)이며, 그러므로 스칼라 포텐셜(scalar potential) $\boldsymbol{\gamma}_a$의 구배(勾配, gradient)로써 나타내는 것이 가능하다고 가정한다.

총 장(總 場, total field) $\boldsymbol{\gamma}_2$와 인가 장(印加 場, applied field) $\boldsymbol{\gamma}_a$ 사이의 차이(差異)는 *산란 장(散亂 場, scattered field)*이라 불리는 ϕ_2로서,

$$\phi_2 = \boldsymbol{\gamma}_2 - \boldsymbol{\gamma}_a \tag{E-23}$$

이다. ϕ_2, $\boldsymbol{\gamma}_2$, 그리고 $\boldsymbol{\gamma}_a$가 모두 R_2를 통하여 Laplace 방정식을 따른다고 가정한다.

ϕ_2를 R_1에 있는 유전(誘電, dielectric) 또는 자성(磁性, permeable) 물질의 존재(存在)에 기인한 것이라고 생각할 수 있다. 즉, ϕ_2는 R_1 내의 분극(分極, polarization) 또는 자화(磁化, magnetization), 또는 S_1 위의 실(實, real) 또는 등가(等價, equivalent) 전(자)하(電(磁)荷, charge)로부터 귀결된 것이다. 그러면, ϕ_2는 *축소(縮小)* 스칼라 포텐셜(*reduced* scalar potential)이다(2.5절을 보라). 더욱이, 그 절(節)에서 주어진 정식화로부터, ϕ_2는 무한원에서 r_0^{-2}으로서 떨어져야 함을 쉽사리 보일 수 있다.

그림 E-3은 이 유도(誘導, derivation)를 위해 가정된 구성(構成, configuration)을 보인다. 본래는, 그것들은 그림 E-2의 대응하는 부분의 역(逆, reverse)이다. 이 경우에서는, $\mathbf{r}_s$는 항상 S_1의 위(on) 또는 바로 *바깥*에(just *outside*) 있다. 식 (E-17)은, 이 목적에 적합하게 할 때,

$$\alpha_2\phi_2(\mathbf{r}_f) = \int_{S_1+S_0}\left[\phi_2\frac{\partial G_3}{\partial n} - G_3\frac{\partial \phi_2}{\partial n}\right]da \tag{E-24}$$

가 된다. 여기서 α_2는

$$\alpha_2 = \begin{cases} 0, & \mathbf{r}_f \text{ outside } S_1 \\ \dfrac{1}{2}, & \mathbf{r}_f \text{ on } S_1 \\ 1, & \mathbf{r}_f \text{ inside } S_1 \end{cases} \tag{E-25}$$

로 주어진다. 식 (E-24)에서, 법선 미분(法線 微分, normal derivative)은 S_1과 S_0으로부터 R_2로 취해진다. 이것은 법선 미분이 R_1의 *바깥으로(out)* 그리고 R_2의 *안으로(into)* 취해지는 식 (E-17)과 모순(矛盾)이 없다. ϕ_2가 r_0^{-2}으로서 떨어져야 하기 때문에,

$$\lim_{r_c\to\infty}\int_{S_0}\left[G_3\frac{\partial \phi_2}{\partial n} - \phi_2\frac{\partial G_3}{\partial n}\right]da = 0 \tag{E-26}$$

을 가진다. 식 (E-24)와 (E-26)이 결합되고 식 (E-19), (E-20), 그리고 (E-21)에서 주어진 정의가 사용될 때,

$$\alpha_2\phi_2(\mathbf{r}_f) = L\phi_2 - K\phi_2' \tag{E-27}$$

을 가진다.

영역 R_2에서의 총 포텐셜(total potential) $\boldsymbol{\gamma}_2$에 대한 표현식을 찾는 것이 남았다. 식 (E-23)을 (E-27)에 대입하면

$$\alpha_2[\boldsymbol{\gamma}_2(\mathbf{r}_f) - \boldsymbol{\gamma}_a(\mathbf{r}_f)] = L(\boldsymbol{\gamma}_2 - \boldsymbol{\gamma}_a) - K(\boldsymbol{\gamma}_2' - \boldsymbol{\gamma}_a') \tag{E-28}$$

을 준다. 이제 R_1에서 조화(調和, harmonic)인 임의의 장(場, field)은

$$\alpha_1\boldsymbol{\gamma}_a(\mathbf{r}_f) = K\boldsymbol{\gamma}_a' - L\boldsymbol{\gamma}_a \tag{E-29}$$

이어서, $\boldsymbol{\gamma}_a$를 포함하는 식 (E-22)를 만족할 것이다. 식 (E-29)를 (E-28)에서 빼면,

$$\alpha_2\boldsymbol{\gamma}_2(\mathbf{r}_f) = L\boldsymbol{\gamma}_2 - K\boldsymbol{\gamma}_2' + (\alpha_1 + \alpha_2)\boldsymbol{\gamma}_a(\mathbf{r}_f) \tag{E-30}$$

을 가진다. 그림 E-3에서 보여진 바와 같이, $\mathbf{r}_f$는 S_1의 내부, 위, 또는 외부 어디에든 취해질 수 있다. 따라서, 식 (E-30)에 있는 양(量, quantity) $\boldsymbol{\gamma}_a$는 S_1의 내부, 위, 또는 외부 어디에서든 취해질 수 있다. 하여간에, 하지만,

$$\alpha_1 + \alpha_2 = 1$$

이며 이 식은

$$\alpha_2\boldsymbol{\gamma}_2(\mathbf{r}_f) = L\boldsymbol{\gamma}_2 - K\boldsymbol{\gamma}_2' + \boldsymbol{\gamma}_a(\mathbf{r}_f) \tag{E-31}$$

이 된다.

Index

바

사

아